フレッシュマンから大学院生までの
データ解析・R言語

渡辺利夫 ❖ 著 *WATANABE Toshio*

ナカニシヤ出版

はじめに

　この本は，心理学を専攻している大学学部生と大学院生あるいは，教育学・社会学などの近隣領域の大学学部生および大学院生を対象として書いたものです。これらの学生は，学問の性質上，データを取ることが多いので統計学やデータ解析を学ぶ必要がある人達です。本書は，これらの学生，特に心理学専攻生が統計学をスムーズに学べるように書いたつもりです。本書は，ただ統計学を学ぶのではなく，何でその方法でよいのかも説明してゆきます。例えば，不偏分散を計算するときに平均からの偏差平方和を $n-1$ で割るが，なぜ $n-1$ で割るのかがよくわからないという人も多いことと思います。とにかく不偏分散を計算するときには，$n-1$ で割ればよいと考えていると，$n-2$ や $n-3$ で割る場合も出てきてわからなくなってしまう。これを自由度で割ると考えれば少しわかりやすくなるし，さらに不偏推定値が満たす条件がわかると不偏分散の理解がさらに進んでゆきます。このようなことが統計学を学ぶにあたり，さまざまな箇所に出てきます。それらを1つ1つできるかぎり説明してゆこうと考えています。本書は24章からなり，第1章から第8章までが推測統計学，第9章から第18章までが多変量解析，第19章から第24章までがR言語の紹介から構成されています。R言語はフリーソフトで，そして，本格的なデータ解析用のコンピュータ言語ですので，学生にはうれしい限りの言語です。関数も平均，分散から始まり，t 検定，分散分析，多重比較，多変量解析まで準備されていますので，心理学の学生にとっては，本書を学ぶだけでほとんどの心理データの分析が可能となります。また，本書では，R言語の初歩的なレベルをもとにしてすべての統計処理を行っているので，本書で紹介した関数をもとに，自分用の関数に書き換えることも可能です。第24章で説明する約100個のR言語の関数を覚えるだけで，心理学で使用するほとんどの分析用の関数を自分で作成することも可能になります。本書を読み終わった頃は，だいぶ統計学に自信がつくことと思います。そして，データを分析したくなってくることと思います。そして，そうなることを祈っています。なお，本書で使用する自作の関数は，

　　　http://web.sfc.keio.ac.jp/~watanabe/rfunction.htm

からコピーできます。

　最後に，本書の出版の機会をいただいたナカニシヤ出版の社長中西健夫氏，編集長宍倉由高氏に感謝致します。

2005年8月
渡辺利夫

目 次

1 平均と分散をマスターする 1
1. 代表値と散布度 *1*
2. 度数分布表とヒストグラムの作成 *6*
3. 統計データの種類 *6*
4. 変数変換と標準得点 *7*
5. Σに慣れよう *8*

2 相関と回帰をマスターする 9
1. 相関関係 *9*
2. 回　帰 *12*

3 標本から母集団を推定する 15
1. 統計的分布 *15*
2. 統計的推測 *20*

4 仮説検定をマスターする 23
1. 統計的仮説検定 *23*
2. 仮説検定の例 *24*
3. t検定 *25*
4. t分布を利用した相関係数の検定 *29*
5. t分布を利用した回帰係数の検定 *30*
6. 母比率に関する検定 *31*

5 1元配置法をマスターする 33
1. F分布 *33*
2. 母分散の同質性の検定 *34*
3. 1元配置法（1要因分散分析） *34*
4. 標本の大きさが異なる場合の1元配置法 *37*
5. 対応のある1元配置法 *38*
6. 関数への適合度の検定 *40*
7. ノンパラメトリック1元配置法 *41*
8. 多重比較 *44*

6 　2元配置法をマスターする ……………………………… 49
1. 2要因において対応のない2元配置法　*49*
2. 1要因（要因B）において対応のある2元配置法　*52*
3. 2要因において対応のある2元配置法　*54*
4. 標本の大きさが異なる場合の2元配置法　*56*
5. 多重比較　*57*

7 　3元配置法をマスターする ……………………………… 65
1. 3要因において対応のない3元配置法　*65*
2. 1要因（要因C）において対応のある3元配置法　*69*
3. 2要因（要因Bおよび要因C）において対応のある3元配置法　*71*
4. 3要因において対応のある3元配置法　*74*
5. 標本の大きさが異なる場合の3元配置法　*77*

8 　3元配置法における多重比較をマスターする ……… 81
1. 3要因において対応のない3元配置法の場合の多重比較　*81*
2. 対応のある場合の下位検定および多重比較　*90*

9 　ベクトルと行列をマスターする ………………………… 99
1. ベクトルと行列の演算　*99*
2. 逆行列と行列の階数　*102*
3. 行列の固有値と固有ベクトル　*104*

10 　重回帰分析をマスターする …………………………… 107
1. 重回帰分析　*107*
2. 重相関係数および偏回帰係数の検定　*111*
3. 重回帰分析の特殊な場合　*113*
4. 微分・偏微分　*114*
5. 制約条件のない場合の極値問題　*116*

11 　主成分分析をマスターする …………………………… 117
1. 主成分分析　*117*
2. 主成分分析の例　*119*

12 　因子分析をマスターする ……………………………… 123
1. 因子分析　*123*
2. 主成分分析と因子分析の関係　*128*

13 　因子軸の回転をマスターする ………………………… 131
1. 直交回転　*131*
2. 斜交回転　*133*

14 多次元尺度構成法（MDS）をマスターする ……… 137
1. 計量多次元尺度構成法（計量 MDS） *137*
2. 非計量多次元尺度構成法（非計量 MDS） *140*
3. MDS と因子分析との関係 *143*

15 クラスター分析をマスターする ……… 145
1. 階層的クラスター分析 *145*
2. 非階層的クラスター分析 *149*

16 判別分析をマスターする ……… 151
1. 判別分析の考え方 *151*
2. 判別分析における統計的検定 *154*
3. 判別分析の例 *155*

17 数量化 I 類，II 類をマスターする ……… 159
1. 数量化 I 類 *159*
2. 数量化 II 類 *161*

18 数量化 III 類，IV 類をマスターする ……… 165
1. 数量化 III 類 *165*
2. 数量化 IV 類 *168*

19 R 言語を使ってみよう ……… 171
1. R 言語のインストール *171*
2. R 言語を使ってみよう *172*
3. 回帰係数の算出 *175*
4. データファイルの作成 *176*
5. プログラムファイルの作成 *177*
6. 分散を計算する関数 var 2 *178*
7. 標準得点を計算する関数 scale 2 *178*
8. 並べ替えを行う関数 sort. list 2 *179*
9. 単回帰分析のための関数 sreg *179*
10. エラーメッセージについて *181*

20 R 言語による検定 ……… 183
1. 正規分布に関する関数 *183*
2. χ^2 分布に関する関数 *184*
3. t 分布に関する関数 *186*
4. F 分布に関する関数 *187*

21　R言語による分散分析 ·· 191
1. 分散分析のための関数　*191*
2. 2元配置法の関数　*201*
3. 3元配置法の関数　*205*
4. 多重比較におけるWSD検定およびHSD検定の関数　*210*

22　R言語による多変量解析 I ·· 231
1. 重回帰分析の関数　*231*
2. 主成分分析の関数　*233*
3. 主因子法の関数　*237*
4. 因子得点を計算する関数　*239*
5. 因子軸回転の関数　*241*

23　R言語による多変量解析 II ·· 245
1. MDSのための関数　*245*
2. クラスター分析のための関数　*247*
3. 判別分析のための関数　*249*
4. 数量化理論のための関数　*253*

24　R言語で独自のプログラミング ·· 261
1. 独自のプログラミングを始める　*261*
2. R言語で準備されている関数（システム関数）　*263*

別表 ·· 269
別表 A-1　標準正規分布の上側確率　*269*
別表 A-2　標準正規分布の上側確率　*270*
別表 B　　種々の有意水準における χ^2 の臨界値　*271*
別表 C　　種々の有意水準における t 分布の臨界値　*272*
別表 D-1　上側確率5％の F 分布の臨界値　*273*
別表 D-2　上側確率2.5％の F の臨界値　*274*
別表 D-3　上側確率1％の F の臨界値　*275*
別表 E-1　上側確率5％のスチューデント化された範囲（q）の臨界値　*276*
別表 E-2　上側確率1％のスチューデント化された範囲（q）の臨界値　*277*
別表 F　　ヨンクヒール・テルプストラ検定の臨界値　*278*
別表 G　　ページ検定の臨界値　*281*

参考文献　*283*
索　引　*285*

フレッシュマンから大学院生までの
データ解析・R言語

1 平均と分散をマスターする

1. 代表値と散布度

　心理学を専攻すると，文学部に所属しているにもかかわらず，かなり本格的に統計学を使用する。それは，心理学は実験や調査を通してデータを集め，それを分析することが研究の中心であるからである。これは，臨床心理学の学生でも同じで，そこにデータが存在する限り，統計学にお世話になることになる。そこで，本書はあまり数学が得意でない心理学専攻の学生が統計学をわかりやすく，しかも本格的に学べることを目的として書かれている。まずは，表1－1を見てみよう。表1－1は，あるクラスの大学生男女各20名の身長，体重，ウエストのデータである。

表1－1　大学生男女各20人の身長，体重，ウエストのデータ

	男				女		
	身長 (cm)	体重 (kg)	ウエスト (cm)		身長 (cm)	体重 (kg)	ウエスト (cm)
1	175	73	76	1	159	56	60
2	169	54	58	2	159	45	58
3	167	60	82	3	158	51	63
4	174	63	60	4	162	47	60
5	178	60	65	5	161	58	66
6	180	52	54	6	159	51	64
7	164	92	99	7	162	57	65
8	169	65	74	8	159	56	70
9	172	62	76	9	158	50	65
10	169	79	95	10	151	51	63
11	169	56	69	11	160	52	66
12	151	50	64	12	166	50	62
13	177	56	60	13	155	48	61
14	161	53	72	14	156	61	69
15	177	61	74	15	167	57	70
16	162	70	84	16	163	46	64
17	181	66	75	17	156	52	55
18	180	84	80	18	163	53	57
19	178	72	84	19	149	39	57
20	170	64	72	20	169	42	58

　表1－1をもとに，このクラスの男子の身長は，どれくらいですかと尋ねられたとき，20人全員のデータを示すことも可能であるが，1つの数字で表した方が便利である。そこで，このデータをもとにして身長の代表となる数値を決める必要が出てくる。これが，代表値（measures of central value）と呼ばれるものである。代表値としてどのような数値を選んだらよいのであろうか。代表値として，平均（mean），モード（最頻値：mode），メディアン（中央値：median）が挙げられる。そして，平均には，算術平均（arithmetic mean），幾何平均

(geometric mean)，調和平均（harmonic mean）がある。このうち，算術平均が最も頻繁に使用されている。算術平均は，

$$\bar{x} = \sum_{i=1}^{n} x_i / n = \frac{x_1 + x_2 + ... + x_n}{n} \tag{1-1}$$

によって表され，表1－1の男子の身長の場合であれば，20人の身長をすべて足して，その総和を人数である20で割った値である。実際に平均を計算すると，（175 ＋ 169 ＋ ... ＋ 178 ＋ 170）／ 20 ＝ 171.15cmとなる。幾何平均（$\bar{x}_g$）は，

$$\bar{x}_g = \sqrt[n]{x_1 x_2 ... x_n} = \left(\prod_{i=1}^{n} x_i \right)^{1/n} \tag{1-2}$$

によって表される。男子の身長の場合であれば，20人の身長をすべて掛け，そして，その積の20乗根が幾何平均となる。式（1－2）の両辺の自然対数をとると，

$$\log_e \bar{x}_g = \sum_{i=1}^{n} \log_e x_i / n \tag{1-3}$$

となるので，通常，幾何平均は各データを対数変換し，その平均値の逆対数変換をすることによって計算する。図1－1は，関数 $y = \log_e x$ を表すが，幾何平均は，x を y に変換し，y の平均を計算して，y の平均に対応する x の値を計算していることになる。これからわかるように，幾何平均は，x の領域で算術平均を計算するよりも，x を対数変換した y の領域で算術平均を計算することが主眼におかれているのである。実際には，測定値とその測定値に対応する心理量が対数関係にあるような場合は，算術平均よりも幾何平均を用いることになる。幾何平均は，x の対数をとる性質上，x は0より大きい値となる。

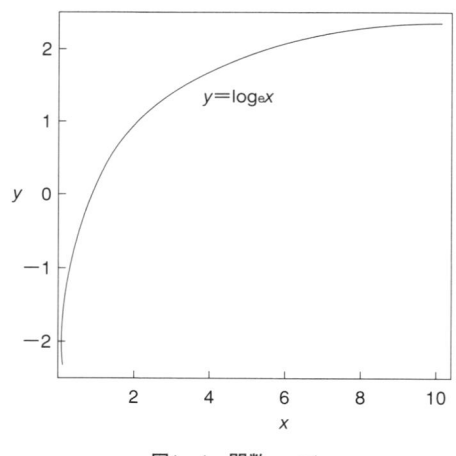

図1－1　関数　$y = \log_e x$

調和平均（$\bar{x}_h$）は，

$$\bar{x}_h = \frac{n}{\sum_{i=1}^{n} 1/x_i} \tag{1-4}$$

によって表される。これは，各データを逆数変換し，その平均を逆数変換したものに等しい。図1－2は，関数 $y = 1/x$ を表すが，調和平均は，x を y に変換し，y の平均を計算して，y の平均に対応する x の値を計算していることになる。すなわち，各データ（x）の逆数である y の領域で算術平均を計算することに主眼が置かれている。よって，測定値とその心理量が逆数の関係にあるような場合，調和平均が使用される。

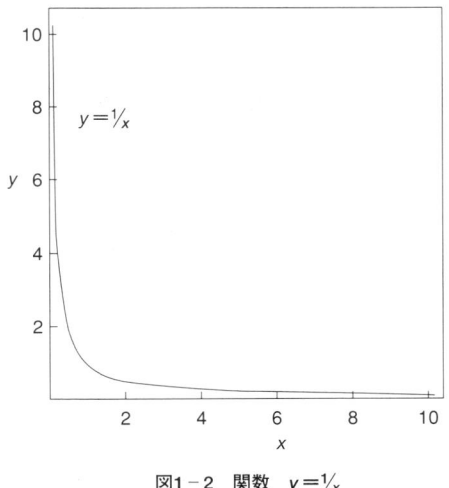

図1-2 関数 $y=1/x$

　モードとは，最も人数の多い身長を代表値とする場合で，表1-1の身長のデータをもとに各身長の人数（度数）を数えると，表1-2となる。すると，169cmが4人いるので，モードは169cmということになる。メディアンは，身長を小さい順に並べたときの中央に位置する値で，この場合であれば，表1-2をもとにして，小さい順に数えて，10番めと11番めに位置する身長170cmと172cmの平均をとり，メディアンは171cmということになる。

表1-2　20人の男子大学生の各身長の人数（度数）

身長	151	161	162	164	167	169	170	172	174	175	177	178	180	181
度数	1	1	1	1	1	4	1	1	1	1	2	2	2	1

　表1-2のように，各身長に属する度数が少ないときには，データが細かすぎて，身長の分布がわかりにくいので，表1-3に示すように，データをまとめて度数分布表（table of frequency distribution）を作成し，それをもとにして分布を描くことが多い。図1-3は，度数分布表をもとにした身長のヒストグラム（histgram）である。ヒストグラムは棒グラフと異なり，度数を示す長方形が互いに連続して描かれているが，棒グラフでは各長方形は離して描かれる。これは，ヒストグラムは，身長のような量的変数（quantitative variable）を対象とするグラフであるからである。都道府県の人口のような分布を扱う場合であれば，横軸は都道府県名となり，都道府県名は量的変数ではなく，質的変数（qualitative variable）であるので，棒グラフで表すことになる。すなわち，量的変数のときはヒストグラム，質的変数のときは棒グラフが使われる。

表1-3　20人の男子大学生の身長の度数分布表

階級	階級値	データ	度数
150－154	152.5	151	1
155－159	157.5		0
160－164	162.5	164，161，162	3
165－169	167.5	169，167，169，169，169	5
170－174	172.5	174，172，170	3
175－179	177.5	175，178，177，177，178	5
180－184	182.5	180，181，180	3

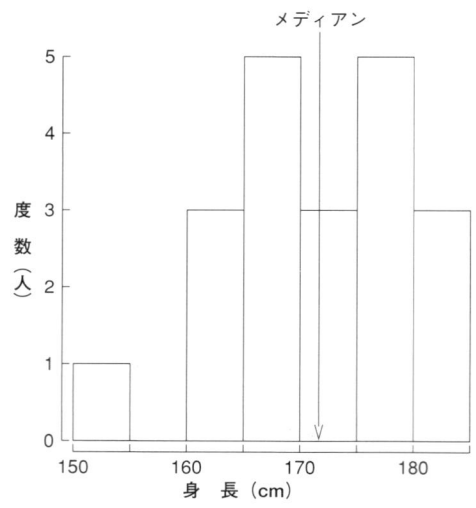

図1-3 20人の男子大学生の身長のヒストグラム

　度数分布表やヒストグラムを用いて平均，モード，メディアンを求めることも可能である。度数分布表を用いて，平均を計算する場合は，表1-1のデータではなく，表1-3の階級値を使用する。よって，平均は，(152.5×1 + 157.5×0 + 162.5×3 + 167.5×5 + 172.5×3 + 177.5×5 + 182.5×3)／20 = 171.5cmとなる。モードに関しては，167.5cm，177.5cmの場合に度数が最も多いので，この2つがモードということになる。メディアンに関しては，図1-3の矢印で表される位置が，ヒストグラムの面積を2分する位置となるので，メディアンに対応する。よって，メディアンは171.7cmとなる。

　このように，表1-1のローデータ（なまの加工していないデータ）を用いて平均，モード，メディアンを計算する場合と，度数分布表を用いて平均，モード，メディアンを計算する場合では値が異なってしまう。いずれがよいかという問題になるが，分布の形を知りたいときには，度数分布表を用いてデータを少しまとめた方が，適切な度数分布表である限り，より正確な分布が得られると考えられる。コンピュータが手軽に使用できなかった頃は，度数分布表によって平均，モード，メディアンを求めたが，コンピュータが手軽に使用できる現在では，ローデータを用いて平均，モード，メディアンを求めた方がよいであろう。しかしながら，モードの場合は，データが細かすぎるとモードが決まらない場合が生じてくる。その場合は，度数分布表を作成してモードを求めることになるであろう。いずれにしても，度数分布表をもとにして得られた統計量は近似値であるので，できる限りローデータに基づく方がよいであろう。平均，モード，メディアンは，同じ代表値でありながら，値が一致したり，しなかったりする。これ

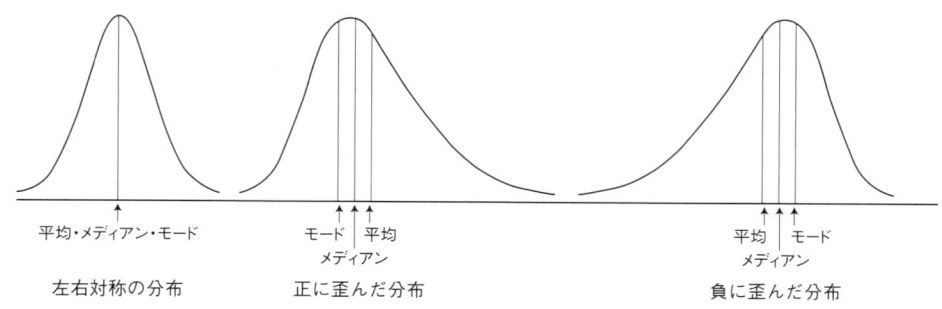

図1-4 分布の形と代表値との関係

は，ヒストグラムで示される分布がどういう形をしているかが大きく影響を与える。図1－4に示されるように，分布が左右対称で，山が1つの場合は，平均，メディアン，モードは一致するが，それ以外の場合では一致しない。正に歪んだ分布（positive skewed distribution）の場合は，平均＞メディアン＞モードとなり，負に歪んだ分布（negative skewed distribution）の場合は，平均＜メディアン＜モードとなる。

　平均を計算するときは，すべてのデータをもとにするので，極端に大きな値や極端に小さな値があると，それが平均値に大きく影響を与えることになる。これに対して，モードの場合は，最頻値のみを使用するので，極端に大きな値や小さな値はモードに影響を与えない。しかし，山が2つ以上ある場合は，モードは1つに決まらないことになる。メディアンの場合もすべてのデータを使用するが，値そのものを使用しないので，極端な値の影響を受けない。いずれの代表値を使用すべきかは状況によって異なるが，3つの代表値を算出しておけば，その違いから分布の形などの性質も数値からのみでも推測可能となる。

　データの性質を示す指標として，代表値の他にもう1つ重要な指標が，散布度（measures of dispersion）である。散布度は，データの散らばりの程度を示す指標で，データが代表値の回りにどれくらいの程度で散らばっているかを示す。散布度を表すものとして，レンジ（range：範囲），四分位偏差（quartile deviation），平均偏差（mean absolute deviation），分散（variance），標準偏差（standard deviation）がある。レンジは，データの最大値と最小値の差によって表される。表1－1の場合であれば，最大値が181 cm，最小値が151 cmであるので，レンジは30 cmとなる。これに対して，四分位偏差は，データを小さい順に並べたときの，上から25％の位置にあるデータ（第3四分位数（third quartile））と，下から25％の位置にあるデータ（第1四分位数（first quartile））の差によって表される。レンジは，極端な値によって影響を受けやすいが，四分位偏差は，その影響を受けにくい。平均偏差は，20個の各データと平均値との間の距離の平均値によって表される。平均偏差を計算すると，約6.03 cmとなる。すなわち，各データは平均からの距離の平均が6.03 cmであり，平均的にデータは平均値から6.03 cmの散らばりがあることがわかる。これに対して，分散は各データと平均値との間の距離の2乗の平均値である。そして，この分散の平方根が標準偏差である。標準偏差は各データと平均値までの距離の2乗の平均の平方根であるので，各データと平均値までの距離の平均値に近い値を示す。すなわち，平均偏差に近い値となる。実際に計算すると，分散が約54.673 cm^2，標準偏差は約7.39 cmとなる。平均偏差に一致しないが平均偏差に近い値となる。平均値からの平均的距離という意味では，平均偏差の方が標準偏差よりもよき指標であるが，いろいろな統計計算のためには平均偏差よりも分散や標準偏差の方が有益であるので，一般的には散布度の指標としては，分散，あるいは，標準偏差が使用される。分散，あるいは，標準偏差が大きいほど，データは散らばっていることを意味し，分散，あるいは，標準偏差が0であるということは，データがすべて同じ値であることを意味する。

$$\text{平均偏差} = \frac{1}{n} \sum_{i=1}^{n} |x_i - \overline{x}| \tag{1-5}$$

$$\text{分散} = \frac{1}{n} \sum_{i=1}^{n} (x_i - \overline{x})^2 \tag{1-6}$$

$$\text{標準偏差} = \sqrt{\frac{1}{n} \sum_{i=1}^{n} (x_i - \overline{x})^2} \tag{1-7}$$

2. 度数分布表とヒストグラムの作成

　最近は，コンピュータによる統計処理が手軽になったので，度数分布表を作成することは少なくなった。度数分布表は基本的にはコンピュータを使用せずに，電卓などでデータを処理するときに威力を発揮する。しかし，データ分析の基本であるので度数分布表の作成の仕方を学んでおいた方がよいであろう。

(1)　度数分布表を作成するにあたって，まず，データの最小値と最大値を見つける。
(2)　次に，階級（データのグループ）の数と幅を決める。階級の数が多すぎると，各階級に属するデータ数が少なくなり，分布がわかりにくくなる。階級の数は，5から10の間がよい。これに合わせて，階級を区切りのよい間隔で決めてゆく。例えば，表1-3のように，5 cm間隔や10 cm間隔にする。階級の下限値，上限値も区切りのよい値にする。
(3)　階級値（階級の真中の値）を計算する。
(4)　階級が決まったら，各階級に属するデータをその階級に記入する。
(5)　各階級の度数を数える。

3. 統計データの種類

　統計データは，大きく量的変数と質的変数に分類される。量的変数とは，身長や体重のように数値で表される変数で，これに対して質的変数は，性別や学部や職業のようにカテゴリーによって分けられる変数である。よって，量的変数の場合は変数内で数値による大小関係や順序関係が一義的に決まるが，質的変数の場合は変数内に一義的な大小関係や順序関係は存在しない。量的変数は，さらに，連続変数（continuous variable）と離散変数（discrete variable）に分類される。連続変数は，身長や体重のように変数が連続的な数値をとるが，離散変数の場合は人数や度数のように0，1，2…のような整数で表される変数である。統計学では，質的データにも数値を与えて処理をしてゆく。それを尺度（scale）と呼び，データの種類によって次の4つの尺度に分類される。名義尺度（nominal scale）は，性別や職業のような質的変数に数値が与えられている場合で，例えば，男を1，女を0として，統計処理をしてゆく。このとき，数値は性別を分類するためのみに使用され，数値に大小関係のような意味はない。順序尺度（ordinal scale）は，質的変数の中で大小関係のような順序づけが可能な変数に対して数値を与える場合で，A，B，Cのような成績や，「非常にそう思う」，「少しそう思う」といったアンケート調査の回答がこれに対応する。アンケート調査では，「非常にそう思う」という回答を5，「少しそう思う」を4，「どちらともいえない」を3，「あまりそう思わない」を2，「まったくそう思わない」を1として統計処理を行うことが多いが，このような数値は回答のカテゴリーを分類しているだけでなく回答の強さの順序も表しているので，順序尺度と呼ばれる。しかしながら，数値上では回答カテゴリー間は同じ間隔になっていても，実際の回答カテゴリーは同じ間隔とは限らないので，数値が示す間隔の情報は意味をなさない。間隔尺度（interval scale）は，この数値の間隔も意味をなす場合で，温度計に与えられた数値が間隔尺度の数値に対応する。温度においては，4°と5°の間の違いと1°と2°の間の違いは同じ意味をなす。しかしながら，温度を摂氏で測る場合は，0°が絶対0°ではないので，摂氏で測ったときは，ある温度はもう1つの温度の2倍であっても，華氏で測ると2倍にはならなくなる。すなわち，数値間の間隔は意味があっても2倍，3倍という比率は意味がないのである。比率尺度（ratio scale）

は，数値間の間隔だけでなく，比率も意味がある場合である。身長や体重は絶対0が存在するので，比率尺度ということになる。よって，間隔尺度や比率尺度のレベルのデータでないと，平均や標準偏差を計算しても正確ではないといえよう。

4. 変数変換と標準得点

表1-1の20名の男子の身長の各々に10 cm足すと，平均はどうなるであろうか。分散や標準偏差はどうなるであろうか。各人の身長が10 cm高くなるのだから身長の平均も10 cm高くなることは予想がつくであろう。分散の場合はどうであろうか。この場合は，分布を描くと，各身長が10 cmずつ右へ移動するだけでデータの散らばり具合は同じである。よって，分散や標準偏差は変わらないことになる。では，各人の身長を2倍にしたら身長の平均はどうなるであろう。分散や標準偏差はどうなるであろうか。平均は，2倍になり，分散は4倍，標準偏差は2倍になる。では，各データを平均から引いたものを標準偏差で割ると，この場合の平均はどうなるであろう。また，分散や標準偏差はどうなるであろうか。平均値の分だけ身長が短くなるから，平均値は0となってしまう。そして，データの散らばりは，標準偏差の分だけ大きく，あるいは小さくなるから，結果として，標準偏差は1となる。よって，分散も1となる。このようにデータをその平均から引いて，標準偏差で割ったものを標準得点（standard score），あるいは，z得点（z-score）と呼ぶ。標準得点に変換すると，平均は0，標準偏差は1となる。表1-4は，変数変換をまとめたものである。ただし，もとの変数をx，その平均を$\bar{x}$，分散をs^2，そして，a，bを定数とする。例えば，表1-1の身長175 cmの男子の身長の標準得点は，$(175 - 171.15)/7.39 = 0.521$となる。

表1-4 変数変換

変数	平均	分散	標準偏差
x	$\bar{x}$	s^2	s
$w_1 = x + a$	$\bar{x} + a$	s^2	s
$w_2 = bx$	$b\bar{x}$	$b^2 s^2$	$|b|s$
$w_3 = bx + a$	$b\bar{x} + a$	$b^2 s^2$	$|b|s$
$w_4 = (x - \bar{x})/s$	0	1	1

変数変換は何のために行うのであろうか。これは，2つの分布の数値を比較するときに平均や分散が異なると，数値の比較ができないので，平均と分散を等しくして行う必要が出てくる。標準得点への変換は，変数変換の中で最もよく使用される変数変換である。例えば，あるクラスで数学と英語のテストを実施したとしよう。そして，数学の平均と標準偏差が，順に，60点，4点，英語の平均と標準偏差が70点，10点であったとしよう。今，A君が，数学が75点，英語が80点であったとしよう。数字の上からみると，A君の場合，英語の方が得点が高いので，英語の方が数学より得意に見えるが本当にそうであろうか。平均点を見ると，英語の方が数学より得点が高いので，英語の方がやさしかったと考えることができる。そうすると，高い点は取りやすくなってしまう。よって，点数の比較を行うときには，平均点や標準偏差も考慮に入れる必要が出てくる。そこで，数学も英語も平均を0，標準偏差を1に変換して，得点の比較を行うのである。これが標準得点である。実際に標準得点に変換してみると，A君の数学の標準得点は，$(75 - 60)/4 = 3.75$，英語の標準得点は，$(80 - 70)/10 = 1$となり，数学の標準得点の方が英語より高い。よって，A君は英語より数学の方が得意と考えられる。

5. Σに慣れよう

統計学では，データの総和を意味する記号であるΣ（シグマと読む）を頻繁に使用する。Σを理解することなくして，統計学を理解することは難しい。そこで，ここでは，Σについて学ぶことにする。いま $x_1, x_2, x_3, \ldots, x_n$ の n 個のデータが与えられているとしよう。これらの総和を表すのにΣという記号を使用する。

$$\sum_{i=1}^{n} x_i = x_1 + x_2 + \ldots + x_n \tag{1-8}$$

は，x_i の i が1から n まで変化したときの，x の総和を意味する。この記号を使用することによって，x の平均 $\bar{x}$ は，

$$\bar{x} = \frac{\sum_{i=1}^{n} x_i}{n} \tag{1-9}$$

と書くことができる。そして，分散 s^2 は，

$$s^2 = \frac{\sum_{i=1}^{n} (x_i - \bar{x})^2}{n} \tag{1-10}$$

と書くことができる。さらに，Σには以下に示すような性質がある。

(1) $\quad \sum_{i=1}^{n} a x_i = a x_1 + a x_2 + \ldots + a x_n = a(x_1 + x_2 + \ldots + x_n) = a \sum_{i=1}^{n} x_i \tag{1-11}$

すなわち，Σの中の定数 a は，Σの外に出すことができる。

(2) $\quad \sum_{i=1}^{n} (a x_i + b y_i) = \sum_{i=1}^{n} a x_i + \sum_{i=1}^{n} b y_i = a \sum_{i=1}^{n} x_i + b \sum_{i=1}^{n} y_i \tag{1-12}$

すなわち，Σは，分配法則が成り立つ。

(3) $\quad \sum_{i=1}^{n} a = na \tag{1-13}$

すなわち，Σの中に定数 a のみがある場合，その総和は，na となる。また，データが x_{ij} で示されるような行列であるとき，ΣΣが使用される。

この場合には，以下のような性質がある。

(4) $\quad \sum_{i=1}^{n} \sum_{j=1}^{n} x_{ij} = \sum_{j=1}^{n} \sum_{i=1}^{n} x_{ij} \tag{1-14}$

(5) $\quad \sum_{i=1}^{n} \sum_{j=1}^{n} x_i y_j = \sum_{i=1}^{n} x_i \sum_{j=1}^{n} y_j \tag{1-15}$

これらの性質を使用して，以下のような操作が可能となる。

(6) $\quad \sum_{i=1}^{n} (x_i + y_i)^2 = \sum_{i=1}^{n} (x_i^2 + 2 x_i y_i + y_i^2) = \sum_{i=1}^{n} x_i^2 + 2 \sum_{i=1}^{n} x_i y_i + \sum_{i=1}^{n} y_i^2 \tag{1-16}$

(7) $\quad \dfrac{\sum_{i=1}^{n} (x_i - \bar{x})^2}{n} = \dfrac{\sum_{i=1}^{n} x_i^2}{n} - \bar{x}^2 \tag{1-17}$

2 相関と回帰をマスターする

1. 相関関係

　相関関係（correlation）とは2つの変数間の関連性をいい，2つの変数間に関連性があるとき相関関係があるといい，関連性がないとき相関関係がないという。例えば，身長と体重の間に関連性があるのか調べるときに，図2-1に示されるような散布図（scatter diagram）を作成する。この散布図は，表1-1の40人の男女大学生の身長と体重をもとにして作成されている。横軸に身長，縦軸に体重が表されている。図2-1を見ると，身長と体重の間にある種の関連性を見出すことができる。すなわち，身長が高くなると体重も増えてゆき，逆に，身長が低くなると体重も減ってゆく傾向がある。このように，一方の変数が増加するとそれに伴い他方の変数も増加，あるいは，減少するとき，両者には相関関係があるという。前者を正の相関（positive correlation），後者を負の相関（negative correlation）があるという。両者に関連性がないとき，無相関（no correlation）であるという。図2-2は，同じく40名の男女大学生のウエストと体重の散布図を示している。身長と体重の散布図と比べると，ウエストと体重の散布図の方が2変数間の関連性が明確である。より強い正の相関関係があると考えられる。相関関係と類似した言葉で，関数関係という言葉がある。関数関係の場合は2変数の間の関係が1対1対応の関係にあるが，相関関係の場合はそこまでしっかりした関係はなく，よりゆるい関係である。

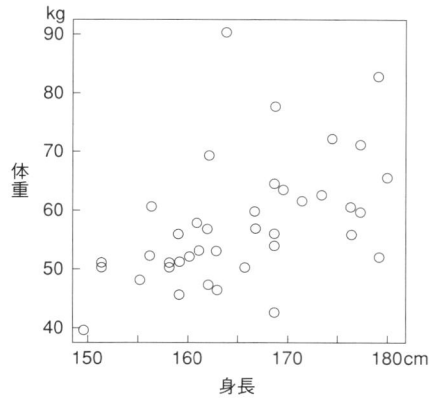

図2-1　身長と体重の間の散布図

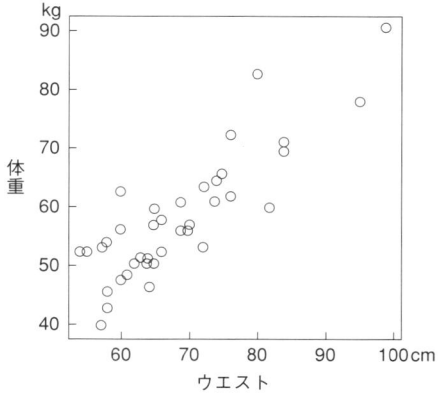

図2-2　ウエストと体重の間の散布図

1）相関係数

　図2-1，図2-2で見たように，相関関係の程度はどのような2変数を選ぶかによって異なる。そこで，相関関係の程度を数値で示したものが相関係数（correlation coefficient）であ

る。データの種類によってさまざまな相関係数が存在するが，間隔尺度や比率尺度のデータの相関関係を計算するピアソンの積率相関係数（Pearson's product-moment correlation coefficient）が最も一般的である。ピアソンの積率相関係数は，各変数を標準得点に変換して後，変数間の積の平均で表される。積率相関係数は，－1から1までの値をとり，1に近いほど正の相関が高く，－1に近いほど負の相関が高い。0のとき無相関を意味する。図2－1の場合の身長と体重の積率相関係数は，0.501，ウエストと体重の積率相関係数は，0.853である。ピアソンの積率相関係数は，式（2－1）によって計算される。

$$r = \frac{\frac{1}{n}\sum_{i=1}^{n}(x_i-\bar{x})(y_i-\bar{y})}{\sqrt{\frac{1}{n}\sum_{i=1}^{n}(x_i-\bar{x})^2}\sqrt{\frac{1}{n}\sum_{i=1}^{n}(y_i-\bar{y})^2}} = \frac{s_{xy}}{s_x s_y} = \frac{x と y の共分散}{x の標準偏差 y の標準偏差} \quad (2-1)$$

ピアソンの積率相関係数は線形関係を仮定しており，2変数が非線形関係にあるときは，正しく相関係数が計算されない。例として，図2－3に示すような非線形関係にある2変数の相関係数を計算すると，相関がかなり高いにもかかわらずピアソンの積率相関係数は低い値となる。よって，2変数が非線型の関係にあるときは，ピアソンの積率相関係数を使用せずに，相関比（correlation ratio）のような非線形用の相関係数を計算する方法を用いる。

2変数x, yの非線形関係を示す相関比は，η_{yx}あるいはη_{xy}で表され，前者をyのxに対する相関比，後者をxのyに対する相関比と呼ぶ。yのxに対する相関比（η_{yx}）の場合，相関比の2乗（η^2_{yx}）は，xの値（x_j）ごとに，それに対応するyの平均値（$\bar{y}_j$）を計算し，それを個数で重み付けした重み付け分散を計算し，その重み付け分散に対するyの分散の比で定義され，

$$\eta^2_{yx} = \frac{与えられた x に対する y の平均値の重み付け分散}{y の分散} = \frac{\frac{1}{n}\sum_{j=1}^{k} n_j (\bar{y}_j - \bar{y})^2}{\frac{1}{n}\sum_{j=1}^{k}\sum_{i=1}^{n_j}(y_{ij}-\bar{y})^2} \quad (2-2)$$

によって表される。ただし，kは，値の異なるxの個数，$n = \sum_{j=1}^{k} n_j$である。yのxに対する相関比は，これの正の値であり，$0 \leq \eta_{yx} \leq 1$である。ただし，n_jが，x_jに対するyの値の個数を意味する。これに対して，xのyに対する相関比の2乗は，

$$\eta^2_{xy} = \frac{与えられた y に対する x の平均値の重み付け分散}{x の分散} = \frac{\frac{1}{n}\sum_{j=1}^{l} n_j (\bar{x}_j - \bar{x})^2}{\frac{1}{n}\sum_{j=1}^{l}\sum_{i=1}^{n_j}(x_{ij}-\bar{x})^2} \quad (2-3)$$

によって表される。ただし，lは値の異なるyの個数，$n = \sum_{j=1}^{l} n_j$である。よって，$\eta^2_{yx} \neq \eta^2_{xy}$である。さらに，相関比と積率相関係数を比較すると，$\eta^2_{yx} \geq r^2_{xy}$あるいは，$\eta^2_{xy} \geq r^2_{xy}$となる。等号は，2変数が線形関係のときに成り立つ。

また，ピアソンの積率相関係数はデータが間隔尺度以上である必要がある。よって，データが名義尺度や順序尺度の場合には，その尺度に対応する相関係数を使用することになる。名義尺度の場合は，ϕ（ファイと読む）係数，クラメールの連関係数が使用され，順序尺度の場合は，スピアマンの順位相関係数，ケンドールの順位相関係数が使用される。ϕ係数は，2変数x, yがともに2値データ（xは，x_1, x_2の2種類の値のみ，yは，y_1, y_2の2種類の値のみとる）のときに使用され，次の式で計算される。

$$\phi = \frac{n_{11} n_{22} - n_{12} n_{21}}{\sqrt{n_{1.} n_{2.} n_{.1} n_{.2}}} \quad (2-4)$$

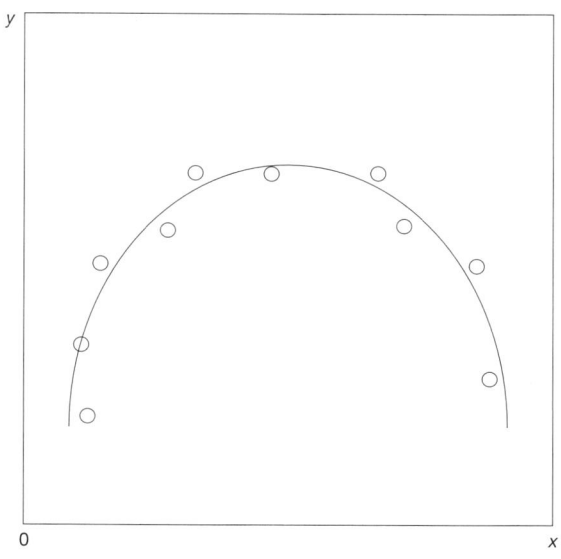

図2-3 非線形関係

表2-1 φ係数の変数

	y_1	y_2	
x_1	n_{11}	n_{12}	$n_{1.}$
x_2	n_{21}	n_{22}	$n_{2.}$
	$n_{.1}$	$n_{.2}$	

ただし，式中の変数は，表2-1に定義される変数の度数を示し，例えば，n_{11}は，x_1, y_1の対の度数を示し，$n_{.1}$は，変数y_1の周辺度数を示す。例えば，大学生40名に，将来子どもが欲しいかどうかを尋ね，表2-2のような回答を得たとする。これより，性別と子ども願望の間に関連性があるかどうかを調べるときにφ係数を使用する。φ係数は，－1から1の間の値をとるが，名義尺度間の関連性を示し，変数に対する数値の付与の仕方によって正になったり負になったりするので，φ係数の符号には本質的な意味はない。どのように変数を定義したかをもとに解釈をしてゆく必要がある。実際に表2-2のデータのφ係数を計算すると，

$$\phi = \frac{5 \times 5 - 15 \times 15}{\sqrt{20 \times 20 \times 20 \times 20}} = -0.5$$

となる。φ係数は，2×2のクロス表に関してのみ適用されること，および，完全な連関の場合でも，φ係数が1にならない場合が生じるという欠点がある。

表2-2 性別と子ども願望との関係

	子どもが欲しい	子どもは欲しくない	計
男	5	15	20
女	15	5	20
計	20	20	40

これに対してクラメールの連関係数（Cramer's coefficient of association）は，$m_r \times m_c$のクロス表に関して適用することができる。いま，変数xのi番目のカテゴリーと変数yのj番目のカテゴリーに同時に属する度数をn_{ij}, $n = \sum_{i=1}^{m_r} \sum_{j=1}^{m_c} n_{ij}$, kを行数m_rと列数m_cの小さい方の値とす

ると，クラメールの連関係数 V は，

$$V = \sqrt{\frac{\chi^2}{k(n-1)}} = \sqrt{\frac{\sum_{i=1}^{mr}\sum_{j=1}^{mc}\left(\frac{n^2_{ij}}{n_i.n_{.j}}-1\right)}{n-1}} \quad (2-5)$$

によって表される。V は，$0 \leq V \leq 1$ の範囲にあり，2×2 のクロス表に適用すると，ϕ 係数の絶対値と一致するので，特殊な場合として ϕ 係数を含むことになる。また，ϕ 係数と同じように，完全連関の場合でも V が 1 にならない場合が生じる。

スピアマンの順位相関係数（Spearman's rank correlation coefficient）の場合は，順位データをもとにして相関係数を計算する。例えば，表 $1-1$ の男子学生の身長と体重の間の相関係数をスピアマンの順位相関係数で計算する場合は，まず，身長を大きい順（あるいは小さい順）に順位をつける。同様にして，体重に関しても重い順（あるいは軽い順）に順位をつける。そして，これらの順位をもとにして，2 変数間の相関係数をピアソンの積率相関係数の式を用いて計算するのである。

2. 回　帰

1）回帰式について

身長と体重，ウエストと体重の関係のように，2 変数間に高い相関関係があると，一方の変数からもう一方の変数の値を予測することが可能になる。例えば，身長から体重を予測したり，あるいは，ウエストから体重を予測したりする場合である。予測の程度は，相関係数が高い場合の方がよく，身長から体重を予測するよりもウエストから体重を予測する方が予測がより正確になる。一方の変数からもう一方の変数の値を予測するための予測式が回帰式である。回帰式は，説明変数（あるいは，独立変数）と被説明変数（あるいは，従属変数）からなり，説明変数と被説明変数の関係が線形関係の場合を，線形回帰（linear regression）と呼び，非線形の場合を非線形回帰（non-linear regression）と呼ぶ。図 $2-4$ に示される直線は，x から y を予測するための回帰直線を表し，体重がウエストによって直線的関係によって予測されているので，線形回帰式である。線形回帰式は，説明変数が 1 つの場合は，

$$Y_i = a + bx_i \quad (2-6)$$

で表される。Y_i は個人 i の予測された y の値，x_i は個人 i の x の値を表し，個人 i の y の値を y_i とすると，

$$y_i = Y_i + e_i = a + bx_i + e_i \quad (2-7)$$

の関係にある。e_i は，個人 i における Y_i と y_i との間のずれを意味し，残差（residual）を表す。a を定数，b を回帰係数（regression coefficient）と呼び，a, b は，最小 2 乗法（詳しくは，p.116 参照）によって残差の 2 乗和が最小になるように決定される。このようにして決定された a, b は，以下のようにして計算される。

$$a = \bar{y} - b\bar{x}$$

$$b = s_{xy}/s_x^2 = x と y の共分散 / x の分散 \quad (2-8)$$

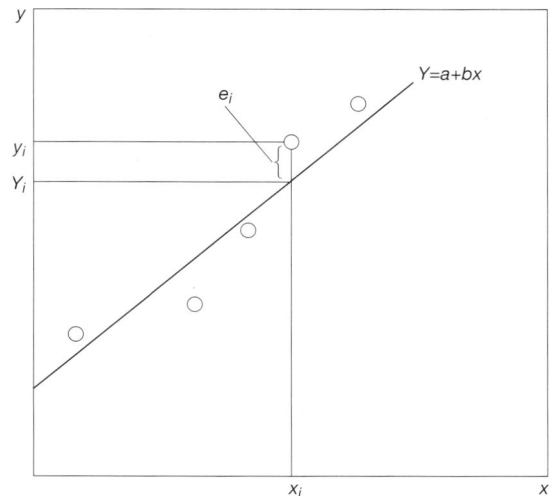

図2-4　yをxから予測する場合の回帰式

y と x が直線関係以外の場合を非線形回帰式と呼ぶ。非線形回帰式の例として，

$$Y_i = cx_i^d \qquad (2-9)$$

がある。この場合の非線形回帰式は，両辺の対数をとると，

$$\log Y_i = \log c + d\log x_i \qquad (2-10)$$

となり，$W_i = \log Y_i$，$C = \log c$，$V_i = \log x_i$ とおくと，

$$W_i = C + dV_i \qquad (2-11)$$

の線形回帰式となる。よって，最小2乗法を適用して，c, d が得られる。図2-5は，非線形の関係にある x と y を対数変換したものである。W の V への回帰式は，

$$W = -0.9407566 + 1.7587139V \qquad (2-12)$$

であり，これより，

$$Y = e^{-0.9407566} x^{1.7587139} = 0.3903324 x^{1.7587139} \qquad (2-13)$$

が得られる。

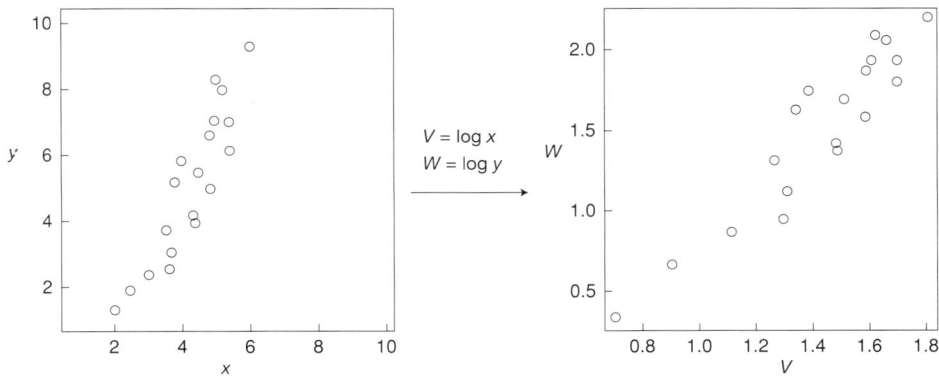

図2-5　非線形回帰分析

2）予測と説明率

　予測値は，回帰式の説明変数に実際のデータを代入することによって得られ，予測値と実際のデータとの間のズレが小さいほど，その回帰式は有益な回帰式となる。予測率の良さを表す指標として，説明率がある。説明率は，予測値の分散を実際のデータの分散で割った値で，図2－1の場合であれば，体重の回帰式は，予測された体重 = － 47.7296317 + 0.6384256 × 身長である。これより，体重の予測値の分散は，29.70674，そして，実際の体重の分散は，118.3775であるので，説明率は，$\frac{29.70674}{118.3775} = 0.2509492$ となる。説明率は0から1までの値で示され，説明率が1のとき予測率100％となり，完全な予測を意味する。図2－6は，回帰式における説明率を図示したものである。

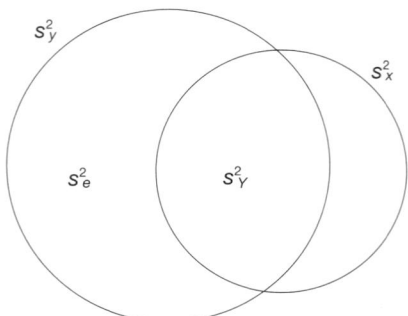

図2－6　回帰式における説明率について

　図2－6の左の円の面積が，被説明変数の分散（s^2_y）を，右側の円の面積が説明変数の分散（s^2_x）を意味する。被説明変数の分散は，説明変数によって予測される被説明変数の分散（s^2_Y）と予測されない被説明変数の分散（s^2_e）に分割される。2つの円の交わっている部分が，説明変数によって説明される被説明変数の分散（s^2_Y）で，この部分が大きいほどよく予測されることになる。左の円の残りの部分が，説明変数によって予測されない被説明変数の分散（s^2_e）である。これは，誤差分散である。説明率は，説明変数によって説明される被説明変数の分散を被説明変数の分散で割ったもので表され，説明変数で説明される被説明変数の分散（s^2_Y）と被説明変数の分散（s^2_y）との間の比率である。よって，真中の共通部分の面積が大きいほど，説明率が大きいということになる。この説明率は，2変数が線形関係にあるときは，2変数間の相関係数の2乗（決定係数：coefficient of determination）に等しくなる。

3 標本から母集団を推定する

1. 統計的分布

1）確率について

　確率（probability）を用いて，平均や分散を定義することができる。サイコロの目をx，その確率を$P(x)$とすると，平均は$\mu = E(x) = \sum_i x_i P(x_i)$，分散は$\sigma^2 = V(x) = \sum_i (x_i - \mu)^2 P(x_i)$となる。$E(x)$は期待値（expected value of x），$V(x)$は分散（variance of x）を意味する。統計的分布を理解するにあたり，確率について知っている必要がある。確率とは，ある事象の生起する確からしさを表す。例えば，10円玉を1枚投げたときに生じる事象について考えてみよう。10円玉を投げると，表の出る事象と裏の出る事象のいずれかが生じる。このとき，表の出る確からしさは，どれくらいであろうか。あるいは，どれくらいの確からしさをもって，10円玉を1枚投げたときに，表が出ると予測することができるであろうか。10円玉を投げたとき，表の出る確からしさを表の出る確率という。この確率は，「関連する事象の起こる場合の数」を「起こりうるすべての場合の数」で割った値として定義される。10円玉を投げたときに起こりうる事象は，「表が出る」，「裏が出る」のいずれかで，起こりうるすべての場合の数は，表が出るか，裏が出るかの2通りである。そして，関連する事象の数は，そのうちの表が出る場合で，1通り。よって表の出る確率は，0.5で，50％の確からしさで表が出ることになる。次に，目の数が6からなるサイコロをもとにして確率について考えてみよう。サイコロを振ったときに，1の目が出る確率はどれくらいであろうか。サイコロを1回振ると，起こりうるすべての場合の数は，各目の出る場合の数に等しいので6通りである。そして，関連する事象の場合の数は，1の目が出る場合の数に等しいので1通りである。よって，1の目の出る確率は1/6となる。では，5以上の目が出る確率はどうであろうか。起こりうるすべての事象の場合の数は，6通り。関連する事象の場合の数は，5の目の場合と6の目の場合の2通り。よって確率は，1/3となる。今度は，赤い玉が20個，青い玉が5個入っているつぼから玉を1つ取り出したときに生じる事象の確率について考えてみよう。玉を1つ取り出したときに，それが青い玉である確率は，どうなるであろうか。このとき，起こりうるすべての場合の数は，25通り，関連する事象の場合の数は，5通り。よって，求める確率は，5/25 = 0.2となる。

2）ベルヌイ分布と2項分布
（1）ベルヌイ分布
　起こりうる事象が2つのみある場合の，その事象が生じる確率の分布を意味する。例えば，10円玉を1枚投げたとき，起こりうる事象は表の出る事象と裏の出る事象の2種類であるので，10円玉を1枚投げたときの事象は，ベルヌイ分布（Bernoulli distribution）に従う。また，

上記のつぼから玉を取り出す事象においては，起こりうるすべての事象は，赤い玉が出る事象と青い玉が出る事象の2種類である。よって，玉を取り出したときの事象の確率分布も，ベルヌイ分布に従う。サイコロの例の場合，起こりうる事象が6種類あるので，ベルヌイ分布ではないが，起こりうる事象を2種類のみの状況にすれば，その事象はベルヌイ分布に従う。例えば，サイコロの目が5以上あるいは，4以下になる事象は，ベルヌイ分布に従う。

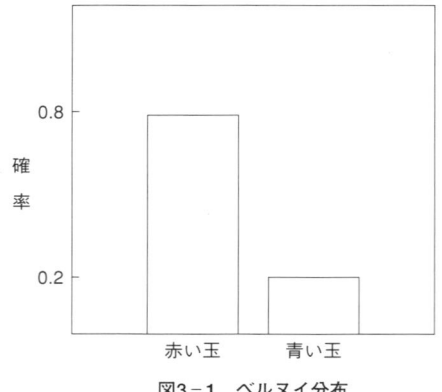

図3-1　ベルヌイ分布

(2) 2項分布

10円玉を1枚投げたときの事象は，ベルヌイ分布に従うことがわかった。では，10円玉を3枚投げたときの事象はどうであろうか。10円玉を3枚投げたとき，起こりうるすべての事象は，(表，表，表)，(表，表，裏)，(表，裏，表)，(表，裏，裏)，(裏，表，表)，(裏，表，裏)，(裏，裏，表)，(裏，裏，裏) の8通り。表が0枚出る場合は，(裏，裏，裏) の場合で1通り。よって，表が0枚出る確率は1/8。表が1枚出る場合は，(表，裏，裏)，(裏，表，裏)，(裏，裏，表) の場合で3通り。よって，表が1枚出る確率は3/8となる。表が2枚出る場合は，(表，表，裏)，(表，裏，表)，(裏，表，表) の場合で3通り。よって，表が2枚出る確率は3/8となる。表が3回出る場合は，(表，表，表) の場合で1通りとなる。よって，表が3枚出る確率は1/8となる。

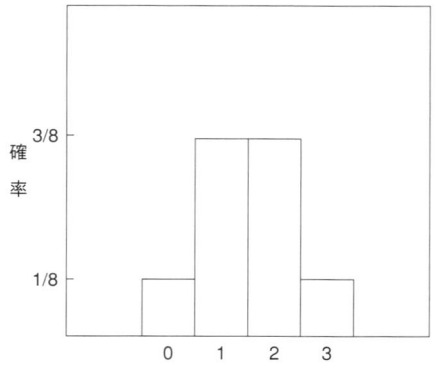

図3-2　3枚の10円玉を投げたときに，表がx枚出る確率（2項分布）

表が出るという事象は，0枚，1枚，2枚，3枚の4種類あるので，ベルヌイ分布には従わない。しかしながら，10円玉1枚ずつの事象は，表あるいは裏しか生じないので，ベルヌイ分布に従う。すなわち，10円玉3枚投げるという事象は，10円玉を1枚投げるというベル

ヌイ分布に従う事象が独立に 3 回生じたと考えることができる。 1 つ 1 つの事象がベルヌイ分布に従い，それが 2 回以上独立に生じて得られる事象の分布は，2 項分布（binomial distribution）に従う。図 3 – 2 に 3 枚の 10 円玉を投げたときの表の出る確率分布（2 項分布）が示されている。横軸は，表の出た数，縦軸は，その確率を表す。10 円玉の表が出る事象は，0，1，2 という整数であるので，横軸は，離散変数である。10 円玉の枚数を n，表の出る確率を p，表が出る枚数を x とすると，表が x 枚出る確率 $P(x)$ は，

$$P(x) = {}_nC_x p^x (1-p)^{n-x} \qquad (3-1)$$

で表される。これは，2 項分布を表し，平均は，np，分散は，$np(1-p)$ である。

　同様にして，10 枚の 10 円玉を投げたときの表の出る確率の分布は，図 3 – 3 に示す 2 項分布に従う。2 項分布は，事象が 2 つの場合のさまざまな現象の確率を計算するのに便利である。例えば，10 問からなる，2 者択一のテストがあるとしよう。今，ある学生が，ランダムに解答を選んだとき，10 問正解する確率は，10 枚の 10 円玉がすべて表あるいは，裏になる確率に等しい。よって，0.001 となる。あるいは，ランダムに解答をしたとき，8 点以上正解する確率は，0.044 + 0.01 + 0.001 = 0.0451 となる。ランダムに解答したとき，8 点以上正解する確率はかなり低いので，もしもその学生が 8 点以上正解したとしたら，ランダムに解答を選んでいない確率が高いことがいえよう。あるいは，ある人が 1 枚の 10 円玉を 10 回投げたとき，その結果を 8 回以上当てる確率も 0.0451 となる。よって，もしもそのようなことが起こったとしたら，その人はランダムに 10 円玉の結果を当てているのではない可能性が高いといえよう。このように，2 項分布はさまざまな事象の確率計算に役立ち，統計では重要な分布である。

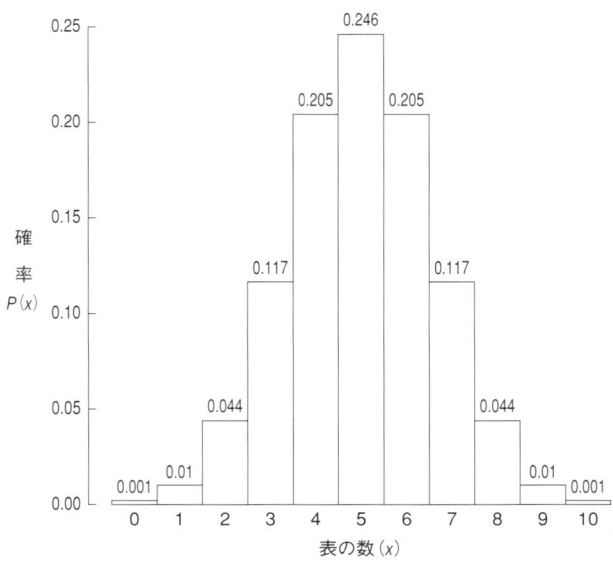

図 3 – 3　10 枚の 10 円玉を投げたときに，表が x 枚出る確率

3）正規分布について

　正規分布（normal distribution）は，図 3 – 4 に示されるようなつりがね型の分布である。横軸は，身長や体重のような連続変数である。図 3 – 4 は，平均 0，分散 1 の正規分布で，標準正規分布（standard normal distribution）と呼ばれている。標準正規分布は，$N(0, 1)$ で

表される。Nは，normal distribution の N を表し，正規分布の頭文字である。カッコの中の数字は，順に平均，分散を表す。縦軸は確率密度（probability density）である。横軸が離散変数のときは，縦軸は確率を表すが，横軸が連続変数のときは，縦軸は確率密度を示し，確率は面積で表される。例えば，図3-4において，zが0から1の間になる確率は，標準正規分布

図3-4 標準正規分布

図3-5 標準正規分布

の0から1までの面積となる。zがある特定の値に完全に等しくなる確率は、0であるので、面積も0となる。例えば、z = 1となる確率は、0である。これは、正確にはz = 1.000000……であり、そのような値に等しくなる確率は0なのである。

　図3－4に示されるように、標準正規分布は、山が1つの単峰形で、左右対称であるので、平均、メディアン、モードは一致する。また、横軸をzとすると、縦軸の確率密度yは、

$$y = f(z) = \frac{1}{\sqrt{2\pi}} e^{-\frac{1}{2}z^2} \tag{3-2}$$

となる。さらに、確率密度関数より、zが0から1の間になる確率は0.3413、zが0から2の間になる確率は、0.4772となる（図3－5あるいは、別表A参照）。また、zが0から∞になる確率は0.5で、zが－1.65から1.65の間になる確率は0.90、zが－1.96から1.96の間になる確率は0.95（この1.65、1.96という数字は、臨界値としてしばしば出てくるので記憶しておこう）、－∞から∞となる確率は1である。平均が0で、分散が1でない正規分布を、単に、正規分布と呼び、平均$\bar{x}$、分散s^2を用いて、$N(\bar{x}, s^2)$で表される。その確率密度関数は、

$$y = f(x) = \frac{1}{\sqrt{2\pi}\,s} e^{-\frac{1}{2}\left(\frac{x-\bar{x}}{s}\right)^2} \tag{3-3}$$

によって表される。$z = (x - \bar{x})/s$とおくと、標準正規分布の確率密度関数となるので、標準正規分布は、平均$\bar{x}$、分散s^2の正規分布を標準得点に変換した正規分布である。

　図3－6は累積標準正規分布で、標準正規分布を累積した分布で、縦軸は変数zがある値よりも小さくなる確率を表す。例えば、z = 0のときの縦軸の値は0.5で、これはzが0以下になる確率を表す。

　変数が離散変数のときは2項分布が役に立つと同様に、変数が連続変数のとき正規分布は事象の確率計算のために重要な役割を果たす。例えば、ある知能テストの知能指数は、平均が100、標準偏差が15の正規分布に従うとしよう。このとき、ランダムに1人の人を選んだとき、その人の知能指数が130以上である確率は、130を標準得点に直すと、(130 － 100)/15 = 2であるので、0.0228となりかなり低いことがわかる。また、ある人の知能指数が130のとき、それより知能指数が低い人は、1万人中9772人、それより高い人は1万人中228人しかいないことがわかる。

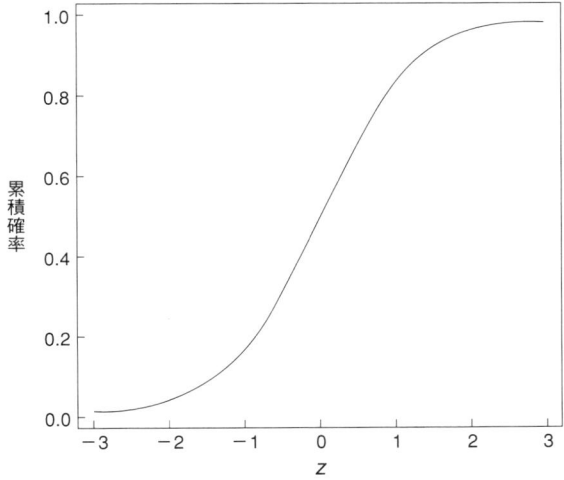

図3－6　累積標準正規分布

4）合成変数の分布

合成変数とは，2つ以上の変数を一緒にまとめて新しく定義した変数をいう。例えば，英語の得点と数学の得点の総合得点をもとに，学生の能力を判断するような場合，この合成変数が使用される。この合成変数は，統計的分布を理解するために非常に重要で，平均値の差の検定を理解するための基礎となる。今，変数 x_1, x_2 があり，それぞれの平均を $\bar{x}_1, \bar{x}_2$，分散を s^2_1, s^2_2，2変数間の共分散を s_{12} とするとき，$y = x_1 + x_2$ という新しい合成変数の平均，分散はどうなるのであろうか。また，y はどのような分布をするのであろうか。y の平均を $\bar{y}$ とすると，$\bar{y} = \bar{x}_1 + \bar{x}_2$ となり，2つのもとの変数の平均の和となる。同様にして，y の分散は，$s^2_y = s^2_1 + s^2_2 + 2s_{12}$ となる。一般的には，$y = a_0 + a_1 x_1 + a_2 x_2$ とするとき，$\bar{y} = a_0 + a_1 \bar{x}_1 + a_2 \bar{x}_2$，$s^2_Y = a^2_1 s^2_1 + a^2_2 s^2_2 + 2a_1 a_2 s_{12}$ となる。

今，変数 x_1, x_2 が互いに独立で，正規分布に従い，$N(\bar{x}_1, s^2_1)$，$N(\bar{x}_2, s^2_2)$ のとき，合成変数 $y = x_1 - x_2$ は，平均 $\bar{y} = \bar{x}_1 - \bar{x}_2$，分散 $s^2_y = s^2_1 + s^2_2$ の正規分布に従う。

2. 統計的推測

1）母平均と母分散の推定

何らかの調査をするときに，調査の対象となっている属性をもつすべての人，物等からなる集団を母集団（population）と呼ぶ。例えば，日本の中学生の英語能力を調べようとするとき，英語を勉強している日本の中学生すべてからなる集団が母集団である。母集団に属するすべてのメンバーをもとにして計算した平均を母平均（population mean），分散を母分散（population variance）と呼ぶ。通常は，母集団を構成するメンバーの数（N で表す）はかなり大きく不明であることが多いので，母平均，母分散の値は未知であることが多い。母集団の母平均や母分散等をパラメータ（parameter）と呼ぶ。慣例的に，母平均は μ，母分散は σ^2 で表す。正規母集団というと，対象となっている属性が正規分布に従う母集団で，その母平均と母分散を用いて，$N(\mu, \sigma^2)$ と表す。

通常は，母集団に属するすべてのメンバーを対象に調査ができないので，メンバーの一部を無作為に抽出し，平均と分散を求める。このように母集団の一部からなる集団を標本（sample）と呼ぶ。そして，標本の平均および分散を，標本平均（sample mean），標本分散（sample variance）と呼ぶ。標本平均や標本分散等を，統計量（statistics）と呼ぶ。母平均や母分散は，母集団に属するすべてのメンバーをもとに計算されるので，$E(x) = \mu$，$V(x) = \sigma^2$ である。しかしながら，標本の場合はメンバーの一部を使用して計算されるので，標本平均を $E(x)$，標本分散を $V(x)$ によって表さない。

$$母平均 = \mu = \frac{1}{N} \sum_{i=1}^{N} x_i \qquad (3-4)$$

$$母分散 = \sigma^2 = \frac{1}{N} \sum_{i=1}^{N} (x_i - \mu)^2 \qquad (3-5)$$

標本をもとに平均や分散を計算するのは，標本が母集団の特性と同じであるという前提のもとに行われる。よって，標本平均は母平均のよき推定値でなくてはならない。同じように標本分散は母分散のよき推定値でなければならない。標本平均や標本分散のような統計量がパラメータのよき推定値であるかどうかは，よき推定値としての基準を満たす必要がある。その基準の1つに不偏性（unbiasedness），すなわち，偏りがないという基準がある。これは，同じ母集団から何度も標本を抽出し，そのたびに平均を計算したとき，その平均の平均が母平均に等

しくなるようであれば，標本平均は母平均のよき推定値，不偏推定値（unbiased estimator）と呼ばれる。通常の算術平均は，母平均の不偏推定値である。しかしながら，標本分散の場合は，標本を抽出するごとに標本分散を計算しその平均を求めても，母分散には等しくならないことが知られている。よって，標本分散は，母分散の不偏推定値ではない。母分散の不偏推定値を不偏分散（unbiased variance）と呼ぶ。両者の違いは，計算式の分母にあり，標本分散の場合は偏差平方和を標本の大きさ（sample size：nで表す）で割るが，不偏分散の場合は標本の大きさ−1，すなわち$n-1$で割る。標本分散を計算する際に，標本平均を使用するので自由な値をとれるx_iの数（自由度と呼ぶ）がn個ではなく，$n-1$個となるので$n-1$で割らないと母分散の推定にバイアスがかかるのである。よって，不偏推定値を得るためには，標本の大きさではなく，自由度で割るのである。

〈例〉

1，3，5の標本分散は，平均が3であるので，$\{(3-1)^2+(3-3)^2+(5-3)^2\}/3$であるが，不偏分散は，$\{(3-1)^2+(3-3)^2+(5-3)^2\}/2$で求められる。

$$標本平均\ \bar{x}=\frac{1}{n}\sum_{i=1}^{n}x_i \tag{3-6}$$

$$標本分散\ s^2=\frac{1}{n}\sum_{i=1}^{n}(x_i-\bar{x})^2 \tag{3-7}$$

$$不偏分散\ u^2=\frac{1}{n-1}\sum_{i=1}^{n}(x_i-\bar{x})^2 \tag{3-8}$$

2）大数の法則と中心極限定理

同じ母集団から標本を抽出したとき，標本の大きさが同じであっても，標本を抽出するたびに標本平均を計算すると，毎回標本平均は異なる。標本の大きさが異なると，標本平均は影響を受けるのであろうか。より正確な母平均を推定するためには，標本の大きさは大きい方がよいのであろうか。それとも少なくても推定のよさは変わらないのであろうか。一般的に標本の大きさを大きくすると，標本平均は母平均に限りなく近づいてゆく。この性質を大数の法則（law of large numbers）と呼ぶ。よって，標本平均が母平均のよき推定値であるためには，標本の大きさが大きい方がよい。また，標本平均の分布を考えると，標本平均の平均は母平均に等しく，そして，標本平均の分散は母分散を標本の大きさで割ったものに等しい。さらに，標本平均の分布は，標本の大きさが大きくなれば，正規分布に近づいてゆくという性質がある。よって

$$z=\frac{\bar{x}-\mu}{\sigma/\sqrt{n}} \tag{3-9}$$

は，nが大きくなると標準正規分布に近づいてゆく。標本平均のこれらの性質を中心極限定理（central limit theorem）と呼ぶ。

3）母平均の区間推定

いま，母平均が50，母分散が100である正規分布に従う母集団から，標本の大きさが20の標本を抽出したとき，標本平均が，40から60の間に入る確率は，0.68である。よって，68％の信頼性をもって，標本平均は，40と60の間にあると推測することができる。

$$40 < 標本平均 < 60 \quad となる確率は, \quad 0.68$$

これをもとに標本平均を標準化すると,

$$\frac{40-標本平均の平均}{標本平均の標準偏差} < \frac{標本平均-標本平均の平均}{標本平均の標準偏差} < \frac{60-標本平均の平均}{標本平均の標準偏差}$$

中心極限定理により,標本平均の平均は,母平均に等しく,標本平均の分散は母分散を標本の大きさ(n)で割ったものに等しいので,母平均をμ,標本平均を$\bar{x}$,母分散をσ^2,標本平均の分散を$\sigma^2_{\bar{x}}$とすると,

$$\frac{40-\mu}{\sigma_{\bar{x}}} < \frac{\bar{x}-\mu}{\sigma_{\bar{x}}} < \frac{60-\mu}{\sigma_{\bar{x}}} \tag{3-10}$$

これは,

$$-1 < \frac{\bar{x}-\mu}{\sigma_{\bar{x}}} < 1 \tag{3-11}$$

に等しい。そして,不等式を変形して,

$$\bar{x} - \sigma_{\bar{x}} < \mu < \bar{x} + \sigma_{\bar{x}} \tag{3-12}$$

となる。これより,$\bar{x}$と$\sigma_{\bar{x}}$がわかれば,μの範囲を区間推定することが可能になる。この場合,母平均μは,68％の信頼水準(level of confidence)で,

$$\bar{x} - \sigma_{\bar{x}} < \mu < \bar{x} + \sigma_{\bar{x}} \tag{3-13}$$

の範囲にある。

95％の信頼水準で母平均μを区間推定する場合は,

$$\bar{x} - 1.96\,\sigma_{\bar{x}} < \mu < \bar{x} + 1.96\,\sigma_{\bar{x}} \tag{3-14}$$

となる。

$\bar{x}$は,標本平均であるので,データから得ることができるが,$\sigma_{\bar{x}}$は,母分散がわからないとその値はわからない。

4 仮説検定をマスターする

1. 統計的仮説検定

1）帰無仮説と対立仮説

「独立行政法人国立印刷局で作られる1万円札は，平均2g，標準偏差0.1gの正規分布に従うとする。いま，ここに，重さが2.2gの1万円札がある。この1万円札は，国立印刷局で作られたものと考えてよいか」という問題が与えられたとしよう。このとき，手もとにある1万円札が国立印刷局で作られたものであると仮定（帰無仮説：null hypothesis）すると，どのようなことが起こるであろうか。帰無仮説のもとで，1万円札が2.2g以上の重さになる確率は，0.02275013である。よって，帰無仮説のもとでそのようなことが起きる確率はかなり小さいので，帰無仮説が正しいと考えるよりも帰無仮説が正しくないと考える方がよいと考えられる。すなわち，手もとにある1万円札は，国立印刷局で作られたものではないと考える。この国立印刷局で作られたものではないという仮説は，帰無仮説に対立する仮説なので，対立仮説（alternative hypothesis）と呼ぶ。このように帰無仮説のもとで，ある事象が起こる確率を計算し，その確率をもとに帰無仮説を棄却したり，採択したりする考え方を統計的仮説検定と呼ぶ。帰無仮説は，最終的に棄却されることが多いので，帰無仮説と呼ばれる。帰無仮説が棄却されるか，採択されるかは，当該の事象が起こる確率が，ある基準よりも小さいかどうかで決められる。このときの基準となる確率を有意水準（significance level，αで表す）と呼ぶ。有意水準としては，社会科学では5％あるいは，1％を採用することが多い。帰無仮説が棄却され，対立仮説が採択されたということは，手もとにある1万円札は，母集団の平均が2gより大きいか，小さいかのいずれかの母集団から抽出されたと考えられる。このとき，対立仮説の下では，母集団の平均は，2gより大きい場合と小さい場合の2方向あるので，このような場合を両側検定（two-sided test）と呼ぶ。これに対して，対立仮説が母平均が2gより大きい場合しかないとき，あるいは，小さい場合しかないとき，片側検定（one-sided test）と呼ぶ。5％の有意水準のとき両側検定であれば帰無仮説を棄却あるいは採択する基準となる確率は，有意水準の半分の2.5％となるが，片側検定の場合は基準となる確率は5％となる。このように帰無仮説を棄却するか否かの基準となる確率は，有意水準と検定の種類（両側あるいは片側）によって決定される。

統計的仮説検定を行うには，まず，帰無仮説を決め，次に，対立仮説を決める。対立仮説によって，検定が両側検定か片側検定かが決まる。そして，有意水準（α）を決め，そして，それをもとに帰無仮説を棄却あるいは採択する臨界値（critical value: z_c）を決定する。

そして，帰無仮説のもとで，

$$z = \frac{x - \mu}{\sigma} \qquad (4-1)$$

を計算し，$|z|>z_c$ならば，帰無仮説を棄却し，$|z|\leq z_c$ならば，帰無仮説を採択する。このとき，xは標本の値，この場合$x=2.2$，μは母集団の平均，この場合$\mu=2$，σは，母集団の標準偏差で，この場合$\sigma=0.1$である。そして，母集団は正規分布に従うので，両側検定5％の有意水準のもとでは，$z_c=1.96$となる。$z=(2.2-2)/0.1=2$は，1.96より大きいので，帰無仮説を棄却することになる。

仮説検定は，上記のようにz値を計算して，それが臨界値z_cよりも大きいかどうかを比較して決める方法のほかに，当該事象が帰無仮説のもとで生じる確率値P（prob-value, 有意確率ともいう）を直接計算して，それが有意水準よりも大きいかどうかで決める方法もある。この例の場合であれば，2.2gの1万円札が帰無仮説のもとで生じる確率は0.02275013で，0.025より小さい。よって，帰無仮説を棄却するとすることも可能である。

2) 第1種のエラーと第2種のエラー

5％の有意水準で帰無仮説を棄却したとき，その結論は95％の信頼水準（confidence level）にある。すなわち，95％正しいといえる。しかしながら，5％の確率でその結論が間違っている可能性がある。すなわち，5％の確率で正しい帰無仮説を棄却してしまったことになる。帰無仮説が正しいにもかかわらず，帰無仮説を棄却してしまう誤りを第1種のエラー（type I error）と呼ぶ。第1種のエラーが生じる確率は，有意水準αに等しい。逆に，帰無仮説が誤っているにもかかわらず，帰無仮説を採択してしまうエラーを第2種のエラー（type II error）と呼ぶ。第2種のエラーが生じる確率は，βで表される。βは，対立仮説のもとで当該事象が生じる確率である。そして，$1-\beta$を検定力（power of hypothesis test）と呼ぶ。検定力は，帰無仮説が誤っているときに帰無仮説を棄却する確率で，これが高いほどよい検定である。ただし，βは対立仮説のもとでの母集団の性質が既知でないと計算できない。

表4-1 第1種のエラーと第2種のエラー

	帰無仮説を棄却	帰無仮説を採択
帰無仮説が正しい	第1種のエラー（α）	正しい判断
帰無仮説が誤っている	正しい判断：検定力（$1-\beta$）	第2種のエラー（β）

2. 仮説検定の例

1) 両側検定の例

「問題」 国立印刷局で作られる1万円札は，平均2g，標準偏差0.1gの正規分布に従うとする。いま，ここに，重さが2.2gの1万円札がある。この1万円札は，国立印刷局で作られたものと考えてよいか。

帰無仮説（H_0）：手もとの1万円札は，国立印刷局で作られたものである（$\mu=2$）。
対立仮説（H_1）：手もとの1万円札は，国立印刷局で作られたものではない（$\mu\neq2$）。
有意水準：$\alpha=0.05$
臨界値：$z_c=1.96$

$$z=\frac{x-\mu}{\sigma}=\frac{2.2-2}{0.1}=2$$

$|z|>1.96$なので，帰無仮説を棄却する。

結論： 両側検定，5％の有意水準のもとで，帰無仮説$\mu=2$を棄却する。よって，手もと

2) 両側検定の例（確率値を用いる場合）

「問題」 国立印刷局で作られる1万円札は，平均2g，標準偏差0.1gの正規分布に従うとする。いま，ここに，重さが2.2gの1万円札がある。この1万円札は，国立印刷局で作られたものと考えてよいか。

帰無仮説（H_0）：手もとの1万円札は，国立印刷局で作られたものである（$\mu = 2$）。
対立仮説（H_1）：手もとの1万円札は，国立印刷局で作られたものではない（$\mu \neq 2$）。
有意水準：$\alpha = 0.05$
$p = 0.02275013$
$p < 0.025$ なので，帰無仮説を棄却する。

結論：両側検定，5％の有意水準のもとで，帰無仮説 $\mu = 2$ を棄却する。よって，手もとにある1万円札は，国立印刷局で作られたものとはいえない。

3) 片側検定の例

「問題」 国立印刷局で作られる1万円札は，平均2g，標準偏差0.1gの正規分布に従うとする。いま，ここに，重さが2.2gの1万円札がある。この1万円札は，国立印刷局で作られた1万円札より重いと考えてよいか。

帰無仮説（H_0）：手もとの1万円札は，国立印刷局で作られたものである（$\mu = 2$）。
対立仮説（H_1）：手もとの1万円札は，国立印刷局で作られたものよりも重い（$\mu > 2$）。
有意水準：$\alpha = 0.05$
臨界値：$z_c = 1.64$

$$z = \frac{x - \mu}{\sigma} = \frac{2.2 - 2}{0.1} = 2$$

$|z| > 1.64$ なので，帰無仮説を棄却する。

結論： 片側検定，5％の有意水準のもとで，帰無仮説 $\mu = 2$ を棄却する。よって，手もとにある1万円札は，国立印刷局で作られたものよりも重いといえる。

このように，両側検定にするか，片側検定にするかは，問題文の中に手がかりがある。それに基づいて決めればよい。一般的には，一方の方向のみに可能性があって，他方の方向には可能性がほとんどない場合，可能性のある方向のみの片側検定を使用することになる。片側検定の場合の方が，臨界値が小さいので，帰無仮説を棄却しやすい。

3. t 検定

1) χ^2 分布と t 分布について

母平均が μ，母分散が σ^2 の正規母集団 $N(\mu, \sigma^2)$ があり，そこからランダムに標本の大きさ n の標本を抽出したとしよう。このとき，標本平均を $\bar{x}$，標本分散を s^2 とすると，

$$\chi^2 = \frac{ns^2}{\sigma^2} \tag{4-2}$$

は，自由度 $df = n - 1$ の χ^2 分布（chi-square distribution）に従う。χ^2 分布の確率密度関数は，

$$f(\chi^2) = \frac{1}{2^{df/2}\Gamma(df/2)} (\chi^2)^{\frac{df}{2}-1} e^{-\frac{\chi^2}{2}} \tag{4-3}$$

で表され，図4−1のように自由度の大きさによって分布の形が変化する分布である。ただし，式中のΓはガンマ関数を意味する。また，自由度（degree of freedom）とは，前にも説明したように自由に動ける確率変数という意味で，上の式の場合，n個のx_iが確率変数であるが，これらを用いて平均$\bar{x}$を計算しているため，自由に動ける確率変数の数が1つ減り，$n-1$となる。すなわち，$(x_1 + x_2 + ... + x_n)/n = \bar{x}$で，$\bar{x}$は特定の値となるため，$x_1$から$x_n$までの確率変数のうち，$n-1$個の確率変数の値が決まると，残りの1つの確率変数の値は自動的に決まってしまうので，n番目の確率変数は自由に動けないことになる。

χ^2分布の平均はdfで自由度に等しく，分散は$2df$で自由度の2倍に等しい。

図4−1　χ^2分布

図4−2　t分布

さらに，$z = \dfrac{\bar{x} - \mu}{\sigma/\sqrt{n}}$ として，

$$t = \dfrac{z}{\sqrt{\chi^2/df}} \qquad (4-4)$$

とすると，t は，自由度 $df = n-1$ の t 分布（t distrbution）に従う．図4−2に示されるように，t 分布は自由度によって形が変わる分布であるが，左右対称で，単峰であり，n が大きくなるに従い，標準正規分布に近づいてゆく．式4−4は，

$$t = \dfrac{\bar{x} - \mu}{u/\sqrt{n}} \qquad (4-5)$$

となり，式（4−4）の z の中の母標準偏差 σ の代わりにその不偏推定値 u を代入した式である．すなわち，母標準偏差の代わりにその推定値 u を使用すると，$df = n-1$ の t 分布に従うことになる．t 分布の確率密度関数は，

$$f(t) = \dfrac{1}{\sqrt{df}\ B(df/2, 1/2)} (1 + t^2/df)^{-(df+1)/2} \qquad (4-6)$$

である．ただし，式中の B はベータ関数を意味する．また，t 分布の平均は0，分散は，$df/(df-2)$ である．

2）ある標本が特定の母集団からの標本であるかどうかの検定

t 分布は，統計的検定において，以下に示すように母分散が未知のときに使用される．手もとにある大きさ n，標本平均 $\bar{x}$，標本分散 s^2 の標本が正規母集団 $N(\mu, \sigma^2)$ からの標本であるかどうかを検定する．手もとの標本の正規母集団を $N(\mu_1, \sigma^2)$ としたとき，「手もとにある大きさ n，標本平均 $\bar{x}$，標本分散 s^2 の標本は，正規母集団 $N(\mu, \sigma^2)$ からの標本である」という帰無仮説 H_0，すなわち，$H_0: \mu = \mu_1$ のもとで，

$$t = \dfrac{\bar{x} - \mu}{u/\sqrt{n}} \qquad (4-7)$$

は，自由度 $df = n-1$ の t 分布に従う．両側検定，5％の有意水準で，この帰無仮説を検定する

図4−3　帰無仮説のもとでの t 分布

と，もしも $|t| > t_c$ ならば，帰無仮説を棄却し，「手もとにある大きさ n，標本平均 $\bar{x}$，標本分散 s^2 の標本は，正規母集団 $N(\mu, \sigma^2)$ からの標本ではない」という対立仮説 H_1，すなわち，$H_1 : \mu \neq \mu_1$ を採択する。もしも $|t| \leq t_c$ ならば，帰無仮説を採択する。ただし，t_c は，臨界値を示し，両側検定，5％の有意水準においては，t 分布の上側確率が 0.025 となるときの t 値であり，自由度と有意水準で決定される基準値である。帰無仮説が正しければ，データから計算された t 値は，95％の確率で，$|t| \leq t_c$ となることが期待される。よって，$|t| > t_c$ ならば，帰無仮説のもとでそのような結果が生じるのは5％以下であるので，帰無仮説を棄却することになる。

3) 2つの標本平均の母集団の母平均は，等しいかどうかの検定

手もとにある2つの標本が同じ母平均の母集団からの標本であるかどうかを検定する場合を考えよう。いま，2つの標本の大きさを，n_1, n_2，標本平均を $\bar{x}_1$, $\bar{x}_2$，標本分散を s_1^2, s_2^2，不偏分散を u_1^2, u_2^2 とする。このとき，2つの標本平均の母集団の母平均が等しいかどうかを検定するには，2つの標本の母集団の母分散が等しいかどうかで，母分散の推定方法は異なる。

(1) 2つの母集団の母分散は，未知であるが，母分散は等しい場合

2つの標本の正規母集団を $N(\mu_1, \sigma_1^2)$, $N(\mu_2, \sigma_2^2)$ としたとき，標本平均の差を $y = \bar{x}_1 - \bar{x}_2$ とすると，y は，平均 $\mu_1 - \mu_2$，分散 $\sigma_1^2/n_1 + \sigma_2^2/n_2$ の正規分布に従う。よって，

$$z = \frac{\bar{x}_1 - \bar{x}_2 - (\mu_1 - \mu_2)}{\sqrt{\sigma_1^2/n_1 + \sigma_2^2/n_2}}$$

は，標準正規分布 $N(0, 1)$ に従うことになる。$\sigma_1^2 = \sigma_2^2 = \sigma^2$ として，σ^2 の代わりに u^2 を代入すると，

$H_0 : \mu_1 = \mu_2$ のもとでは，

$$t = \frac{\bar{x}_1 - \bar{x}_2}{\sqrt{u^2(1/n_1 + 1/n_2)}} \quad (4-8)$$

は，自由度 $df = n_1 + n_2 - 2$ の t 分布に従う。ここにおいて，u^2 は，2つの標本分散をもとにしてプールされた分散（pooled variance）である。母分散が等しい場合は，

$$u^2 = \frac{n_1 s_1^2 + n_2 s_2^2}{n_1 + n_2 - 2} \quad (4-9)$$

となる。母分散が等しいので，2つの標本をまとめて1つにして，より大きな標本にして母分散を推定するのである。

(2) 母分散が未知であるが，等しくないことがわかっていて，標本の大きさが同じ場合

この方法は，コクラン・コックス（Cochran-Cox）の方法と呼ばれ，

$$t = \frac{\bar{x}_1 - \bar{x}_2}{\sqrt{(u_1^2 + u_2^2)/n}} \quad (4-10)$$

は，自由度 $df = n-1$ の t 分布に従うことを利用して，平均値の差の検定を行う。

(3) 母分散が未知であるが，等しくないことがわかっていて，標本の大きさが異なる場合

この方法は，ウェルチ（Welch）の方法と呼ばれ，

$$t = \frac{\bar{x}_1 - \bar{x}_2}{\sqrt{(u_1^2/n_1) + (u_2^2/n_2)}} \quad (4-11)$$

を計算し，両側検定，5％有意水準の場合，$|t| > t_c$ ならば，帰無仮説を棄却し，そうでなければ帰無仮説を採択する。ただし，$u_1^2 > u_2^2$ のとき，

$$df = \frac{(n_1-1)(n_2-1)}{(n_2-1)c^2 + (n_1-1)(1-c)^2}$$

$$c = \frac{u^2{}_1/n_1}{u^2{}_1/n_1 + u^2{}_2/n_2} \qquad (4-12)$$

である。

4）2つの標本に対応がある場合のt検定

上述したt検定の場合，2つの標本はランダムに母集団から抽出されていたが，2つの実験条件に同じ被験者が参加するような場合，2つの標本間に対応がある。このような場合の2つの平均値の差の検定においては，

$$t = \frac{\bar{x}_1 - \bar{x}_2}{\sqrt{\dfrac{s^2{}_1 + s^2{}_2 - 2rs_1s_2}{n-1}}}$$

$$= \frac{\bar{x}_1 - \bar{x}_2}{\sqrt{\dfrac{s^2{}_1 + s^2{}_2 - 2s_{12}}{n-1}}}$$

$$= \frac{\bar{x}_1 - \bar{x}_2}{\sqrt{\dfrac{u^2{}_1 + u^2{}_2 - 2u_{12}}{n}}}$$

$$df = n - 1 \qquad (4-13)$$

を利用する。ただし$\bar{x}_1, \bar{x}_2$，は標本平均1,2を，$s^2{}_1, s^2{}_2$は標本分散1,2を，$u^2{}_1, u^2{}_2$は，標本不偏分散1,2を，rはx_1とx_2の間の積率相関係数を表す。これは，2つの標本間に対応があるので，2つの平均値の差の分散を計算する際に標本共分散s_{12}（あるいは母集団の共分散の不偏推定値u_{12}）が必要なのである。

4. t分布を利用した相関係数の検定

1）母集団における2変数の相関係数が0かどうかの検定（無相関検定）

大きさnの標本における2変数xとyの間の積率相関係数rは，母集団における2変数xとyの積率相関係数$\rho = 0$からの標本であるかどうかの検定を考える。$\rho = 0$の母集団から抽出された標本の相関係数rは，

$$t = \frac{r\sqrt{n-2}}{\sqrt{1-r^2}} \qquad (4-14)$$

$$df = n - 2$$

のt分布に従うことが知られている。このことを利用して，手もとにある標本の相関係数は，母集団において$\rho = 0$であるかどうかを検定することができる。帰無仮説$H_0: \rho = 0$のもとでは，$|t| > t_c$ならば，帰無仮説を棄却し，対立仮説$H_1: \rho \neq 0$を採択する。$|t| \leq t_c$ならば，帰無仮説を採択する。

2）2つの標本における2変数の相関係数は，母集団における相関係数が等しいかどうかの検定

2つの標本があり，各標本における2変数xとyとの相関係数を，r_1, r_2とする。今，これら

の母集団における2変数xとyの相関係数を，ρ_1, ρ_2とする。フィッシャーのz変換（Fisher's z）によって，標本相関係数をz変換すると，$z_1 = 0.5 \log\{(1+r_1)/(1-r_1)\}$, $z_2 = 0.5 \log\{(1+r_2)/(1-r_2)\}$となり，これらは，標本の大きさが大きいとき（$n > 40$），近似的に，順に，平均$\zeta_1$, ζ_2，分散$1/(n_1-3)$, $1/(n_2-3)$の正規分布に従う。ただし，$\zeta = 0.5 \log\{(1+\rho)/(1-\rho)\}$である。これを利用して，

帰無仮説$H_0: \rho_1 = \rho_2$のもとでは，

$$d = \frac{z_1 - z_2}{\sqrt{\dfrac{1}{n_1-3} + \dfrac{1}{n_2-3}}} \tag{4-15}$$

は，近似的に標準正規分布に従うことが知られている。よって，両側検定で5％の有意水準では，$d > 1.96$ならば帰無仮説を棄却し，対立仮説を採択する。$d \leq 1.96$ならば帰無仮説を採択する。

5. t分布を利用した回帰係数の検定

母集団において，線形回帰モデル $y_i = \alpha_0 + \alpha_1 x_i + e_i$が成り立つとする。$e_i$は，残差項で互いに独立で，正規分布$N(0, \sigma^2)$に従うとする。このような母集団から，$x$と$y$に関し，大きさ$n$の標本を抽出し，線形回帰モデル $y_i = a_0 + a_1 x_i + e_i$を得たとする。標本における線形回帰モデルは，当然ながら，標本が変わるごとに，定数項a_0と回帰係数a_1の値は変化する。xの標本平均を$\bar{x}$，標本分散をs^2とすると，このとき，a_0は，平均$E(a_0) = \alpha_0$，分散$V(a_0) = \dfrac{\sigma^2}{n}\left(1 + \dfrac{\bar{x}^2}{s^2}\right)$の正規分布に従い，$a_1$は，平均$E(a_1) = \alpha_1$，分散$V(a_1) = \dfrac{\sigma^2}{ns^2}$の正規分布に従う。

そこで，

$$z_0 = \frac{a_0 - \alpha_0}{\sqrt{V(a_0)}} = \frac{a_0 - \alpha_0}{\sqrt{\dfrac{\sigma^2}{n}\left(1 + \dfrac{\bar{x}^2}{s^2}\right)}} \tag{4-16}$$

$$z_1 = \frac{a_1 - \alpha_1}{\sqrt{V(a_1)}} = \frac{a_1 - \alpha_1}{\sqrt{\sigma^2/(ns^2)}} \tag{4-17}$$

とすると，z_0, z_1は，平均0，分散1の標準正規分布に従う。$V(a_0)$, $V(a_1)$の代わりに不偏推定値を利用すると，

$$t_0 = \frac{a_0 - \alpha_0}{\sqrt{\dfrac{u^2}{n}\left(1 + \dfrac{\bar{x}^2}{s^2}\right)}} \tag{4-18}$$

$$t_1 = \frac{a_1 - \alpha_1}{\sqrt{u^2/(ns^2)}} \tag{4-19}$$

は，いずれも自由度$n-2$のt分布に従う。これらを利用して，定数項，回帰係数の検定を行うことができる。

1）定数項の検定

定数項の検定は，母集団における回帰式の定数が0であるかどうかの検定である。よって，帰無仮説は，$H_0: \alpha_0 = 0$, 対立仮説は$H_1: \alpha_0 \neq 0$である。この帰無仮説の下で式（4-18）を利用して，t_0値を計算する。

$|t_0| > t_c$ ならば，帰無仮説を棄却し，対立仮説を採択する。

$|t_0| \leq t_c$ ならば，帰無仮説を採択する。

2) 回帰係数の検定

同様に，回帰係数の検定は，母集団における回帰式の回帰係数が0であるかどうかの検定である。帰無仮説は，$H_0 : \alpha_1 = 0$ で，対立仮説は $H_1 : \alpha_1 \neq 0$ である。この帰無仮説のもとで，式（4 – 19）を利用して，t_1 値を計算する。

$|t_1| > t_c$ ならば，帰無仮説を棄却し，対立仮説を採択する。

$|t_1| \leq t_c$ ならば，帰無仮説を採択する。

6. 母比率に関する検定

1) 手もとにある標本が，ある母集団からの標本であるかどうかの検定

標本の代表値が平均ではなく比率で与えられているとき，その標本がある特定の母集団からの標本であるかどうかの検定をする場合が生じる。いま，その母集団における母比率を π，そして，標本比率を p，標本の大きさを n とすると，手もとの標本が当該の母集団からの標本であるという帰無仮説のもとで，

$$z = \frac{p - \pi}{\sqrt{\pi(1-\pi)/n}} \tag{4-20}$$

は，近似的に正規分布に従うことが知られている。この性質を利用して，帰無仮説の検定を行うことができる。すなわち，両側検定，5％の有意水準で，$z > 1.96$ ならば帰無仮説を棄却し，$z \leq 1.96$ ならば，帰無仮説を採択する。ただし，正規分布への近似は，標本の大きさが大きいこと，$n\pi(1-\pi)$ が5以上であることが必要である。

2) 2つの母比率が同じであるかどうかの検定

データによっては，平均値の比較ではなく，比率の比較を行うことが生じる。例えば，男20名，女20名に新作のケーキを食べてもらい，そして，60％の男がおいしいと答え，85％の女がおいしいと答えたとしよう。このとき，男と女では，ケーキに対する評価に違いがあるのかどうかを調べるのはどうしたらよいのであろうか。このようなときに比率の差の検定が生じるのである。いま，母集団において男がおいしいと評価する比率を π_1，女がおいしいと評価する比率を π_2 として，2つの標本の母比率に違いはない，すなわち，$\pi_1 = \pi_2 = \pi$ という帰無仮説を立てる。このとき，

$$z = \frac{p_1 - p_2}{\sqrt{\pi(1-\pi)(1/n_1 + 1/n_2)}} \tag{4-21}$$

が近似的に正規分布に従うことが知られている。よって，この性質を利用して，帰無仮説を検定すればよい。すなわち，両側検定，5％の有意水準で，$z > 1.96$ であれば，帰無仮説を棄却し，$z \leq 1.96$ であれば，帰無仮説を採択する。ただし，z が正規分布に近似するには，標本の大きさが大きいこと，$n\pi$ および $n(1-\pi)$ が5以上であることが必要である。また，π の値の大きさが与えられていないので，π の推定値として，

$$p = (n_1 p_1 + n_2 p_2)/(n_1 + n_2) \tag{4-22}$$

を π に代入して使用する。この p は，2つの標本を1つにまとめたときの標本比率である。

5 1元配置法をマスターする

1. F分布

正規分布に従う2つの母集団，$N(\mu_1, \sigma_1^2)$，$N(\mu_2, \sigma_2^2)$ から大きさ n_1, n_2 の標本を抽出し，標本平均を，$\bar{x}_1$, $\bar{x}_2$, 標本分散を s_1^2, s_2^2 とし，

$$y_3 = n_1 s_1^2 / \sigma_1^2 \tag{5-1}$$

$$y_4 = n_2 s_2^2 / \sigma_2^2 \tag{5-2}$$

$$F = \frac{y_3/(n_1-1)}{y_4/(n_2-1)} \tag{5-3}$$

としたとき，y_3, y_4 は，それぞれ自由度 n_1-1, n_2-1 の χ^2 分布に従い，F は，自由度 $df_1 = n_1-1$, $df_2 = n_2-1$ の F 分布に従う。F 分布は2つの自由度によって表され，df_1 は分子，df_2 は分母の自由度である（図5-1参照）。

図5-1　F分布

F 分布の確率密度関数は，

$$f(F) = \frac{1}{B\left(\frac{df_1}{2}, \frac{df_2}{2}\right)} \left(\frac{df_1}{df_2}\right)^{\frac{df_1}{2}} \left(\frac{df_1}{df_2}F+1\right)^{-\frac{1}{2}(df_1+df_2)} F^{\frac{df_1}{2}-1} \tag{5-4}$$

である。ただし，B はベータ関数を表す。この F 分布を利用して，2つ以上の母平均の差の検定を行うのが分散分析（analysis of variance）である。t 検定の場合は，2つの母平均の差の検定は可能であるが，3つ以上の母平均の差の検定を行うことはできない。それを可能にするの

が分散分析である。いま，1つの正規母集団$N(\mu, \sigma^2)$から，3つの標本を抽出したとしよう。標本の大きさは，すべて等しくnで，標本平均，標本分散，不偏分散は，順に，$\bar{x}_1, \bar{x}_2, \bar{x}_3$，$s^2_1, s^2_2, s^2_3$, u^2_1, u^2_2, u^2_3とする。このとき，母分散を推定するには，2通りの方法が存在する。1つは，標本の誤差分散をもとにして推定する方法，すなわち，u^2_1, u^2_2, u^2_3をもとにして推定する方法，もう1つは，標本平均をもとにして推定する方法である。中心極限定理より，標本平均の分散は，σ^2/nに等しいので，これを用いて母分散を推定することが可能になる。3つの標本が同じ母集団から抽出されている限り，これらの2つの方法によって推定された不偏分散の比は，F分布に従うことになる。分散分析では，標本内の分散を級内分散，標本間の分散を級間分散と呼ぶ。もしも，3つの標本のうち，少なくとも1つの標本が異なる母集団から抽出された（対立仮説）とすると，すべての標本が同じ母集団から抽出された場合（帰無仮説）と比較して，F値は平均から誤差範囲を超えてずれることになる。この性質を利用して，母平均の間に統計的な違いがあるかどうかを検定するのである。

2. 母分散の同質性の検定

少なくとも1つの母平均が異なると，F値は誤差範囲を超えてずれることになるが，母平均が同じであっても，少なくとも1つの母集団の母分散が異なるような場合でも，F値は誤差範囲を超えてずれることになる。そこで，分散分析では，まず，母分散が等しいかどうかの検定を母平均の差の検定に先だって行う。これを母分散の同質性の検定と呼ぶ。不偏推定値u^2_1, u^2_2, u^2_3の中で最も大きい値と最も小さい値の比を計算し，それをもとにして母分散が異なるかどうか検定するのである。今，$u^2_1 > u^2_2 > u^2_3$としよう。

帰無仮説$H_0 : \sigma^2_1 = \sigma^2_2 = \sigma^2_3$のとき，

$$F = \frac{u^2_1}{u^2_3} \tag{5-5}$$

は，自由度$df_1 = n - 1$, $df_2 = n - 1$のF分布に従う。臨界値をF_cとしたとき，もしも$F > F_c$ならば，帰無仮説を棄却し対立仮説を採択する。もしも$F \leq F_c$ならば帰無仮説を採択する。帰無仮説が採択されると，母分散が等しいことが統計的に支持されるので，続けて母平均の差の検定を行うことになる。もしも帰無仮説が棄却されると，分散分析は使用できないので他の方法を見つけることになる。ただし，分散分析は母分散の同質性に関して頑健で，不偏分散の比がかなり大きくても分散分析には問題がないと言われている。

3. 1元配置法（1要因分散分析）

分散分析は，分散を分析することによって，2つ以上の母平均の差を検定する方法であり，さまざまなタイプの分散分析法が存在する。それらの違いは，要因の選び方（母数型(fixed model)，変量型(random model)），要因の数（1，2，3，……），対応の有無（被験者内デザイン，被験者間デザイン）等によって異なる。これから述べる1元配置法は，その中でも最も基本的なタイプで，母数型，要因数1，被験者間デザイン（対応のない）の分散分析である。例えば，教授法によって，成績がどのように異なるのかを分析することを考えよう。中学生に英語を教えるのに，教授法A_1は，日本人とネイティブの教師が英語を教える場合，教授法A_2は，日本人の教師が教える場合，教授法A_3は，ネイティブの教師が教える場合である。30人の中学生をランダムに3つのグループに分け，各グループがそれぞれ3つの教授法のいずれか

で英語を1ヶ月勉強し，その後同一のテストを行うとする。そして，表5－1に示されるような得点を得たとしよう。

表5－1 3つの教授法のもとでの英語のテスト得点

要因 A		A_1（日本人とネイティブ）	A_2（日本人）	A_3（ネイティブ）
被験者	1	9	8	6
	2	9	7	7
	3	7	6	6
	4	8	4	5
	5	8	5	7
	6	7	7	6
	7	6	6	5
	8	5	7	3
	9	6	5	4
	10	5	8	5
$\bar{x}.j$		7	6.3	5.4
$\bar{x}..$		6.233333		

標本平均を比較する限りにおいては，教授法 A_1 が最も成績が良く，次が教授法 A_2 で，教授法 A_3 の成績が最も悪い。これらの標本平均値は，標本が変わるとそれとともに平均値も変化する。よって，表に示されるような平均値の違いは，誤差範囲内で生じるかもしれない。重要なことは，標本平均ではなく，母平均の間に違いがあるかどうかである。そこで，教授法 A_1, A_2, A_3 における母集団の平均値を μ_{A1}, μ_{A2}, μ_{A3} としたとき，$\mu_{A1} = \mu_{A2} = \mu_{A3}$ が成り立つかどうかである。

そこで，帰無仮説 $H_0: \mu_{A1} = \mu_{A2} = \mu_{A3}$ のもとで，

$$F = \frac{MS_a}{MS_e} = \frac{\text{級間不偏分散}}{\text{級内不偏分散}} \tag{5-6}$$

を計算する。教授法 j における被験者 i の得点を x_{ij} とすると，

$$F = \frac{n\sum_{j=1}^{m_a}(\bar{x}.j - \bar{x}..)^2 / (m_a - 1)}{\sum_{i=1}^{n}\sum_{j=1}^{m_a}(x_{ij} - \bar{x}.j)^2 / (m_a(n-1))} \tag{5-7}$$

となる。ただし，m_a は水準数，n は各水準における被験者数（標本の大きさ），$\bar{x}..$ は，全体の平均，$\bar{x}.j$ は，水準 j の平均である。分子の自由度は，$df_a = m_a - 1$，分母の自由度は $df_e = m_a(n-1)$ である。分散分析においては，表5－2に示すような分散分析表を作成する。表5－2は，対応のない1元配置法の分散分析表である。

表5－2 対応のない1元配置法の分散分析表

変動因	平方和（SS）	自由度（df）	不偏分散（MS）	F	P
級間変動（要因A）	SS_a	df_a	MS_a	F_a	P_a
級内変動（誤差）	SS_e	df_e	MS_e		
全変動	SS_t	df_t			

ただし，

$$\left.\begin{array}{l} SS_t = \sum_{i=1}^{n}\sum_{j=1}^{m_a}(x_{ij} - \bar{x}..)^2 \\ SS_a = n\sum_{j=1}^{m_a}(\bar{x}.j - \bar{x}..)^2 \end{array}\right\} \tag{5-8}$$

$$SS_e = \sum_{i=1}^{n} \sum_{j=1}^{ma} (x_{ij} - \overline{x}_{.j})^2 \quad \left.\vphantom{\sum_{i=1}^{n}}\right\}$$

$$\left.\begin{aligned} df_a &= ma - 1 \\ df_e &= ma(n-1) \\ df_t &= df_a + df_e = man - 1 \end{aligned}\right\} \quad (5-9)$$

$$\left.\begin{aligned} MS_a &= SS_a/df_a \\ MS_e &= SS_e/df_e \end{aligned}\right\} \quad (5-10)$$

$$F_a = MS_a/MS_e \quad (5-11)$$

である。そして，P_a は $F = F_a$ のときの上側確率である（確率値）。

実際に表5－1のデータを分析すると以下のようになる。まず，母分散の同質性を検定するために，3つの標本の母分散は等しいという帰無仮説のもとで，不偏分散の最大値と最小値の比をもとにF値を計算する。F値が，両側検定，5％の有意水準で，臨界値$F_c = F_{.975}[9, 9] = 4.025994$ より大きければ，帰無仮説は棄却され，分散の同質性は支持されない。ただし，[ ]内の数字は，順に，分子（df_1あるいは，df_a），分母（df_2あるいは，df_e）の自由度を意味する。分散の同質性を検定する場合は，両側検定となるので，$F_c = F_{.95}[9, 9]$ではなく，$F_c = F_{.975}[9, 9]$となる。$F = 1.388889 < 4.025994$ となるので，帰無仮説は採択されることになる。そこで，続けて1元配置法を実施し，実際の数値を表5－2に代入すると，表5－3を得る。表5－3からわかるように，級間変動の平方和（12.86667）と級内変動の平方和（50.5）の和は，全変動の平方和（63.36667）に等しい。同様に，級間変動の自由度（2）と級内変動の自由度（27）の和は，全変動の自由度（29）に等しい。

表5－3　対応のない1元配置法の分散分析表

変動因	平方和（SS）	自由度（df）	不偏分散（MS）	F	P
要因A	12.86667	2	6.433333	3.439604	0.04669947
誤差	50.5	27	1.87037		
全変動	63.36667	29			

分散分析では，級間不偏分散を分子においているので，片側検定である。よって，臨界値を使用する場合は，5％の有意水準においては，臨界値は，$F_{.975}$ではなく，$F_{.95}$の値を使用する。5％の有意水準の場合であれば，臨界値は，$F_c = F_{.95}[df_1, df_2]$となる。$F > F_{.95}[2, 27] = 3.354131$ であるので，5％の有意水準で帰無仮説は棄却される。確率値Pを使用する場合は，臨界値は$P_c = 0.05$となる。$P_a = 0.04669947$ は，P_c より小さいので帰無仮説を棄却する。帰無仮説が棄却されるということは，3つの母平均のうち少なくとも1つが他の母平均とは異なるということを意味している。いずれの母平均が他の母平均と異なるかを調べるためには，後述する多重比較（multiple comparison）を行うことになる。

この分散分析においては，教授法が要因に対応する。教授法は3種類あるので，1要因で水準3ということになる。教授法以外に要因はないので，1要因分散分析あるいは1元配置法ということになる。例えば，被験者が性別によって2つのグループに分けられているような場合は，性別も要因となるので，そのような場合は，2要因分散分析あるいは，2元配置法ということになる。ここにおいて，教授法A_1, A_2, A_3というのは，研究の対象と考えているすべての教授法である。教授法が10種類あってその中から任意に3種類の教授法を選び，教授法間

に違いがあるかどうか調べるような場合は，変量型の分散分析と呼ばれる．今回の場合は，特定の3教授法を対象としているので，母数型の分散分析となる．また，教授法ごとに異なった被験者を使用しているので，教授法は被験者間デザインとなり，対応のない分散分析となる．これが，同じ被験者がすべての教授法のもとで，英語を学ぶような場合は，教授法は被験者内デザインとなり，対応のある分散分析と呼ばれる．

対応のない1元配置法の全変動は，$\sum_{i=1}^{n}\sum_{j=1}^{m_a}(x_{ij}-\bar{x}..)^2$ によって表される．そして，全変動は，

$$\sum_{i=1}^{n}\sum_{j=1}^{m_a}(x_{ij}-\bar{x}..)^2 = \sum_{i=1}^{n}\sum_{j=1}^{m_a}\{(x_{ij}-\bar{x}.j)+(\bar{x}.j-\bar{x}..)\}^2$$

$$= \sum_{i=1}^{n}\sum_{j=1}^{m_a}(x_{ij}-\bar{x}.j)^2 + n\sum_{j=1}^{m_a}(\bar{x}.j-\bar{x}..)^2$$

$$= 級内変動 + 級間変動 \tag{5-12}$$

と表すことができる．すなわち，全変動は，級内変動と級間変動の和として表すことができるのである．図5-2は，対応のない1元配置法の場合の全変動の構成を表す．全変動は，級間変動（主効果A）と級内変動（誤差）とに分解されるだけでなく，全変動の自由度も主効果の自由度と誤差の自由度に分解される．

```
                    ┌─ 全変動 ─┐
                    │ SSt=ΣΣ(xij−x̄..)² │
                    │ dft=man−1         │
                    └──────────┘
                    /            \
        ┌─ 主効果A ─┐          ┌─ 誤差 ─┐
        │ SSa=nΣ(x̄.j−x̄..)² │    │ SSe=ΣΣ(xij−x̄.j)² │
        │ dfa=ma−1          │    │ dfe=ma(n−1)       │
        └──────────┘          └──────────┘
```

図5-2　対応のない1元配置法の場合の全変動の構成

4. 標本の大きさが異なる場合の1元配置法

表5-4に標本の大きさが異なる場合の1元配置法のデータを示す．各水準における標本の大きさnが異なるとき，水準jにおける標本の大きさをn_jとすると，全変動は，

$$\sum_{j=1}^{m_a}\sum_{i=1}^{n_j}(x_{ij}-\bar{x}..)^2 = \sum_{j=1}^{m_a}\sum_{i=1}^{n_j}\{(x_{ij}-\bar{x}.j)+(\bar{x}.j-\bar{x}..)\}^2$$

$$= \sum_{j=1}^{m_a}\sum_{i=1}^{n_j}(x_{ij}-\bar{x}.j)^2 + \sum_{j=1}^{m_a}n_j(\bar{x}.j-\bar{x}..)^2$$

$$= 級内変動 + 級間変動 \tag{5-13}$$

となる．そして，F値は，

$$F = \frac{SS_a/df_a}{SS_e/df_e} = \frac{\sum_{j=1}^{m_a}n_j(\bar{x}.j-\bar{x}..)^2/(m_a-1)}{\sum_{j=1}^{m_a}\sum_{i=1}^{n_j}(x_{ij}-\bar{x}.j)^2/(\sum_{j=1}^{m_a}n_j-m_a)} \tag{5-14}$$

となる．

表5-4のデータをもとに分散分析を行うと，表5-5の分散分析表を得る。$p < 0.05$なので帰無仮説 $\mu_{A1} = \mu_{A2} = \mu_{A3}$ は5％の有意水準で棄却される。

表5-4　3つの教授法のもとでの英語のテスト得点（標本の大きさが異なる場合）

要因A		A_1（日本人とネイティブ）	A_2（日本人）	A_3（ネイティブ）
被験者	1	9	8	5
	2	9	7	6
	3	7	6	5
	4	8	4	4
	5	8	5	6
	6	7	7	5
	7	6	6	4
	8	5	7	
	9	6		
	10	5		
$\bar{x}.j$		7	6.25	5.0
$\bar{x}..$		6.259259		

表5-5　標本の大きさが異なる場合の対応のない1元配置法の分散分析表

変動因	平方和（SS）	自由度（df）	不偏分散（MS）	F	P
要因A	16.5	2	8.25	5.112676	0.01501326
誤差	35.5	22	1.613636		
全変動	52	24			

5. 対応のある1元配置法

対応のある1元配置法においては，すべての水準に同じ被験者が割り当てられる。表5-1の場合であれば，10人の被験者がすべての教授法のもとで英語を学ぶことになる。このような場合，すでに終了した教授法による学習が次の教授法における学習に影響を与えてしまうので，そのような要因を考慮に入れて分析を行わなければならない。対応のある1元配置法においては，全変動が，被験者間変動と被験者内変動の和として表される。そして，被験者内変動が処理間変動と被験者内誤差変動の和として表される。すなわち，

$$全変動(SS_t) = 被験者間誤差変動(SS_{e.between}) + 被験者内変動(SS_{within})$$
$$= 被験者間誤差変動(SS_{e.between}) +$$
$$\{(処理間変動(SS_a) + 被験者内誤差変動(SS_{e.a})\} \quad (5-15)$$

である。

全変動を $\sum_{i=1}^{n} \sum_{j=1}^{ma} (x_{ij} - \bar{x}..)^2$ とすると，

$$\sum_{i=1}^{n} \sum_{j=1}^{ma} (x_{ij} - \bar{x}..)^2 = ma \sum_{i=1}^{n} (\bar{x}_i. - \bar{x}..)^2 + n \sum_{j=1}^{ma} (\bar{x}.j - \bar{x}..)^2 +$$
$$\sum_{i=1}^{n} \sum_{j=1}^{ma} \{(x_{ij} - \bar{x}..) - (\bar{x}_i. - \bar{x}..) - (\bar{x}.j - \bar{x}..)\}^2$$
$$= ma \sum_{i=1}^{n} (\bar{x}_i. - \bar{x}..)^2 + n \sum_{j=1}^{ma} (\bar{x}.j - \bar{x}..)^2 + \sum_{i=1}^{n} \sum_{j=1}^{ma} (x_{ij} - \bar{x}_i. - \bar{x}.j + \bar{x}..)^2$$
$$(5-16)$$

そして，処理間変動（SS_a）と被験者内誤差変動（$SS_{e.a}$）をもとにして，

$$F = \frac{n \sum_{j=1}^{m_a} (\bar{x}_{\cdot j} - \bar{x}_{\cdot\cdot})^2 / (m_a - 1)}{\sum_{i=1}^{n} \sum_{j=1}^{m_a} (x_{ij} - \bar{x}_{i\cdot} - \bar{x}_{\cdot j} + \bar{x}_{\cdot\cdot})^2 / \{(n-1)(m_a-1)\}} \quad (5-17)$$

が自由度 $df_1 = m_a - 1$, $df_2 = (n-1)(m_a-1)$ の F 分布に従うことを利用して分散分析を行うのである。

```
                        ┌─────────────────────────┐
                        │         全変動          │
                        │ SSt = ΣΣ(xij − x̄..)²    │
                        │   dft = man − 1         │
                        └─────────────────────────┘
                           │                │
          ┌────────────────┘                └─────────────────────┐
┌───────────────────────┐              ┌────────────────────────────────────────┐
│    被験者間変動        │              │           被験者内変動                  │
│ SSe.between = maΣ(x̄i.−x̄..)² │       │ SSwithin = nΣ(x̄.j−x̄..)² + ΣΣ(xij−x̄i.−x̄.j+x̄..)² │
│  dfe.between = n − 1    │              │          dfwithin = n(ma − 1)           │
└───────────────────────┘              └────────────────────────────────────────┘
                                              │                    │
                                    ┌─────────┘                    └──────────┐
                          ┌─────────────────────┐          ┌─────────────────────────┐
                          │      主効果 A       │          │         誤差 A          │
                          │ SSa = nΣ(x̄.j−x̄..)² │          │ SSe.a = ΣΣ(xij−x̄i.−x̄.j+x̄..)² │
                          │    dfa = ma − 1     │          │    dfe.a = (n−1)(ma−1)   │
                          └─────────────────────┘          └─────────────────────────┘
```

図5-3 対応のある1元配置法の場合の全変動の構成

図5-3は，対応のある場合の1元配置法の全変動の構成を表す。図5-2の対応のない場合の1元配置法の全変動と比較すると，対応のある場合の1元配置法の全変動は，主効果（級間変動）と誤差（級内変動）に分解されるのではなく，被験者内変動が主効果と誤差に分解されるのである。

表5-6は，対応のある1元配置法の分散分析表である。F 値は，被験者内変動の中の処理間変動と被験者内誤差変動をもとに計算されている。表5-1を10人の被験者が3つの教授法に参加したとみなして対応のある1元配置法を行うと，表5-7を得る。表5-3と表5-7を比較してわかるように，同じデータでも1元配置法のモデルが異なると，最終的な F 値は異なるのである。要因間の変動に基づく不偏分散値は同じであるが，誤差に基づく不偏分散値が異なるのでそれが最終的な F 値に影響を与えるのである。表5-7の被験者間誤差変動（$SS_{e.between}$: 24.7）と被験者内誤差変動（$SS_{e.a}$: 25.8）を足したものが表5-3の誤差変動（SS_e: 50.5）に等しいことからわかるように，対応のある1元配置法では，対応のない1元配置法の誤差変動（SS_e）から被験者間誤差変動（$SS_{e.between}$）を取り除いた被験者内誤差変動（$SS_{e.a}$）をもとにして主効果（SS_a）を検定するのである。

表5-6 対応のある1元配置法の分散分析表

変動因	平方和（SS）	自由度（df）	不偏分散（MS）	F	P
被験者間誤差変動	$SS_{e.between}$	$df_{e.between}$			
被験者内変動	SS_{within}	df_{within}			
要因 A	SS_a	df_a	MS_a	F_a	P_a
誤　差	$SS_{e.a}$	$df_{e.a}$	$MS_{e.a}$		
全変動	SS_t	df_t			

$$\left.\begin{array}{l}SS_{e.between} = ma \sum_{i=1}^{n} (\bar{x}_{i.} - \bar{x}_{..})^2 \\ SS_{within} = n \sum_{j=1}^{ma} (\bar{x}_{.j} - \bar{x}_{..})^2 + \sum_{i=1}^{n} \sum_{j=1}^{ma} (x_{ij} - \bar{x}_{i.} - \bar{x}_{.j} + \bar{x}_{..})^2 \\ SS_a = n \sum_{j=1}^{ma} (\bar{x}_{.j} - \bar{x}_{..})^2 \\ SS_{e.a} = \sum_{i=1}^{n} \sum_{j=1}^{ma} (x_{ij} - \bar{x}_{i.} - \bar{x}_{.j} + \bar{x}_{..})^2 \end{array}\right\} \quad (5-18)$$

$$\left.\begin{array}{l}df_{e.between} = n - 1 \\ df_{within} = n(ma - 1) \\ df_a = ma - 1 \\ df_{e.a} = (n - 1)(ma - 1) \end{array}\right\} \quad (5-19)$$

$$\left.\begin{array}{l}MS_a = SS_a / df_a \\ MS_{e.a} = SS_{e.a} / df_{e.a} \end{array}\right\} \quad (5-20)$$

$$F_a = MS_a / MS_{e.a} \quad (5-21)$$

表 5 - 7 対応のある 1 元配置法の分散分析表

変動因	平方和 (SS)	自由度 (df)	不偏分散 (MS)	F	P
被験者間誤差変動	24.7	9			
被験者内変動	38.66667	20			
要因 A	12.86667	2	6.433333	4.488372	0.02621481
誤　差	25.8	18	1.433333		
全変動	63.36667	29			

$P_a < 0.05$ より,帰無仮説を棄却する。F_c を用いる場合は対応のある 1 元配置法における臨界値 ($F_c = F_{.95}[2, 18]$) は,対応のない場合の臨界値 ($F_c = F_{.95}[2, 27]$) と異なる。よって,棄却の基準も異なることに注意しなければならない。

6. 関数への適合度の検定

F 分布を利用して特定の関数への適合度を検定することができる。いま,y が x の関数 ($y = f(x)$) で,y の理論値を $\hat{y}$ とするとき,

$$F = \frac{\sum_{j=1}^{ma} \sum_{i=1}^{n} (y_{ij} - \hat{y}_j)^2 / (ma - p)}{\sum_{j=1}^{ma} \sum_{i=1}^{n} (y_{ij} - \bar{y}_j)^2 / (N - ma)} = \frac{\sum_{j=1}^{ma} n_j (\bar{y}_j - \hat{y}_j)^2 / (ma - p)}{\sum_{j=1}^{ma} \sum_{i=1}^{n} (y_{ij} - \bar{y}_j)^2 / (N - ma)} \quad (5-22)$$

は,$df = ma - p, N - ma$ の F 分布に従う。n_j は x_j に対する y の個数,N はすべての標本の大きさの合計で $N = \sum_{j=1}^{ma} n_j$,ma はグループ数,p は,パラメータ数を示す。式 (5-22) において,分子は,理論式によって説明されない誤差の不偏分散,分母は,y の不偏分散を意味する。また,

$$Q = 1 - \frac{\sum\limits_{j=1}^{ma}\sum\limits_{i=1}^{n}(y_{ij}-\hat{y}_j)^2}{\sum\limits_{j=1}^{ma}\sum\limits_{i=1}^{n}(y_{ij}-\bar{y})^2} \qquad (5-23)$$

は，決定係数（coefficient of determination）を示し，理論式の適合度の指標である。

　Qの範囲は0から1の間にあり，1に近いほどよく適合しているといえる。

7. ノンパラメトリック1元配置法

1）クラスカル・ウォリス検定（Kruskal-Wallis test）

　1元配置法の前提条件が満たされないとき，ノンパラメトリック検定によって，代表値の比較を行うことになる。クラスカル・ウォリス検定は，対応のない2つ以上の中央値の比較を行う検定である。クラスカル・ウォリス検定では，2つ以上の水準における各データを1つにまとめ，そして，大きさの順（小さい順）に順位をつける（同順位がある場合は，平均順位を用いる）。水準数をm_a，水準jの標本の大きさをn_j，水準jにおける順位の合計をR_j，水準jにおける同順位の個数をu_j，すべての標本の大きさの合計をNとすると，2つ以上の中央値はすべて等しいという帰無仮説のもとで，

$$H = \frac{-3(N+1)+\frac{12}{N(N+1)}\sum\limits_{j=1}^{ma}(R_j^2/n_j)}{1-\frac{\sum\limits_{j=1}^{ma}u_j(u_j-1)(u_j+1)}{N^3-N}} \qquad (5-24)$$

は，近似的に自由度m_a-1のχ^2分布に従うことが知られている。この性質を利用して帰無仮説を検定すればよい。

　実際に，表5-1の1元配置法のデータをクラスカル・ウォリス検定を行うと，以下のような結果を得る。まず，3つの水準の母集団の中央値を順に$\theta_1, \theta_2, \theta_3$とすると，帰無仮説は，$\theta_1 = \theta_2 = \theta_3$となる。このとき，対立仮説は，$\theta_1 \neq \theta_2 \neq \theta_3$である。表5-1の30人のデータをこみにした順位データを作成すると，表5-8に示される順位データを得る。同順位がある場合は，平均順位を用いる。これをもとにして，H統計量を計算すると，$H = 5.206559$を得る。このHの値に対するχ^2分布の上側確率は，$p = 0.07403041$となる。$p > 0.025$であるので，帰無仮説は表5-3の場合と異なり採択されることになる。

表5-8　3つの教授法のもとでの英語のテスト得点の順位データ（R）

	要因A	A_1（日本人とネイティブ）	A_2（日本人）	A_3（ネイティブ）
被験者	1	29.5	26.5	14
	2	29.5	21	21
	3	21	14	14
	4	26.5	2.5	7
	5	26.5	7	21
	6	21	21	14
	7	14	14	7
	8	7	21	1
	9	14	7	2.5
	10	7	26.5	7
	順位の合計	196	160.5	108.5
	順位の平均	19.6	16.05	10.85

2) フリードマン検定 (Friedman test)

　フリードマン検定は，対応のある2つ以上の中央値の比較を行う検定で，個人ごとにすべての水準のデータをまとめ，順位をつける（同順位がある場合は，平均順位を用いる）。
　水準数を m_a，標本の大きさを n，水準 j における順位の合計を R_j，水準 j における同順位の個数を u_j とすると，すべての中央値は等しいという帰無仮説のもとで，

$$Q = \frac{-3n(m_a+1) + \dfrac{12\sum_{j=1}^{m_a} R_j^2}{nm_a(m_a+1)}}{1 - \dfrac{\sum_{j=1}^{m_a}(u_j^3 - u_j)}{n(m^3_a - m_a)}} \tag{5-25}$$

とすると，Q は近似的に自由度 $m_a - 1$ の χ^2 乗分布に従う。この性質を利用して帰無仮説を検定すればよい。
　実際に，表5-1のデータを対応のある1元配置法のデータとみなして，フリードマン検定を行うと，以下のような結果を得る。まず，3つの水準の母集団の中央値を順に $\theta_1, \theta_2, \theta_3$ とすると，帰無仮説は，$\theta_1 = \theta_2 = \theta_3$ となる。このとき，対立仮説は，$\theta_1 \neq \theta_2 \neq \theta_3$ である。表5-1の10人のデータをもとに個人ごとの3つの水準に関する順位データを作成すると，表5-9に示される順位データを得る。同順位がある場合は，平均順位を用いる。これをもとにして，Q 統計量を計算すると，$Q = 9.657143$ を得る。この Q の値に対する χ^2 分布の上側確率は，$p = 0.007997939$ となる。$p < 0.025$ であるので，帰無仮説は棄却されることになる。

表5-9　3つの教授法のもとでの英語のテスト得点の順位データ（R）

	要因 A	A_1（日本人とネイティブ）	A_2（日本人）	A_3（ネイティブ）
被験者	1	3	2	1
	2	3	1.5	1.5
	3	3	1.5	1.5
	4	3	1	2
	5	3	1	2
	6	2.5	2.5	1
	7	2.5	2.5	1
	8	2	3	1
	9	3	2	1
	10	1.5	3	1.5
	順位の合計	26.5	20	13.5
	順位の平均	2.65	2	1.35

3) ヨンクヒール・テルプストラ検定 (Jonckheere-Terpstra test)

　クラスカル・ウォリス検定において，対立仮説は，少なくとも2つの母集団の中央値の間に差があるという仮説であるが，中央値間に何らかの順序が前もって考えられるとき，ヨンクヒール・テルプストラ検定を行う。例えば，水準が3つの場合，帰無仮説を

$$H_0 : \theta_1 = \theta_2 = \theta_3$$

としたとき，水準1の中央値が最も大きく，水準3の中央値が最も小さいと前もって考えられるならば，対立仮説は，

$$H_1 : \theta_1 \geq \theta_2 \geq \theta_3$$

となる。ただし，このうち，少なくとも1つの不等式が成立するものとする。対立仮説が $\theta_1 > \theta_2 > \theta_3$ とならないのは，不等号が一部成り立たない場合が考えられるからである。それを考

慮に入れると，対立仮説は，$\theta_1 \geqq \theta_2 \geqq \theta_3$ となる。上記の帰無仮説のもとで，2つの任意の水準を j, k としたとき，水準 j の各得点が水準 k の各得点より小さい個数を数え，その総和を u_{jk} とする。同順位がある場合は，個数を0.5として数える。そして，$J = \sum_{j=1}^{ma-1} \sum_{k=j+1}^{ma} u_{jk}$ を計算し，別表 F より得られる臨界値 J_c より大きければ，帰無仮説を棄却する。標本の大きさが十分に大きいときは，

$$z = \frac{J - \dfrac{N^2 - \sum_{j=1}^{ma} n_j^2}{4}}{\sqrt{\dfrac{N^2(2N+3) - \sum_{j=1}^{ma} n_j^2(2n_j+3)}{72}}} \quad (5-26)$$

は，近似的に平均0，分散1の正規分布に従うことを利用して，片側検定，5％の有意水準で $z > 1.65$ ならば，帰無仮説を棄却すればよい。ただし，n_j は水準 j の標本の大きさ，$N = \sum_{j=1}^{ma} n_j$ を表す。

実際に，表5-4の1元配置法のデータに関してヨンクヒール・テルプストラ検定を行うと，以下のような結果を得る。まず，3つの水準の母集団の中央値を順に $\theta_1, \theta_2, \theta_3$ とすると，帰無仮説は，$\theta_1 = \theta_2 = \theta_3$ となる。このとき，対立仮説は，$\theta_1 \geqq \theta_2 \geqq \theta_3$ である。ただし，このうち，少なくとも1つの不等式が成り立つものとする。まず，U 統計量を計算する。

水準1と水準2に関して，水準1の各値が水準2の各値よりも小さい個数を数える。例えば，水準1の最初の値である9の場合は，水準2のいずれの値よりも大きいので，0となる。水準1の7の場合は，水準2の8より小さく，3つの7と同じ値であるので，2.5となる。同様にして，すべての値について数えると，$U_{12} = 0 + 0 + 2.5 + 0.5 + 0.5 + 2.5 + 5 + 6.5 + 5 + 6.5 = 29$ となる。同様にして，$U_{13} = 9, U_{23} = 11.5$ となる。よって，$J = 29 + 9 + 11.5 = 49.5$ となる。標本の大きさは10で，J の臨界値が別表 F にないので，正規近似を行い，z 値を計算すると，$z = 2.676115$ を得る。$z > 1.65$ であるので，片側検定5％の有意水準で帰無仮説を棄却する。

4）ページ検定（Page test）

フリードマン検定において，対立仮説は，少なくとも2つの母集団の中央値の間に差があるという仮説であるが，中央値間に何らかの順序が前もって考えられるとき，ページ検定を行う。例えば，水準が3つの場合，帰無仮説を

$H_0 : \theta_1 = \theta_2 = \theta_3$

としたとき，水準1の中央値が最も大きく，水準3の中央値が最も小さいと前もって考えられるとき，対立仮説は，

$H_1 : \theta_1 \geqq \theta_2 \geqq \theta_3$

となる。たたし，このうち，少なくとも1つの不等式が成立するものとする。この帰無仮説のもとで，水準ごとに順位の総和 T を算出し，総和の小さい順に T_1, T_2, T_3 とする。そして，$L = \sum_{j=1}^{ma} jT_j = T_1 + 2T_2 + 3T_3$ を算出する。別表 G より臨界値 L_c を求め，$L > L_c$ ならば，帰無仮説を棄却する。標本の大きさが十分に大きいときは，

$$z = \frac{L - \dfrac{nma(ma+1)^2}{4}}{\sqrt{\dfrac{n(m_a^3 - ma)^2}{144(ma-1)}}} \quad (5-27)$$

は，近似的に平均0，分散1の正規分布に従う。これを利用して，片側検定，5％の有意水準で$z>1.65$ならば，帰無仮説を棄却すればよい。ただし，m_aは水準数，nは標本の大きさを表す。

実際に表5－1のデータを対応のある1元配置法のデータとみなして，ページ検定を行うと，以下の結果を得る。表5－9より，水準ごとの順位の総和は，26.5, 20, 13.5である。よって，$T_1=13.5, T_2=20, T_3=26.5$である。これより，$L=1\times13.5+2\times20+3\times26.5=133$となる。別表Gにおいて，標本の大きさが10の場合の臨界値が示されていないので，正規近似を行うと，$z=2.906888$を得る。$z>1.65$であるので，帰無仮説を棄却する。

8. 多重比較

1元配置法によって，帰無仮説が棄却されるということは，少なくとも1つの母平均は，他の母平均とは異なることを意味している。多重比較は，各母平均間の違いを有意差検定する。2つの母平均の有意差検定を行うにはt検定が使用されるが，前述したt検定はあらかじめ定められた2つの母平均の間の有意差検定をするためのものであって，任意の2つの母平均の有意差検定をするためのものではない。これを無視して通常のt検定を行うと，有意差が生じやすくなってしまうのである。多重比較のような任意の2つの母平均の有意差検定には，それに適したt検定が用意されている。多重比較では，そのようなt検定を行うのである。多重比較には，ライアン（Ryan）の方法とテューキー（Tukey）の方法がある。

ライアンの方法では，実験全体の有意水準α（分散分析で使用した有意水準）を下げることによって有意差が生じやすくなるのを防いでいる。水準数がm_aのとき，平均対は，m_a個の中から2個取る組み合わせの数だけ存在する。そこで，その数だけ有意水準を下げてt検定を行うのである。そのような有意水準を名義的有意水準（α'）と呼び，α'は，$\alpha'=2\alpha/\{m_a(h-1)\}$で表される。$h$は，標本平均を大きさの順に並べたときの，比較する2つの平均の間にある平均の数＋2である。

まず，標本平均を大きさの順に並べる。そして，まず，最も標本平均の差が大きい標本平均対のt検定を次の式をもとに行う。いま，t検定の対象となる平均対を$\bar{x}._j, \bar{x}._k$とすると，

$$t=\frac{|\bar{x}._j-\bar{x}._k|}{\sqrt{MS_e\left(\frac{1}{n_j}+\frac{1}{n_k}\right)}} \quad (5-28)$$

$$df=df_e$$

MS_eは，分散分析における誤差変動に基づく不偏分散，n_j, n_kは$\bar{x}._j, \bar{x}._k$の標本の大きさである。このt値をα'の有意水準をもとに，臨界値t_cを求め，それを比較すればよい。有意差があれば，次に大きい平均対のt検定を行う。MS_eは毎回同じ値であるが，比較する平均対が変わるごとにα'が変わることに注意しなければならない。そして，これを有意差が生じなくなるまで続ける。

テューキーの方法には，HSD検定（Tukey's honestly significant difference test; Tukey's q test; Tukey's a procedure）とWSD検定（Tukey's wholly significant difference test; Tukey's b procedure）があり，ともに名義的有意水準の代わりにスチューデント化した範囲（q）を使用する。HSD検定では，まず，標本平均を大きさの順に並べ，最も標本平均値の差の大きい平均対を選ぶ。それらを

$$d = |\bar{x}_{.j} - \bar{x}_{.k}|$$
$$HSD = q\sqrt{MS_{e.hsd}/n_{hsd}}$$
$$n_{hsd} = 2/(1/n_j + 1/n_k) \tag{5-29}$$

としたとき，

$$d > HSD$$

が成立すれば，その平均対は有意差があるとする。ただし，q は，自由度 $df = df_e$，総平均数 m_a のときの q 値（別表 E 参照），$MS_{e.hsd}$ は，分散分析の誤差変動に基づく不偏分散（MS_e）である。これに対して，WSD 検定では，

$$d = |\bar{x}_{.j} - \bar{x}_{.k}|$$
$$WSD = q\sqrt{MS_{e.wsd}/n_{wsd}}$$
$$q = (q_{m_a} + q_h)/2$$
$$n_{wsd} = 2/(1/n_j + 1/n_k) \tag{5-30}$$

としたとき，

$$d > WSD$$

が成立すれば，その平均対は有意差があるとする。q_{m_a} の m_a は，水準数（標本平均値の総数）で，q_{m_a} は，自由度 $df = df_e$，総平均数 m_a の時の q 値である。h は，ステップ数で，標本平均を大きさの順に並べたときの，比較する2つの平均の間にある平均の数＋2である。HSD 検定とWSD 検定を比較すると，HSD 検定は，WSD 検定と比較した場合検定力が低いといわれている。そして，WSD 検定は，ライアンの方法と検定力はほぼ等しい。そこで，ここでは，WSD 検定を用いて多重比較を行うことにする。。

表5－1の標本平均値をWSD 検定によって分析すると以下のようになる。

まず，平均値を大きさの順に並べると，5.4，6.3，7 となる。

(1) 対応のない1元配置法の場合

表5－10に示すようなWSD 検定用の表を作成する。第1行および第1列に大きさの順に並べた平均値を記入する。そして，行と列の平均値が交差したセルに比較する平均値の差の絶対値 d と WSD 値を記入する。まず，標本平均7と5.4を比較する。差の絶対値は1.6である。$MS_{wsd} = MS_e = 1.87037$（表5－3より），$df_{wsd} = df_e = 27$，$m_a = h = 3$，5％の有意水準において別表 E－1より $q_3 = 3.506426$，$q = (q_3 + q_3)/2 = 3.506426$，$n_{wsd} = 10$。もしも実際の自由度に対応する q 値が与えられていないときは，実際の自由度よりも小さい自由度の q 値を用いる。

$$WSD_3 = 3.506426\sqrt{1.87037/10} = 1.516451$$

$1.6 > 1.516451$ なので，有意差あり。次の平均対（6.3と5.4）を比較する。

$$m_a = 3, \quad h = 2, \quad q = (q_3 + q_2)/2 = (3.506426 + 2.901727)/2 = 3.204076$$
$$WSD_2 = 3.204076\sqrt{1.87037/10} = 1.385692$$

$0.9 < 1.385692$ なので，有意差なし。よって，表5－10に示す結果となる。

表5－10　対応のない1元配置法の場合の多重比較（d は比較する2つの平均対の差を意味し，＊は該当する平均値の差が5％の有意水準で有意であることを意味する）

	6.3	7
5.4	$d = 0.9$ $WSD_2 = 1.385692$	$d = 1.6$ $WSD_3 = 1.516451$＊
6.3		$d = 0.7$ $WSD_2 = 1.385692$

（2） 標本の大きさの異なる対応のない1元配置法の場合

標本の大きさの異なる対応のない1元配置法の場合の多重比較は，基本的には，WSD値を算出する際に，標本の大きさが2つの水準の標本の大きさの調和平均になることを除いては，標本の大きさが同じ場合と同じである。調和平均は，$n_{wsd} = 2/(1/n_j + 1/n_k)$ によって計算されている。

表5－11に多重比較（WSD検定）の結果を示す。

表5－11 標本の大きさの異なる場合の対応のない1元配置法の場合の多重比較（dは比較する2つの平均対の差を意味し，＊は該当する平均値の差が5％の有意水準で有意であることを意味する）

	6.25	7
5.0	$d = 1.25$ $WSD_2 = 1.507483$	$d = 2$ $WSD_3 = 1.572566$＊
6.25		$d = 0.75$ $WSD_2 = 1.381631$

（3） 対応のある1元配置法の場合

対応のある1元配置法の場合は，$MS_{e.wsd}$ として $MS_{e.a}$ を，$df_{e.wsd}$ として $df_{e.a}$ を使用する。後は同じ手続きである。

$MS_{e.wsd} = MS_{e.a} = 1.433333$ （表5－7より）

$df_{e.wsd} = df_{e.a} = 18$

$q = 3.609304$

$WSD_3 = 3.609304\sqrt{1.433333/10} = 1.36646$

$q = (q_3 + q_2)/2 = (3.609304 + 2.971152)/2 = 3.290228$

$WSD_2 = 3.290228\sqrt{1.433333/10} = 1.24566$

表5－12 対応のある1元配置法の場合の多重比較（dは比較する2つの平均対の差を意味し，＊は該当する平均値の差が5％の有意水準で有意であることを意味する）

	6.3	7
5.4	$d = 0.9$ $WSD_2 = 1.24566$	$d = 1.6$ $WSD_3 = 1.36646$＊
6.3		$d = 0.7$ $WSD_2 = 1.24566$

（4） ノンパラメトリック検定における多重比較

クラスカル・ウォリス検定，フリードマン検定，ヨンクヒール・テルプストラ検定，ページ検定において中央値間に有意差が認められたときは，多重比較を行うことになる。ここでは，ノンパラメトリック検定における多重比較の方法として，ボンフェローニ・ダン法（Bonferroni-Dunn method）を紹介する。まず，クラスカル・ウォリス検定後の多重比較においては，任意の2つの水準 j, k の中央値を θ_j, θ_k とすると，帰無仮説 $H_0 : \theta_j = \theta_k$，対立仮説 $H_1 : \theta_j \neq \theta_k$ のもとで，

$$CD_{kw} = z\sqrt{\frac{N(N+1)}{12}\left(\frac{1}{n_j} + \frac{1}{n_k}\right)} \tag{5-31}$$

を計算する。ただし，z は，両側検定，有意水準を α，水準数を m_a としたとき，上側確率が $\alpha/(m_a(m_a - 1))$ となるときの標準正規分布の z 値である。また，n_j, n_k は，水準 j, k の標本の大きさ，$N = \sum_{j=1}^{m_a} n_j$ はすべての標本の大きさの合計を意味する。例えば，5％の有意水準で，

水準数が3の場合，上側確率が $0.05/(3 \times 2) = 0.008333$ のときの標準正規分布の z 値，すなわち $z = 2.393994$ となる。そして，この z 値をもとに CD_{kw} を計算し，$|R_j - R_k| > CD_{kw}$ ならば，帰無仮説を棄却すればよい。ヨンクヒール・テルプストラ検定は，対立仮説が $H_1: \theta_j > \theta_k$，あるいは $H_1: \theta_j < \theta_k$ の場合の多重比較となるので，z 値を算出する際は，片側検定を使用することになる。よって，$H_1: \theta_j > \theta_k$ の場合であれば，上側確率が $\alpha/(m_a(m_a-1)/2)$ のときの z 値を使用すればよい。

まず，フリードマン検定後の多重比較においては，任意の2つの水準 j, k の中央値を θ_j, θ_k とすると，帰無仮説 $H_0: \theta_j = \theta_k$，対立仮説 $H_1: \theta_j \neq \theta_k$ のもとで，

$$CD_F = z\sqrt{\frac{nm_a(m_a+1)}{6}} \tag{5-32}$$

を計算する。ただし，z は，両側検定，有意水準を α，水準数を m_a としたとき，上側確率が $\alpha/(m_a(m_a-1))$ となるときの標準正規分布の z 値である。また，n_j, n_k は，水準 j, k の標本の大きさ，$N = \sum_{j=1}^{m_a} n_j$ は標本の大きさの合計を意味する。例えば，5％の有意水準で，水準数が3の場合，上側確率が $0.05/(3 \times 2) = 0.008333$ のときの標準正規分布の z 値，すなわち $z = 2.393994$ となる。そして，この z 値をもとに CD_F を計算し，$|R_j - R_k| > CD_F$ ならば，帰無仮説を棄却すればよい。ページ検定は，対立仮説が $H_1: \theta_j > \theta_k$，あるいは $H_1: \theta_j < \theta_k$ の場合の多重比較となるので，z 値を算出する際は，片側検定を使用することになる。よって，$H_1: \theta_j > \theta_k$ の場合であれば，上側確率が $\alpha/(m_a(m_a-1)/2)$ のときの z 値を使用すればよい。

実際に，表5－1のデータを対応のある1元配置法のデータとして，フリードマン検定した結果の多重比較とページ検定の結果の多重比較（ボンフェローニ・ダン法）を行うと以下に示す結果を得る。

フリードマン検定より，帰無仮説 $H_0: \theta_1 = \theta_2 = \theta_3$ が棄却され，対立仮説 $H_1: \theta_1 \neq \theta_2 \neq \theta_3$ が採択された。そこで，3つの水準の平均順位の間の多重比較を行う。3つの水準の平均順位は，表5－9より順に，2.65, 2, 1.35 である。まず，CD_F 統計量を計算すると，$CD_F = 1.07062$ を得る。よって，平均順位の差の絶対値が CD_F 統計量より大きい平均順位対は，5％の有意水準で有意となる。結果として，2.65 と 1.35 の平均順位対のみ有意差ありということになる。したがって，$\theta_1 \neq \theta_3$。

同様に，ページ検定の結果を多重比較（ボンフェローニ・ダン法）すると，$CD_F = 0.9516908$ となる。よって，この場合も 2.65 と 1.35 の平均順位対のみ有意差ありということになる。したがって，$\theta_1 > \theta_3$。

6　2元配置法をマスターする

1．2要因において対応のない2元配置法

　2元配置法は2つの要因から構成される分散分析で，対応があるかどうかにより，2要因において対応のない2元配置法，1要因において対応のある2元配置法，2要因において対応のある2元配置法に分類される。表6－1は，2要因において対応のない2元配置法の例で，教授法（要因A）と性別（要因B）が要因である。そして，教授法は水準3，性別は水準2である。2元配置法の場合の全変動は，以下に示すように4つの変動に分解される。

$$\text{全変動}(SS_t) = \text{主効果}A(SS_a) + \text{主効果}B(SS_b) + \text{交互作用}(SS_{ab}) + \text{誤差}(SS_e)$$
$$(6-1)$$

　ここにおいて，交互作用（interaction）とは，2元配置法以上の分散分析で生じる効果で，2元配置法の場合であれば，要因Aと要因Bに基づく交互作用である。表6－1に基づき，教授法要因，性別要因の場合の成績の平均値をグラフに表すと，図6－1aのようになる。もしも教授法と性別の間に交互作用がなければ，性別要因は，教授法に影響を与えないので，各教授法における男女間の平均値の差は同じと考えられる。その逆に，もしも交互作用があれば，性別要因が教授法に影響を与えるので，各教授法における男女間の平均値の差は，少なくとも1つは他とは異なると考えられる。このように，交互作用とは，一方の要因が他方の要因に与える影響のことである。交互作用には，他方の要因の効果を促進する場合（相乗効果）と抑制する場合（相殺効果）がある。図6－1aに示される交互作用が相殺効果を示す交互作用である。もしも交互作用がなければ図6－1bに示されるようにB_1とB_2の違いはAのどの水準においても誤差範囲内で等しくなる。図6－1cは，相乗効果のある例で，2つの要因の組み合わせで違いがさらに大きくなってゆく。1元配置法においては，要因が1つであったので帰無仮説が1つであったが，2元配置法の場合には，帰無仮説は，主効果A，主効果B，交互作用効果の3つの帰無仮説が必要となる。教授法効果の帰無仮説は，$H_0: \mu_{A1} = \mu_{A2} = \mu_{A3}$，性別効果の帰無仮説は，$H_0: \mu_{B1} = \mu_{B2}$，交互作用効果の帰無仮説は$H_0: \mu_{A1B1} - \mu_{A1B2} = \mu_{A2B1} - \mu_{A2B2} = \mu_{A3B1} - \mu_{A3B2}$である。そして，各帰無仮説のもとで，統計的検定を行うことになる。全変動を構成する変動因は，要因の対応の有無によって異なる。

表6-1　3つの教授法のもとでの英語のテスト得点

要因A	A_1		A_2		A_3	
要因B	B_1	B_2	B_1	B_2	B_1	B_2
被験者 1	9	7	8	7	6	6
2	9	6	7	6	7	5
3	7	5	6	7	6	3
4	8	6	4	5	5	4
5	8	5	5	8	7	5
$\bar{x}_{ij\cdot}$	8.2	5.8	6	6.6	6.2	4.6
$\bar{x}_{i\cdot\cdot}$	7		6.3		5.4	
$\bar{x}_{\cdot\cdot\cdot}$	6.233333					

図6-1　交互作用について

2要因において対応のない2元配置法の場合は，全変動は以下のような数式で表される。

$$\sum_{i=1}^{m_a}\sum_{j=1}^{m_b}\sum_{k=1}^{n}(x_{ijk}-\bar{x}_{\cdot\cdot\cdot})^2 = \sum_{i=1}^{m_a}\sum_{j=1}^{m_b}\sum_{k=1}^{n}\{(\bar{x}_{i\cdot\cdot}-\bar{x}_{\cdot\cdot\cdot})+(\bar{x}_{\cdot j\cdot}-\bar{x}_{\cdot\cdot\cdot})+(\bar{x}_{ij\cdot}-\bar{x}_{\cdot j\cdot}-\bar{x}_{i\cdot\cdot}+\bar{x}_{\cdot\cdot\cdot})+(x_{ijk}-\bar{x}_{ij\cdot})\}^2$$

$$=\sum_{i=1}^{m_a}\sum_{j=1}^{m_b}\sum_{k=1}^{n}(\bar{x}_{i\cdot\cdot}-\bar{x}_{\cdot\cdot\cdot})^2+\sum_{i=1}^{m_a}\sum_{j=1}^{m_b}\sum_{k=1}^{n}(\bar{x}_{\cdot j\cdot}-\bar{x}_{\cdot\cdot\cdot})^2+\sum_{i=1}^{m_a}\sum_{j=1}^{m_b}\sum_{k=1}^{n}(\bar{x}_{ij\cdot}-\bar{x}_{\cdot j\cdot}-\bar{x}_{i\cdot\cdot}+\bar{x}_{\cdot\cdot\cdot})^2+\sum_{i=1}^{m_a}\sum_{j=1}^{m_b}\sum_{k=1}^{n}(x_{ijk}-\bar{x}_{ij\cdot})^2$$

$$=m_b n\sum_{i=1}^{m_a}(\bar{x}_{i\cdot\cdot}-\bar{x}_{\cdot\cdot\cdot})^2+m_a n\sum_{j=1}^{m_b}(\bar{x}_{\cdot j\cdot}-\bar{x}_{\cdot\cdot\cdot})^2+n\sum_{i=1}^{m_a}\sum_{j=1}^{m_b}(\bar{x}_{ij\cdot}-\bar{x}_{\cdot j\cdot}-\bar{x}_{i\cdot\cdot}+\bar{x}_{\cdot\cdot\cdot})^2+\sum_{i=1}^{m_a}\sum_{j=1}^{m_b}\sum_{k=1}^{n}(x_{ijk}-\bar{x}_{ij\cdot})^2$$

$$=SS_a+SS_b+SS_{ab}+SS_e \tag{6-2}$$

$$\left.\begin{aligned}SS_t &= \sum_{i=1}^{m_a}\sum_{j=1}^{m_b}\sum_{k=1}^{n}(x_{ijk}-\bar{x}_{\cdot\cdot\cdot})^2 \\ SS_a &= m_b n\sum_{i=1}^{m_a}(\bar{x}_{i\cdot\cdot}-\bar{x}_{\cdot\cdot\cdot})^2 \\ SS_b &= m_a n\sum_{j=1}^{m_b}(\bar{x}_{\cdot j\cdot}-\bar{x}_{\cdot\cdot\cdot})^2 \\ SS_{ab} &= n\sum_{i=1}^{m_a}\sum_{j=1}^{m_b}(\bar{x}_{ij\cdot}-\bar{x}_{\cdot j\cdot}-\bar{x}_{i\cdot\cdot}+\bar{x}_{\cdot\cdot\cdot})^2 \\ SS_e &= \sum_{i=1}^{m_a}\sum_{j=1}^{m_b}\sum_{k=1}^{n}(x_{ijk}-\bar{x}_{ij\cdot})^2\end{aligned}\right\} \tag{6-3}$$

$$\left.\begin{aligned}df_t &= m_a m_b n-1 \\ df_a &= m_a-1 \\ df_b &= m_b-1 \\ df_{ab} &= (m_a-1)(m_b-1) \\ df_e &= m_a m_b(n-1)\end{aligned}\right\} \tag{6-4}$$

図6-2は，対応のない場合の2元配置法の全変動の構成を表す．全変動は，主効果A，主効果B，交互作用ABと誤差に分解されるだけでなく，全変動の自由度も分解される．

```
                        全変動
                   SSt=ΣΣ(xijk−x̄...)²
                      dft=mambn−1
        ┌──────────┬─────────┴─────────┬──────────┐
     主効果A         主効果B          交互作用AB         誤差
 SSa=mbnΣ(x̄i..−x̄...)²  SSb=manΣ(x̄.j.−x̄...)²  SSab=nΣΣ(x̄ij.−x̄i..−x̄.j.+x̄...)²  SSe=ΣΣΣ(xijk−x̄ij.)²
    dfa=ma−1        dfb=mb−1       dfab=(ma−1)(mb−1)   dfe=mamb(n−1)
```

図6-2 対応のない場合の2元配置法の全変動の構成

これらの式を用いて，2元配置法を行うと以下のようになる．

要因A（教授法効果）に関しては，帰無仮説$H_0: \mu_{A1} = \mu_{A2} = \mu_{A3}$のもとで，

$$F_a = \frac{\text{教授法の不偏分散}}{\text{誤差不偏分散}} = \frac{MS_a}{MS_e}$$

$$= \frac{m_b n \sum_{i=1}^{m_a} (\bar{x}_{i..} - \bar{x}_{...})^2 / (m_a - 1)}{\sum_{i=1}^{m_a} \sum_{j=1}^{m_b} \sum_{k=1}^{n} (x_{ijk} - \bar{x}_{ij.})^2 / \{m_a m_b (n-1)\}} \quad (6-5)$$

は，自由度$df_a = m_a - 1$, $df_e = m_a m_b (n-1)$のF分布に従う．これを利用して帰無仮説を検定する．同様にして，要因B（性別効果）に関しては，帰無仮説$H_0: \mu_{B1} = \mu_{B2}$のもとで，

$$F_b = \frac{\text{性別の不偏分散}}{\text{誤差不偏分散}} = \frac{MS_b}{MS_e}$$

$$= \frac{m_a n \sum_{j=1}^{m_b} (\bar{x}_{.j.} - \bar{x}_{...})^2 / (m_b - 1)}{\sum_{i=1}^{m_a} \sum_{j=1}^{m_b} \sum_{k=1}^{n} (x_{ijk} - \bar{x}_{ij.})^2 / \{m_a m_b (n-1)\}} \quad (6-6)$$

は，自由度$df_a = m_b - 1$, $df_e = m_a m_b (n-1)$のF分布に従う．そして，交互作用効果に関しては，帰無仮説$H_0: \mu_{A1B1} - \mu_{A1B2} = \mu_{A2B1} - \mu_{A2B2} = \mu_{A3B1} - \mu_{A3B2}$のもとで，

$$F_{ab} = \frac{\text{交互作用の不偏分散}}{\text{誤差不偏分散}} = \frac{MS_{ab}}{MS_e}$$

$$= \frac{n \sum_{i=1}^{m_a} \sum_{j=1}^{m_b} (\bar{x}_{ij.} - \bar{x}_{.j.} - \bar{x}_{i..} + \bar{x}_{...})^2 / \{(m_a - 1)(m_b - 1)\}}{\sum_{i=1}^{m_a} \sum_{j=1}^{m_b} \sum_{k=1}^{n} (x_{ijk} - \bar{x}_{ij.})^2 / \{m_a m_b (n-1)\}} \quad (6-7)$$

は，自由度$df_{ab} = (m_a - 1)(m_b - 1)$, $df_e = m_a m_b (n-1)$のF分布に従う．これを利用して帰無仮説を検定する．表6-1のデータをもとに対応のない2元配置法を行うと表6-2を得る．2元配置法においては，主効果に有意差があっても，交互作用の種類によって，主効果の有意差が見出されない場合が生じる．相乗効果のある交互作用の場合は，主効果に本来有意差があれば有意差は見出されるが，相殺効果のある交互作用の場合，一方の要因が他方の要因に与える効果が逆の関係にあるので，主効果が有意でなくなってしまうのである．よって，交互

作用が有意で，かつ主効果が有意でない場合は，一方の要因の水準ごとの主効果（単純主効果）を調べる必要が生じる。

表6 - 2　2要因において対応のない2元配置法の分散分析表

変動因	平方和(SS)	自由度(df)	不偏分散(MS)	F	P
主効果 A	$SS_a =$ 12.86667	$df_a =$ 2	$MS_a =$ 6.433333	$F_a =$ 5.361111	$P_a =$ 0.01189172
主効果 B	$SS_b =$ 9.633333	$df_b =$ 1	$MS_b =$ 9.633333	$F_b =$ 8.027778	$P_b =$ 0.009187997
交互作用 AB	$SS_{ab} =$ 12.06667	$df_{ab} =$ 2	$MS_{ab} =$ 6.033333	$F_{ab} =$ 5.027778	$P_{ab} =$ 0.01500649
誤差	$SS_e =$ 28.8	$df_e =$ 24	$MS_e =$ 1.2		
全体	$SS_t =$ 63.36667	$df_t =$ 29			

2. 1要因（要因 B）において対応のある2元配置法

1要因（要因 B）において対応のある2元配置法において，全変動は以下のように分解される。

全変動(SS_t) = 被験者間変動($SS_{between}$) + 被験者内変動(SS_{within})
被験者間変動($SS_{between}$) = 主効果 A (SS_a) + 被験者間誤差変動($SS_{e.a}$)
被験者内変動(SS_{within}) = 主効果 B (SS_b) + 交互作用変動(SS_{ab}) + 被験者内誤差変動($SS_{e.b}$)
　　　(6 - 8)

$$
\begin{aligned}
SS_t &= \sum_{i=1}^{m_a} \sum_{j=1}^{m_b} \sum_{k=1}^{n} (x_{ijk} - \bar{x}_{...})^2 \\
SS_{between} &= \sum_{i=1}^{m_a} \sum_{j=1}^{m_b} \sum_{k=1}^{n} (\bar{x}_{i.k} - \bar{x}_{...})^2 \\
SS_{within} &= \sum_{i=1}^{m_a} \sum_{j=1}^{m_b} \sum_{k=1}^{n} (x_{ijk} - \bar{x}_{i.k})^2 \\
SS_a &= \sum_{i=1}^{m_a} \sum_{j=1}^{m_b} \sum_{k=1}^{n} (\bar{x}_{i..} - \bar{x}_{...})^2 \\
SS_{e.a} &= \sum_{i=1}^{m_a} \sum_{j=1}^{m_b} \sum_{k=1}^{n} (\bar{x}_{i.k} - \bar{x}_{i..})^2 \\
SS_b &= \sum_{i=1}^{m_a} \sum_{j=1}^{m_b} \sum_{k=1}^{n} (\bar{x}_{.j.} - \bar{x}_{...})^2 \\
SS_{ab} &= \sum_{i=1}^{m_a} \sum_{j=1}^{m_b} \sum_{k=1}^{n} (\bar{x}_{ij.} - \bar{x}_{i..} - \bar{x}_{.j.} + \bar{x}_{...})^2 \\
SS_{e.b} &= \sum_{i=1}^{m_a} \sum_{j=1}^{m_b} \sum_{k=1}^{n} (x_{ijk} - \bar{x}_{ij.} - \bar{x}_{i.k} + \bar{x}_{i..})^2
\end{aligned}
\quad (6 - 9)
$$

$$
\begin{aligned}
df_t &= n m_a m_b - 1 \\
df_{between} &= n m_a - 1 \\
df_{within} &= n m_a (m_b - 1) \\
df_a &= m_a - 1 \\
df_{e.a} &= m_a (n - 1) \\
df_b &= m_b - 1
\end{aligned}
\quad (6 - 10)
$$

2. 1要因（要因B）において対応のある2元配置法   53

$$df_{ab} = (m_a - 1)(m_b - 1)$$
$$df_{e.b} = m_a(n - 1)(m_b - 1)$$

$$\left.\begin{array}{l} MS_a = SS_a/df_a \\ MS_{e.a} = SS_{e.a}/df_{e.a} \\ MS_b = SS_b/df_b \\ MS_{ab} = SS_{ab}/df_{ab} \\ MS_{e.b} = SS_{e.b}/df_{e.b} \end{array}\right\} \quad (6-11)$$

$$\left.\begin{array}{l} F_a = MS_a/MS_{e.a} \\ F_b = MS_b/MS_{e.b} \\ F_{ab} = MS_{ab}/MS_{e.b} \end{array}\right\} \quad (6-12)$$

```
                        ┌─────────────────────────┐
                        │        全変動           │
                        │ SSₜ=ΣΣΣ(xᵢⱼₖ−x̄...)²    │
                        │ dfₜ=nmₐm_b−1            │
                        └───────────┬─────────────┘
                ┌───────────────────┴───────────────────┐
       ┌────────┴────────┐                     ┌────────┴────────┐
       │  被験者間変動    │                     │  被験者内変動    │
       │SS_between=ΣΣΣ   │                     │SS_within=ΣΣΣ    │
       │ (x̄ᵢ.ₖ−x̄...)²    │                     │ (xᵢⱼₖ−x̄ᵢ.ₖ)²    │
       │df_between=nmₐ−1 │                     │df_within=nmₐ(m_b−1)│
       └────────┬────────┘                     └────────┬────────┘
       ┌────────┴────────┐                     ┌────────┴────────┐
       │    主効果A      │                     │    主効果B      │
       │SSₐ=ΣΣΣ(x̄ᵢ..−x̄...)²│                   │SS_b=ΣΣΣ(x̄.ⱼ.−x̄...)²│
       │ dfₐ=mₐ−1        │                     │ df_b=m_b−1      │
       └─────────────────┘                     └─────────────────┘
       ┌─────────────────┐                     ┌─────────────────┐
       │    誤差A        │                     │   交互作用AB    │
       │SS_{e.a}=ΣΣΣ     │                     │SS_ab=nΣΣ        │
       │ (x̄ᵢ.ₖ−x̄ᵢ..)²    │                     │(x̄ᵢⱼ.−x̄ᵢ..−x̄.ⱼ.+x̄...)²│
       │df_{e.a}=mₐ(n−1) │                     │df_ab=(mₐ−1)(m_b−1)│
       └─────────────────┘                     └─────────────────┘
                                               ┌─────────────────┐
                                               │    誤差B        │
                                               │SS_{e.b}=ΣΣΣ     │
                                               │(xᵢⱼₖ−x̄ᵢⱼ.−x̄ᵢ.ₖ+x̄ᵢ..)²│
                                               │df_{e.b}=mₐ(n−1)(m_b−1)│
                                               └─────────────────┘
```

図6-3　1要因（要因B）において対応のある場合の2元配置法の全変動の構成

　図6-3は，1要因（要因B）において対応のある場合の2元配置法の全変動の構成を表す。図6-2の対応のない場合の2元配置法の全変動と比較すると，1要因において対応のある場合の2元配置法においては，対応のない要因Aの主効果Aと誤差Aは，被験者間変動に属し，対応のある要因Bの主効果Bと交互作用ABと誤差Bは，被験者内変動に属する。そして，主効果Aを検定するときは，被験者間変動の誤差Aを使用し，交互作用ABおよび主効果Bを検定するときは，被験者内変動の誤差Bを使用する。すなわち，主効果や交互作用が被験者間変動と被験者内変動のいずれに属するかによってそれらを検定するための誤差が異なるのである。よって，1要因（要因B）において対応のある場合の2元配置法の分散分析表は，表6-3のようになる。

表6-3　1要因（要因B）において対応のある2元配置法の分散分析法

変動因	平方和(SS)	自由度(df)	不偏分散(MS)	F	P
被験者間変動	$SS_{between}$	$df_{between}$			
主効果 A	$SS_a=$ 12.86667	$df_a=$ 2	$MS_a=$ 6.433333	$F_a=$ 3.86	$P_a=$ 0.0134213
誤差 A	$SS_{e.a}=$ 20	$df_{e.a}=$ 12	$MS_{e.a}=$ 1.666667		
被験者内変動	SS_{within}	df_{within}			
主効果 B	$SS_b=$ 9.633333	$df_b=$ 1	$MS_b=$ 9.633333	$F_b=$ 13.13636	$P_b=$ 0.003486249
交互作用 AB	$SS_{ab}=$ 12.06667	$df_{ab}=$ 2	$MS_{ab}=$ 6.033333	$F_{ab}=$ 8.227273	$P_{ab}=$ 0.005625713
誤差	$SS_{e.b}=$ 8.8	$df_{e.b}=$ 12	$MS_{e.b}=$ 0.7333333		
全体	$SS_t=$ 63.36667	$df_t=$ 29			

　F値を計算する際の誤差分散が被験者間変動に基づく主効果Aの場合と被験者内変動に基づく主効果Bおよび交互作用の場合では異なることに注意しなければならない。前者の場合は，誤差不偏分散は，$MS_{e.a}$，後者の場合は，$MS_{e.b}$である。なお，要因ごとに標本の大きさが異なるときは，標本の大きさが異なる対応のない2元配置法と同様に非加重平均が使用される。

3. 2要因において対応のある2元配置法

　2要因において対応のある2元配置法の全変動は，以下のように分解される。

$$\begin{aligned}
全変動(SS_t) &= 被験者間変動(SS_{between}) + 被験者内変動(SS_{within}) \\
&= 被験者間誤差変動(SS_{e.between}) + \{主効果A(SS_a) + 誤差A(SS_{e.a}) \\
&\quad + 主効果B(SS_b) + 誤差B(SS_{e.b}) + 交互作用(SS_{ab}) + 誤差AB(SS_{e.ab})\}
\end{aligned}$$

(6-13)

$$\left.\begin{aligned}
SS_{between} &= SS_{e.between} = \sum_{i=1}^{m_a}\sum_{j=1}^{m_b}\sum_{k=1}^{n}(\bar{x}_{..k}-\bar{x}_{...})^2 \\
SS_{within} &= \sum_{i=1}^{m_a}\sum_{j=1}^{m_b}\sum_{k=1}^{n}(x_{ijk}-\bar{x}_{..k})^2 \\
SS_a &= \sum_{i=1}^{m_a}\sum_{j=1}^{m_b}\sum_{k=1}^{n}(\bar{x}_{i..}-\bar{x}_{...})^2 \\
SS_{e.a} &= \sum_{i=1}^{m_a}\sum_{j=1}^{m_b}\sum_{k=1}^{n}(\bar{x}_{i.k}-\bar{x}_{i..}-\bar{x}_{..k}+\bar{x}_{...})^2 \\
SS_b &= \sum_{i=1}^{m_a}\sum_{j=1}^{m_b}\sum_{k=1}^{n}(\bar{x}_{.j.}-\bar{x}_{...})^2 \\
SS_{e.b} &= \sum_{i=1}^{m_a}\sum_{j=1}^{m_b}\sum_{k=1}^{n}(\bar{x}_{.jk}-\bar{x}_{.j.}-\bar{x}_{..k}+\bar{x}_{...})^2 \\
SS_{ab} &= \sum_{i=1}^{m_a}\sum_{j=1}^{m_b}\sum_{k=1}^{n}(\bar{x}_{ij.}-\bar{x}_{i..}-\bar{x}_{.j.}+\bar{x}_{...})^2 \\
SS_{e.ab} &= \sum_{i=1}^{m_a}\sum_{j=1}^{m_b}\sum_{k=1}^{n}(x_{ijk}-\bar{x}_{ij.}-\bar{x}_{i.k}-\bar{x}_{.jk}+\bar{x}_{i..}+\bar{x}_{.j.}+\bar{x}_{..k}-\bar{x}_{...})^2
\end{aligned}\right\}$$

(6-14)

$$\begin{aligned}
df_{between} &= df_{e.between} = n-1 \\
df_{within} &= n(m_a m_b - 1) \\
df_a &= m_a - 1
\end{aligned}$$

$$dfe.a = (m_a - 1)(n - 1)$$
$$dfb = m_b - 1$$
$$dfe.b = (m_b - 1)(n - 1) \qquad (6-15)$$
$$dfab = (m_a - 1)(m_b - 1)$$
$$dfe.ab = (m_a - 1)(m_b - 1)(n - 1)$$

$$MSa = SSa/dfa$$
$$MSe.a = SSe.a/dfe.a$$
$$MSb = SSb/dfb$$
$$MSe.b = SSe.b/dfe.b \qquad (6-16)$$
$$MSab = SSab/dfab$$
$$MSe.ab = SSe.ab/dfe.ab$$

$$Fa = MSa/MSe.a$$
$$Fb = MSb/MSe.b \qquad (6-17)$$
$$Fab = MSab/MSe.ab$$

図6-4 2要因において対応のある場合の2元配置法の全変動の構成

図6-4は，2要因において対応のある場合の2元配置法の全変動の構成を表す。2要因ともに対応のある場合であるので，主効果A，主効果B，交互作用ABすべて被験者内変動に属する。そして，対応が2要因においてあるので，各主効果に対応する誤差が存在する。図6-

3においても示されたように，対応のある場合は，対応した誤差が生じ，それをもとに主効果や交互作用を検定することになる。よって，2要因において対応のある場合の分散分析表は，表6-4のようになる。

表6-4 2要因において対応のある2元配置法の分散分析表

変動因	平方和(SS)	自由度(df)	不偏分散(MS)	F	P
被験者間変動	$SS_{between}$	$df_{between}$			
被験者内変動	SS_{within}	df_{within}			
主効果 A	$SS_a =$ 12.86667	$df_a =$ 2	$MS_a =$ 6.433333	$F_a =$ 7.568627	$P_a =$ 0.01429265
誤差 A	$SS_{e.a} =$ 6.8	$df_{e.a} =$ 8	$MS_{e.a} =$ 0.85		
主効果 B	$SS_b =$ 9.633333	$df_b =$ 1	$MS_b =$ 9.633333	$F_b =$ 20.64286	$P_b =$ 0.01046967
誤差 B	$SS_{e.b} =$ 1.866667	$df_{e.b} =$ 4	$MS_{e.b} =$ 0.4666667		
交互作用 AB	$SS_{ab} =$ 12.06667	$df_{ab} =$ 2	$MS_{ab} =$ 6.033333	$F_{ab} =$ 6.961538	$P_{ab} =$ 0.01773184
誤差 AB	$SS_{e.ab} =$ 6.9333333	$df_{e.ab} =$ 8	$MS_{e.ab} =$ 0.8666667		
全体	$SS_t =$ 63.36667	$df_t =$ 29			

4. 標本の大きさが異なる場合の2元配置法

2元配置法において各水準ごとに標本の大きさ n が異なるとき，平均には非加重平均が用いられ，そして，標本の大きさ n の代わりに各水準ごとの標本の大きさ n_j の調和平均（n_{hm}）が使用される。例えば，要因 A における水準1の平均を $\bar{x}_{11}$，その標本の大きさを n_1，水準2の平均を $\bar{x}_{12}$，その標本の大きさを n_2，水準3の平均を $\bar{x}_{13}$，その標本の大きさを n_3 としたとき，要因1の全体の平均を計算する場合，加重平均の場合は，3つの平均 $\bar{x}_{11}, \bar{x}_{12}, \bar{x}_{13}$ の各平均を標本の大きさで重み付けした平均，$(n_1\bar{x}_{11} + n_2\bar{x}_{12} + n_3\bar{x}_{13})/(n_1 + n_2 + n_3)$ を求める平均値とするのに対し，非加重平均の場合，3つの平均の平均，すなわち $(\bar{x}_{11} + \bar{x}_{12} + \bar{x}_{13})/3$ を求める平均とする。そして，標本の大きさの調和平均（n_{hm}）は，

$$n_{hm} = \frac{3}{\frac{1}{n_1} + \frac{1}{n_2} + \frac{1}{n_3}} \tag{6-18}$$

によって計算される。表6-5は，標本の大きさが異なる場合の2元配置法の例である。要因 A の水準は，条件 B_1, B_2 において標本の大きさが異なるが，条件 A_2 の平均は，6.0 と 6.25 の非加重平均である 6.125 となっている。そして，標本の大きさが異なる場合の対応のない2元配置法の全変動は以下のように表される。

$$\sum_{i=1}^{ma}\sum_{j=1}^{mb}\sum_{k=1}^{n}(x_{ijk}-\bar{x}_{...})^2 = \sum_{i=1}^{ma}\sum_{j=1}^{mb}\sum_{k=1}^{n}\{(\bar{x}_{i..}-\bar{x}_{...}) + (\bar{x}_{.j.}-\bar{x}_{...}) + (\bar{x}_{ij.}-\bar{x}_{.j.}-\bar{x}_{i..}+\bar{x}_{...}) + (x_{ijk}-\bar{x}_{ij.})\}^2$$

$$= \sum_{i=1}^{ma}\sum_{j=1}^{mb}\sum_{k=1}^{n}(\bar{x}_{.j.}-\bar{x}_{...})^2 + \sum_{i=1}^{ma}\sum_{j=1}^{mb}\sum_{k=1}^{n}(\bar{x}_{i..}-\bar{x}_{...})^2 + \sum_{i=1}^{ma}\sum_{j=1}^{mb}\sum_{k=1}^{n}(\bar{x}_{ij.}-\bar{x}_{.j.}-\bar{x}_{i..}+\bar{x}_{...})^2 + \sum_{i=1}^{ma}\sum_{j=1}^{mb}\sum_{k=1}^{n}(x_{ijk}-\bar{x}_{ij.})^2$$

$$= \sum_{i=1}^{ma}\sum_{j=1}^{mb}n_{ij}(\bar{x}_{.j.}-\bar{x}_{...})^2 + \sum_{i=1}^{ma}\sum_{j=1}^{mb}n_{ij}(\bar{x}_{i..}-\bar{x}_{...})^2 + \sum_{i=1}^{ma}\sum_{j=1}^{mb}n_{ij}(\bar{x}_{ij.}-\bar{x}_{.j.}-\bar{x}_{i..}+\bar{x}_{...})^2 + \sum_{i=1}^{ma}\sum_{j=1}^{mb}\sum_{k=1}^{n}(x_{ijk}-\bar{x}_{ij.})^2$$

$$= SS_b + SS_a + SS_{ab} + SS_e \tag{6-19}$$

$$SS_a = \sum_{i=1}^{ma} \sum_{j=1}^{mb} n_{ij}(\bar{x}i..-\bar{x}...)^2 = nhm \sum_{i=1}^{ma} \sum_{j=1}^{mb} (\bar{x}i..-\bar{x}...)^2$$

$$SS_b = \sum_{i=1}^{ma} \sum_{j=1}^{mb} n_{ij}(\bar{x}.j.-\bar{x}...)^2 = nhm \sum_{i=1}^{ma} \sum_{j=1}^{mb} (\bar{x}.j.-\bar{x}...)^2$$

$$SS_{ab} = \sum_{i=1}^{ma} \sum_{j=1}^{mb} n_{ij}(\bar{x}ij.-\bar{x}.j.-\bar{x}i..+\bar{x}...)^2 = nhm \sum_{i=1}^{ma} \sum_{j=1}^{mb} (\bar{x}ij.-\bar{x}.j.-\bar{x}i..+\bar{x}...)^2 \quad (6-20)$$

$$SS_e = \sum_{i=1}^{ma} \sum_{j=1}^{mb} \sum_{k=1}^{n} (x_{ijk} - \bar{x}ij.)^2$$

$$nhm = mamb / \left(\sum_{i=1}^{ma} \sum_{j=1}^{mb} 1/n_{ij} \right)$$

$$df_a = m_a - 1$$
$$df_b = m_b - 1$$
$$df_{ab} = (m_a - 1)(m_b - 1) \quad (6-21)$$
$$df_e = \sum_{i=1}^{ma} \sum_{j=1}^{mb} n_{ij} - m_a m_b$$

表6-6には，表6-5のデータの分散分析表が示されている。

表6-5 3つの教授法のもとでの英語のテスト得点（標本の大きさが異なる場合）

要因 A		A_1		A_2		A_3	
要因 B		B_1	B_2	B_1	B_2	B_1	B_2
被験者	1	9	7	8	7	6	6
	2	9	6	7	6	7	5
	3	7	5	6	7	6	3
	4	8	6	4	5	6	4
	5	8	5	5			
$\bar{x}_{ij.}$		8.2	5.8	6	6.25	6	4.5
$\bar{x}_{i..}$		7		6.125		5.25	
$\bar{x}_{...}$		6.185185					

表6-6 標本の大きさが異なる2要因において対応のない2元配置法の分散分析表

変動因	平方和(SS)	自由度(df)	不偏分散(MS)	F	P
主効果 A	$SS_a =$ 13.61111	$df_a =$ 2	$MS_a =$ 6.805556	$F_a =$ 5.637738	$P_a =$ 0.010968
主効果 B	$SS_b =$ 9.868519	$df_b =$ 1	$MS_b =$ 9.868519	$F_b =$ 8.175104	$P_b =$ 0.009392
交互作用 AB	$SS_{ab} =$ 8.07037	$df_{ab} =$ 2	$MS_{ab} =$ 4.035185	$F_{ab} =$ 3.342757	$P_{ab} =$ 0.05491
誤差	$SS_e =$ 25.35	$df_e =$ 21	$MS_e =$ 1.207143		

5. 多重比較

1）2要因において対応のない2元配置法の場合

　主効果が有意であるときは，有意である主効果の平均値間の多重比較を行う。例えば，要因 A の主効果が有意であるとき，要因 A の平均値間の多重比較を行う。WSD 検定を例にとると，多重比較で使用する $MS_{e.wsd}$ および $df_{e.wsd}$ は，2元配置法における MS_e および df_e に等しい。n_{wsd} は，要因 A の平均値を計算するにあたり使用したデータ数で，nmb に等しい。後は，1元配置法の場合の多重比較と同じである。要因 B の主効果も有意であるときは，要因 B の多重比較も行う。$MS_{e.wsd}$ および $df_{e.wsd}$ は，要因 A の場合と同じで，$MS_{e.wsd} = MS_e$，$df_{e.wsd} = df_e$，n_{wsd} は，nma に等しい。

例えば，表6-2より主効果Aは5％の有意水準で有意差があるので，多重比較を行うと以下のようになる。主効果Aの平均値は，$\bar{x}_{1..} = 7$, $\bar{x}_{2..} = 6.3$, $\bar{x}_{3..} = 5.4$。よって，まず平均値の差が最も大きい$\bar{x}_{1..}$と$\bar{x}_{3..}$の比較を行う。3つの平均値を大きさの順に並べたとき，7と5.4の間には，平均値が1つあるので，このときのステップ数（h）は3となる。

$d = |7 - 5.4| = 1.6$

$n_{wsd} = nm_b = 5 \times 2 = 10$

$df_{e.wsd} = df_e = 24$

$q_3 = 3.531697$（ただし，$\alpha = 0.05$）

$q = \dfrac{q_3 + q_3}{2} = 3.531697$

$MS_{e.wsd} = MS_e = 1.2$

$WSD_3 = q\sqrt{MS_{e.wsd}/n_{wsd}} = 3.531967\sqrt{1.2/10} = 1.223416$

$d > WSD_3$なので有意差あり（表6-7の2f-rep0（2要因において対応がない場合）を参照）。よって，$\mu_{A1..} \neq \mu_{A3..}$。

表6-7　要因Aの多重比較　（*は該当する平均対が5％の有意水準で有意であることを意味する）

	6.3	7
5.4	$d = 0.9$ $WSD_2 = \begin{cases} 1.117258 & (\text{2f-rep0}) \\ 1.399115 & (\text{2f-rep1}) \\ 1.064472 & (\text{2f-rep2}) \end{cases}$	$d = 1.6$ $WSD_3 = \begin{cases} 1.223416\,* & (\text{2f-rep0}) \\ 1.540292\,* & (\text{2f-rep1}) \\ 1.178154\,* & (\text{2f-rep2}) \end{cases}$
6.3		$d = 0.7$ $WSD_2 = \begin{cases} 1.117258 & (\text{2f-rep0}) \\ 1.399115 & (\text{2f-rep1}) \\ 1.064472 & (\text{2f-rep2}) \end{cases}$

次に，平均値の差が2番目に大きい$\bar{x}_{2..} = 6.3$と$\bar{x}_{3..} = 5.4$の比較（ステップ数$h = 2$）を行う。

$d = |6.3 - 5.4| = 0.9$

$q_2 = 2.918793$

$q = \dfrac{q_3 + q_2}{2} = \dfrac{3.531697 + 2.918793}{2} = 3.225245$

$WSD_2 = 3.225245\sqrt{1.2/10} = 1.117258$

$d < WSD_2$なので，有意差なし。よって，$\mu_{A2..} = \mu_{A3..}$。

次に，同じステップ数（すなわち，ステップ数$h = 2$）である2つの平均値7と6.3の比較を行う。

$d = |7 - 6.3| = 0.7$

$q_2 = 2.92$

$q = \dfrac{q_3 + q_3}{2} = \dfrac{3.53 + 2.92}{2} = 3.225$

$WSD_2 = 3.225\sqrt{1.2/10} = 1.1171727$

$d < WSD_2$なので，有意差なし。よって，$\mu_{A1..} = \mu_{A2..}$。以上で主効果Aの平均値間の多重比較は終了。

交互作用が有意であるときは，単純主効果の有意差検定を行う。例えば，要因Aの単純主効果の有意差検定の場合は，要因Bの各レベルごとに，要因Aの単純主効果を検定する。そのためには，要因Aの平方和（SS_a）を要因Bの各レベルごとの平方和に分解し，各平方和を

もとにF検定をすればよい。すなわち，$SSa = SSa.b_1 + SSa.b_2$ に分解する。そして，$Fa.bj = MSa.bj/MSe = SSa.bj/dfa/MSe$ を計算し，それが有意であれば，各平均値（$\bar{x}_{ij.}$）の多重比較を行う。ただし，

$$Fa.b_1 = \frac{\frac{SSa.b_1}{dfa}}{MSe} = \frac{\frac{\sum_{i=1}^{ma}\sum_{k=1}^{n}(\bar{x}_{i1.}-\bar{x}_{.1.})^2}{dfa}}{MSe}$$

$$Fa.b_2 = \frac{\frac{SSa.b_2}{dfa}}{MSe} = \frac{\frac{\sum_{i=1}^{ma}\sum_{k=1}^{n}(\bar{x}_{i2.}-\bar{x}_{.2.})^2}{dfa}}{MSe}$$

(6-22)

である。このとき，多重比較で使用する $MSe.wsd$ および $dfe.wsd$ は，2元配置法における MSe および dfe に等しい。$nwsd$ は，要因Aの平均値を要因Bの各レベルごとに計算するにあたり，使用したデータ数で，n に等しい。各平均値の多重比較は，1元配置法の場合の多重比較と同じである。要因Bの単純主効果についても同様に行う。表6-1の場合であれば，$\bar{x}_{11.} = 8.2$，$\bar{x}_{21.} = 6$，$\bar{x}_{31.} = 6.2$，$\bar{x}_{.1.} = (8.2 + 6 + 6.2)/3 = 6.8$，また，表6-2より $MSe = 1.2$ であるので，

$$Fa.b_1 = \frac{\frac{\sum_{k=1}^{n}\{(8.2-6.8)^2+(6-6.8)^2+(6.2-6.8)^2\}}{2}}{1.2}$$

$$= \frac{\frac{5\{(8.2-6.8)^2+(6-6.8)^2+(6.2-6.8)^2\}}{2}}{1.2}$$

$$= 6.166667$$

このとき $Pa.b_1 = 0.006900364$ で，0.05より小さい（表6-8参照）。よって，有意差あり。

表6-8 2要因とも対応のない場合におけるA [Bj], B [Ai]の単純主効果 （*は該当する単純主効果が5%の有意水準で有意であることを意味する）

	SS	df	MS	F	P
A [B1]	14.8	2	7.4	6.166667	0.0069 *
A [B2]	10.13333	2	5.066667	4.222222	0.026844 *
B [A1]	14.4	1	14.4	12	0.002013 *
B [A2]	0.9	1	0.9	0.75	0.395052
B [A3]	6.4	1	6.4	5.333333	0.02984 *

そこで，さらに，3つの平均値，8.2，6，6.2間の多重比較を式（5-30）を用いて行う。まず，平均値の差が最も大きい $\bar{x}_{11.} = 8.2$ と $\bar{x}_{21.} = 6$ の多重比較（ステップ数 $h = 3$）を行う。

$d = |8.2 - 6| = 2.2$

$nwsd = n = 5$

$dfe.wsd = dfe = 24$

$q_3 = 3.531697$ （ただし，$h = 3$，$dfe.wsd = 24$，$\alpha = 0.05$）

$q = \dfrac{q_3 + q_3}{2} = 3.531697$

$MSe.wsd = MSe = 1.2$

$WSD = 3.531697\sqrt{1.2/5} = 1.730171$

$d > WSD_3$ なので有意差あり（表6-9-1の2f-rep0（2要因において対応のない場合）を

参照)。よって，$\mu_{A1B1.} \neq \mu_{A2B1.}$。

表 6 − 9 − 1　$A[B_1]$の多重比較 (*は該当する平均対が5％の有意水準で有意であることを意味する)

	6.2	8.2
6	$d = 0.2$ $WSD_2 = \begin{cases} 1.580041 & (\text{2f-rep0}) \\ 1.678938 & (\text{2f-rep1}) \\ 1.471079 & (\text{2f-rep2}) \end{cases}$	$d = 2.2$ $WSD_3 = \begin{cases} 1.730171\ * & (\text{2f-rep0}) \\ 1.848350\ * & (\text{2f-rep1}) \\ 1.661150\ * & (\text{2f-rep2}) \end{cases}$
6.2		$d = 2$ $WSD_2 = \begin{cases} 1.580041\ * & (\text{2f-rep0}) \\ 1.678938\ * & (\text{2f-rep1}) \\ 1.471079\ * & (\text{2f-rep2}) \end{cases}$

次に，$\bar{x}_{11.} = 8.2$ と $\bar{x}_{31.} = 6.2$ の多重比較（ステップ数 $h = 2$）を行う。

$d = 2$

$q_2 = 2.918793$

$q = \dfrac{q_3 + q_2}{2} = 3.225245$

$WSD_2 = 3.225245\sqrt{1.2/5} = 1.580041$

$d > WSD_2$ なので，有意差あり（表 6 − 9 − 1 参照）。よって，$\mu_{A1B1.} \neq \mu_{A3B1.}$。

次に，$\bar{x}_{21.} = 6$ と $\bar{x}_{31.} = 6.2$ の多重比較を行う。

$d = 0.2$

$q_2 = 2.918793$

$q = \dfrac{q_3 + q_2}{2} = 3.225245$

$WSD_2 = 3.225245\sqrt{1.2/5} = 1.580041$

$d < WSD_2$ なので，有意差なし（表 6 − 9 − 1 の 2f-rep0（2 要因において対応のない場合）を参照）。よって，$\mu_{A2B1.} = \mu_{A3B1.}$。

同様にして，

$$F_{a.b_2} = \dfrac{\dfrac{\sum\limits_{k=1}^{n}\{(5.8-5.666667)^2+(6.6-5.666667)^2+(4.6-5.666667)^2\}}{2}}{1.2}$$

$$= \dfrac{\dfrac{5\{(5.8-5.666667)^2+(6.6-5.666667)^2+(4.6-5.666667)^2\}}{2}}{1.2}$$

$$= 4.222222$$

$P_{a.b_2} = 0.02684422$ で，0.05 より小さいので，有意差あり。そこで，単純主効果 $A[b_2]$ に関して，3 つの平均値 5.8，6.6，4.6 の間の多重比較を式（5 − 30）を用いて行い，表 6 − 9 − 2 を得る。

表 6 − 9 − 2　$A[B_2]$の多重比較 (*は該当する平均対が5％の有意水準で有意であることを意味する)

	5.8	6.6
4.6	$d = 1.2$ $WSD_2 = \begin{cases} 1.580041 & (\text{2f-rep0}) \\ 1.678938 & (\text{2f-rep1}) \\ 1.471079 & (\text{2f-rep2}) \end{cases}$	$d = 2$ $WSD_3 = \begin{cases} 1.730171\ * & (\text{2f-rep0}) \\ 1.848350\ * & (\text{2f-rep1}) \\ 1.661150\ * & (\text{2f-rep2}) \end{cases}$
5.8		$d = 0.8$ $WSD_2 = \begin{cases} 1.580041 & (\text{2f-rep0}) \\ 1.678938 & (\text{2f-rep1}) \\ 1.471079 & (\text{2f-rep2}) \end{cases}$

同様にして，主効果 B に関する単純主効果の検定を行うと，表6-8を得る。単純主効果 $B[A_1]$, $B[A_3]$ が5％の有意水準で有意である。要因 B は，水準数が2であるので，多重比較の必要なし。よって，$\mu_{B1A1} \neq \mu_{B2A1}$。同様にして，$\mu_{B1A3} \neq \mu_{B2A3}$。

2）1要因（要因 B）において対応のある2元配置法の場合

主効果が有意な場合は，その主効果の多重比較を行う。要因 A（被験者間デザイン）に有意差があれば，WSD を計算する際，$MSe.wsd = MSe.a$, $dfe.wsd = dfe.a$, $nwsd = nmb$ を使用する。要因 B（被験者内デザイン）に有意差があれば，$MSe.wsd = MSe.b$, $dfe.wsd = dfe.b$, $nwsd = nma$ を使用する。

表6-3において，5％の有意水準で主効果 A は有意差があるので，要因 A の平均値間の多重比較を行う。平均値は，表6-1より $\bar{x}_{1..} = 7, \bar{x}_{2..} = 6.3, \bar{x}_{3..} = 5.4$。まず，平均値間の差が最も大きい7と5.4の比較を行う。

$d = |7 - 5.4| = 1.6$

$nwsd = nmb = 5 \times 2 = 10$

$dfe.wsd = dfe.a = 12$

$q_3 = 3.772929$（ただし，$h = 3$, $dfe.wsd = 12$, $\alpha = 0.05$）

$q = \dfrac{q_2 + q_2}{2} = 3.772929$

$MSe.wsd = MSe.a = 1.666667$

$WSD_3 = q\sqrt{MSe.wsd/nwsd} = 3.772929\sqrt{1.666667/10} = 1.5402929$

$d > WSD_3$ なので有意差あり。よって，$\mu_{A1..} \neq \mu_{A2..}$。

次に，平均値間の差が2番目に大きい6.3と5.4の比較を行う。

$d = |6.3 - 5.4| = 0.9$

$nwsd = nmb = 5 \times 2 = 10$

$dfe.wsd = dfe.a = 12$

$q_2 = 3.081307$（ただし，$h = 2$, $dfe.wsd = 12$, $\alpha = 0.05$）

$q = \dfrac{q_2 + q_2}{2} = 3.427118$

$MSe.wsd = MSe.a = 1.666667$

$WSD_2 = q\sqrt{MSe.wsd/nwsd} = 3.427718\sqrt{1.666667/10} = 1.399115$

$d < WSD_2$ なので有意差あり。よって，$\mu_{A2..} \neq \mu_{A3..}$。

要因 A の多重比較はこれで終了。次に，表6-3において，5％の有意水準で主効果 B も有意差あり。要因 B は，水準数が2なので多重比較をする必要がなく，$\mu_{.B1.} \neq \mu_{.B2.}$。

交互作用がある場合は，要因 A に関しては，要因 B の水準ごとに，要因 A の単純主効果（simple main effect）の有意差検定を行う。$MSe.wsd$ は，$MSe.wsd = MSe.pool.a = (SSe.a + SSe.b)/dfpool.a$, $dfe.wsd = dfe.pool.a = dfe.a + dfe.b$ である。要因 B に関しては，要因 A の水準ごとに要因 B の単純主効果の有意差検定を行う。$MSe.wsd$ は，$MSe.wsd = MSe.b$, $dfe.wsd = dfe.b$, $nwsd = n$ である。要因が被験者間デザインであるか被験者内デザインであるかによって単純主効果の誤差が異なるのである。

さらに，単純主効果が有意である場合，要因 A に関して要因 B の水準ごとに多重比較を行うときは，$MSe.wsd = MSe.pool.a$, $dfe.wsd = dfe.pool.a$, $nwsd = n$ を使用する。そして，スチューデント化した範囲の値（q）も修正された値（q'）を使用する。

$$q' = \{q_a MSe.a + q_b MSe.b(mb-1)\} / \{MSe.a + MSe.b(mb-1)\} \qquad (6-23)$$

である．表6－3において，交互作用 AB は5％の有意水準で有意である．よって，まず，要因 B の水準ごとに要因 A の単純主効果の有意差検定を行う．

$$F_{a.b_1} = SS_{a.b_1}/df_a/MSe = MS_{a.b_1}/MSe.pool.a = MS_{a.b_1}/\{(SSe.a + SSe.b)/(dfe.a + dfe.b)\}$$
$$= 5\{(8.2-6.8)^2 + (6-6.8)^2 + (6.2-6.8)^2\}/2/\{(20+8.8)/(12+12)\} = 7.4/1.2$$
$$= 6.166667$$

このとき，$P_{a.b_1} = 0.006900364$ で，0.05 より小さい．よって，有意差あり．そこで，要因 B の水準1における要因 A の平均間の多重比較を行う．$\bar{x}_{11.} = 8.2, \bar{x}_{21.} = 6.0, \bar{x}_{31.} = 6.2$ の3つの平均値において，最も差の大きい $\bar{x}_{11.} = 8.2$ と $\bar{x}_{21.} = 6$ の比較を行う．

$d = |8.2 - 6| = 2.2$

$n_{wsd} = n = 5$

$dfe.wsd = dfe.pool.a = 24$

$q_a = 3.772929$（ただし，$h = 3, dfe.wsd = 12, \alpha = 0.05$）

$q_b = 3.772929$（ただし，$h = 3, dfe.wsd = 12, \alpha = 0.05$）

$$q' = \frac{3.772929 \times 1.666667 + 3.772929 \times 0.7333333(2-1)}{1.666667 + 0.7333333(2-1)}$$
$$= \frac{9.0550307}{2.4}$$
$$= 3.772929$$

$MSe.wsd = MSe.pool.a = 1.2$

$WSD_3 = q'\sqrt{MSe.wsd/n_{wsd}} = 3.77\sqrt{1.2/5} = 1.8469152$

$d > WSD_3$ なので，有意差あり．よって，$\mu_{A1B1.} \ne \mu_{A2B1.}$．

以下同様にして行う．要因 B の水準2における要因 A の単純主効果の有意差検定を行い，それが有意であれば，続いて，多重比較を行う．

次に，要因 A の水準ごとに要因 B の単純主効果の有意差検定を行う．要因 B 関して多重比較を行うときは，$MSe.wsd = MSe.b, dfe.wsd = dfe.b, n_{wsd} = n$ を使用する．

$$F_{a.b_1} = SS_{b.a_1}/df_b/MSe = MS_{b.a_1}/MSe.b$$
$$= 5\{(8.2-7)^2 + (5.8-7)^2\}/0.7333333 = 19.636364$$

このとき，$P_{b.a_1} = 0.0008192323$ で，0.05 より小さい．よって，有意差あり．そして，平均値は2つのみであるので多重比較を行う必要がない．$\mu_{B1A1.} \ne \mu_{B2A2.}$．以下同様にして，要因 A の他の水準における要因 B の単純主効果の有意差検定を行う．

要因 B に関して多重比較を行うときは，$MSe.wsd = MSe.b, dfe.wsd = dfe.b, n_{wsd} = n$ を使用する．

要因 A の主効果に関する多重比較の WSD 値は，表6－7の2f-rep1（要因 B において対応のある場合）の WSD 値に示されている．2要因とも対応のない場合と比較すると，WSD 値が異なることに注意．同様にして，要因 B の各水準（B_j）における要因 A（$A[B_j]$）および要因 A の各水準（A_i）における要因 B（$B[A_i]$）の単純主効果の結果を表6－8に示す．F 値，および P 値において，2要因とも対応のない場合の値と異なることに注意．さらに，要因 A の単純主効果の多重比較における WSD 値を表6－9に示す（2f-rep1 の場合を参照）．

表6-10 要因Bにおいて対応のある場合における$A[B_j], B[A_i]$の単純主効果 (*は該当する単純主効果が5％の有意水準で有意であることを意味する)

	SS	df	MS	F	P
$A[B_1]$	14.8	2	7.4	6.166667	0.0069 *
$A[B_2]$	10.13333	2	5.066667	4.222222	0.026844 *
$B[A_1]$	14.4	1	14.4	19.63636	0.000819 *
$B[A_2]$	0.9	1	0.9	1.227273	0.289649
$B[A_3]$	6.4	1	6.4	8.727273	0.01205 *

3) 2要因において対応のある2元配置法の場合

主効果が有意な場合は，要因Aに関しては，$MS_{e.wsd} = MS_{e.a}$, $df_{e.wsd} = df_{e.a}$, $n_{wsd} = nm_b$ を使用して，WSD値を求めればよい。要因Bに関しては，$MS_{e.wsd} = MS_{e.b}$, $df_{e.wsd} = df_{e.b}$, $n_{wsd} = nm_a$ を使用すればよい。交互作用が有意である場合は，要因Aの単純主効果に関しては，$MS_{e.pool.a} = (SS_{e.a} + SS_{e.ab})/df_{e.pool.a}$, $df_{e.wsd} = df_{e.pool.a} = df_{e.a} + df_{e.ab}$ を使用する。さらに，スチューデント化した範囲の値に関しても修正された値 (q') を使用する。

$$q'_a = \{q_a MS_{e.a} + q_{ab} MS_{e.ab}(m_b - 1)\} / \{MS_{e.a} + MS_{e.ab}(m_b - 1)\} \quad (6-24)$$

である。要因Aの単純主効果が有意であれば，多重比較を行う。多重比較において，$MS_{e.wsd} = MS_{e.pool.a}$, $df_{e.wsd} = df_{e.pool.a}$, $n_{wsd} = n$ である。同様にして，要因Bの単純主効果に関しては，$MS_{e.wsd} = MS_{e.pool.b} = (SS_{e.b} + SS_{e.ab})/df_{e.pool.b}$, $df_{e.wsd} = df_{e.pool.b} = df_{e.b} + df_{e.ab}$ を使用する。さらに，スチューデント化した範囲の値に関しても修正された値 (q') を使用する。

$$q'_b = \{q_b MS_{e.b} + q_{ab} MS_{e.ab}(m_a - 1)\} / \{MS_{e.b} + MS_{e.ab}(m_a - 1)\} \quad (6-25)$$

である。要因Bの単純主効果が有意であれば，多重比較を行う。多重比較において，$MS_{e.pool.b} = (SS_{e.b} + SS_{e.ab})/df_{e.pool.b}$, $df_{e.wsd} = df_{e.pool.b}$, $n_{wsd} = n$ である。以上をまとめると，2元配置法の多重比較は，表6-12のようになる。

表6-11 多重比較における$MS_{e.wsd}, df_{e.wsd}, n_{wsd}, q, q'$の定義

			$MS_{e.wsd}$	$df_{e.wsd}$	n_{wsd}	q or q'
対応のない場合	主効果が有意である場合	要因A	MS_e	df_e	nm_b	q
		要因B	MS_e	df_e	nm_a	q
	交互作用のある場合	要因A	MS_e	df_e	n	q
		要因B	MS_e	df_e	n	q
要因Bにおいて対応のある場合	主効果が有意である場合	要因A	$MS_{e.a}$	$df_{e.a}$	nm_b	q_a
		要因B	$MS_{e.b}$	$df_{e.b}$	nm_a	q_b
	交互作用のある場合	要因A	$MS_{e.pool.a}$	$df_{e.pool.a}$	n	q'_a
		要因B	$MS_{e.b}$	$df_{e.b}$	n	q_b
2要因において対応のある場合	主効果が有意である場合	要因A	$MS_{e.a}$	$df_{e.a}$	nm_b	q_a
		要因B	$MS_{e.b}$	$df_{e.b}$	nm_a	q_b
	交互作用のある場合	要因A	$MS_{e.pool.a}$	$df_{e.pool.a}$	n	q'_a
		要因B	$MS_{e.pool.b}$	$df_{e.pool.b}$	n	q'_b

2要因において対応のある場合における要因Aの主効果に関する多重比較のWSD値は，表6-7の2要因において対応のある場合（2f-rep2）のWSD値に示されている。2要因におい

て対応のない場合および要因 B において対応のある場合と比較すると，WSD 値が異なることに注意。同様にして，2要因において対応のある場合の，要因 B の各水準（B_j）における要因 A（$A[B_j]$）および要因 A の各水準（A_i）における要因 B（$B[A_i]$）の単純主効果の結果を表 6 - 12 に示す。F 値，および P 値において，2要因において対応のない場合の値および要因 B において対応のある場合と異なることに注意。さらに，要因 A の単純主効果の多重比較における WSD 値を表 6 - 9 - 1 および表 6 - 9 - 2 に示す（2f-rep2 の場合を参照）。

表 6 - 12　2要因において対応のある場合における $A[B_j]$, $B[A_i]$ の単純主効果（*は該当する単純主効果が5％の有意水準で有意であることを意味する）

	SS	df	MS	F	P
$A[B_1]$	14.8	2	7.4	8.621359	0.00288 *
$A[B_2]$	10.13333	2	5.066667	5.902913	0.012019 *
$B[A_1]$	14.4	1	14.4	19.63636	0.000819 *
$B[A_2]$	0.9	1	0.9	1.227273	0.289649
$B[A_3]$	6.4	1	6.4	8.727273	0.01205 *

7 3元配置法をマスターする

1. 3要因において対応のない3元配置法

　3元配置法は，3種類の要因から構成される。よって，3種類の要因が，それぞれ対応があるか否かにより，4種類の3元配置法（3要因において対応のない場合，1要因において対応のある場合，2要因において対応のある場合，3要因において対応のある場合）が考えられる。3要因において対応のない3元配置法においては，3要因の各水準（条件）ごとに被験者が異なる。表7－1には，3要因において対応のない3元配置法の例が示されている。要因Aは水準3，要因Bは水準2，要因Cは水準4である。よって，条件数は$3 \times 2 \times 4 = 24$条件，そして，1つのセルには5人の被験者が割り当てられているので，合計$3 \times 2 \times 4 \times 5 = 120$人の被験者からなる。各条件における平均値は，$\bar{x}_{ijk.}$で示されている（表7－1の9行目を参照）。添字$i$は，要因$A$，$j$は要因$B$，$k$は要因$C$を意味する。よって，$\bar{x}_{ijk.}$は，$A_iB_jC_k$条件の平均である。例えば，$A_1B_1C_1$条件の平均値は，$\bar{x}_{111.}$で表され，表7－1においては，$\bar{x}_{111.} = 7$である。これは，$A_1B_1C_1$条件における5人の被験者の平均である。同様にして，$\bar{x}_{ij..}$は，要因A_iB_jの平均を意味し，要因Cをこみにしたときの平均である。例えば，$\bar{x}_{11..} = 6.8$であり，A_1B_1条件の$5 \times 4 = 20$名の被験者の平均である。さらに，$\bar{x}_{i...}$は，A_i条件における平均を表し，A_i条件における$5 \times 4 \times 2 = 40$人の被験者の平均である。そして，$\bar{x}_{....}$は，すべての条件をこみにした平均で，全平均を意味し，$5 \times 4 \times 2 \times 3 = 120$人の平均である。

表7－1　3元配置法におけるデータ

要因A		A_1								A_2								A_3							
要因B		B_1				B_2				B_1				B_2				B_1				B_2			
要因C		C_1	C_2	C_3	C_4	C_1	C_2	C_3	C_4	C_1	C_2	C_3	C_4	C_1	C_2	C_3	C_4	C_1	C_2	C_3	C_4	C_1	C_2	C_3	C_4
被験者	1	8	8	7	8	6	6	5	5	9	8	7	8	9	6	7	6	7	6	9	8	5	6	8	7
	2	7	7	6	6	5	6	5	5	7	9	7	9	7	5	6	4	7	7	8	7	4	7	8	8
	3	7	8	6	7	7	7	6	5	8	8	7	8	8	6	7	5	8	6	9	8	4	6	7	7
	4	6	6	5	8	6	5	5	4	9	7	7	7	5	5	8	4	6	6	8	6	3	6	6	6
	5	7	7	6	6	6	5	7	4	8	8	9	6	9	7	6	5	8	7	7	7	3	5	7	6
平均	$\bar{x}_{ijk.}$	7	7.2	5.8	7.2	5.8	5.8	5.6	5	8.2	8	7	7.8	7.2	5.6	6.6	5	7.2	6.4	8.2	7.2	3.8	6	7.2	6.8
	$\bar{x}_{ij..}$	6.8				5.55				7.75				6.1				7.25				5.95			
	$\bar{x}_{i...}$	6.175								6.925								6.6							
	$\bar{x}_{....}$	6.566667																							

表7－2　A_iC_k，A_i，C_k条件の平均値

	C_1	C_2	C_3	C_4	$\bar{x}_{i...}$
A_1	6.4	6.5	5.7	6.1	6.175
A_2	7.7	6.8	6.8	6.4	6.925
A_3	5.5	6.2	7.7	7	6.6
$\bar{x}_{..k.}$	6.533333	6.5	6.733333	6.5	6.566667

表7-3　B_jC_k，B_j，C_k条件の平均値

	C_1	C_2	C_3	C_4	$\bar{x}_{.j..}$
B_1	7.466667	7.2	7	7.4	7.266667
B_2	5.6	5.8	6.466667	5.6	5.866667
$\bar{x}_{..k.}$	6.533333	6.5	6.733333	6.5	6.566667

3要因において対応のない3元配置法の全変動は，

$$\text{全変動}(SS_t) = \text{主効果}\,A(SS_a) + \text{主効果}\,B(SS_b) + \text{主効果}\,C(SS_c)$$
$$+ \text{交互作用}\,AB(SS_{ab}) + \text{交互作用}\,AC(SS_{ac}) + \text{交互作用}\,BC(SS_{bc})$$
$$+ \text{交互作用}\,ABC(SS_{abc}) + \text{誤差}(SS_e)$$

$$(7-1)$$

に分解され，それらは，次のようにして計算される。

$$\left.\begin{aligned}
SS_t &= \sum_{i=1}^{m_a}\sum_{j=1}^{m_b}\sum_{k=1}^{m_c}\sum_{l=1}^{n}(x_{ijkl}-\bar{x}_{....})^2 \\
SS_a &= \sum_{i=1}^{m_a}\sum_{j=1}^{m_b}\sum_{k=1}^{m_c}\sum_{l=1}^{n}(\bar{x}_{i...}-\bar{x}_{....})^2 \\
SS_b &= \sum_{i=1}^{m_a}\sum_{j=1}^{m_b}\sum_{k=1}^{m_c}\sum_{l=1}^{n}(\bar{x}_{.j..}-\bar{x}_{....})^2 \\
SS_c &= \sum_{i=1}^{m_a}\sum_{j=1}^{m_b}\sum_{k=1}^{m_c}\sum_{l=1}^{n}(\bar{x}_{..k.}-\bar{x}_{....})^2 \\
SS_{ab} &= \sum_{i=1}^{m_a}\sum_{j=1}^{m_b}\sum_{k=1}^{m_c}\sum_{l=1}^{n}(\bar{x}_{ij..}-\bar{x}_{i...}-\bar{x}_{.j..}+\bar{x}_{....})^2 \\
SS_{ac} &= \sum_{i=1}^{m_a}\sum_{j=1}^{m_b}\sum_{k=1}^{m_c}\sum_{l=1}^{n}(\bar{x}_{i.k.}-\bar{x}_{i...}-\bar{x}_{..k.}+\bar{x}_{....})^2 \\
SS_{bc} &= \sum_{i=1}^{m_a}\sum_{j=1}^{m_b}\sum_{k=1}^{m_c}\sum_{l=1}^{n}(\bar{x}_{.jk.}-\bar{x}_{.j..}-\bar{x}_{..k.}+\bar{x}_{....})^2 \\
SS_{abc} &= \sum_{i=1}^{m_a}\sum_{j=1}^{m_b}\sum_{k=1}^{m_c}\sum_{l=1}^{n}(\bar{x}_{ijk.}-\bar{x}_{ij..}-\bar{x}_{i.k.}-\bar{x}_{.jk.}+\bar{x}_{i...}+\bar{x}_{.j..}+\bar{x}_{..k.}-\bar{x}_{....})^2 \\
SS_e &= \sum_{i=1}^{m_a}\sum_{j=1}^{m_b}\sum_{k=1}^{m_c}\sum_{l=1}^{n}(x_{ijkl}-\bar{x}_{ijk.})^2
\end{aligned}\right\} \quad (7-2)$$

そして，各変動因の自由度，不偏分散および，F値は以下のようにして計算される。

$$\left.\begin{aligned}
df_t &= m_a m_b m_c n - 1 \\
df_a &= m_a - 1 \\
df_b &= m_b - 1 \\
df_c &= m_c - 1 \\
df_{ab} &= (m_a-1)(m_b-1) \\
df_{ac} &= (m_a-1)(m_c-1) \\
df_{bc} &= (m_b-1)(m_c-1) \\
df_{abc} &= (m_a-1)(m_b-1)(m_c-1) \\
df_e &= m_a m_b m_c (n-1)
\end{aligned}\right\} \quad (7-3)$$

$$MS_a = SS_a/df_a$$
$$MS_b = SS_b/df_b$$

$$MS_c = SS_c/df_c$$
$$MS_{ab} = SS_{ab}/df_{ab}$$
$$MS_{ac} = SS_{ac}/df_{ac} \quad (7-4)$$
$$MS_{bc} = SS_{bc}/df_{bc}$$
$$MS_{abc} = SS_{abc}/df_{abc}$$
$$MS_e = SS_e/df_e$$

$$F_a = MS_a/MS_e$$
$$F_b = MS_b/MS_e$$
$$F_c = MS_c/MS_e$$
$$F_{ab} = MS_{ab}/MS_e \quad (7-5)$$
$$F_{ac} = MS_{ac}/MS_e$$
$$F_{bc} = MS_{bc}/MS_e$$
$$F_{abc} = MS_{abc}/MS_e$$

F 値が 7 個あるので,帰無仮説も 7 個となる。主効果の帰無仮説は,順に,

$\mu_{A1} = \mu_{A2} = \mu_{A3}$

$\mu_{B1} = \mu_{B2}$

$\mu_{C1} = \mu_{C2} = \mu_{C3}$

である。要因 A と要因 B の交互作用の帰無仮説は,

$\mu_{A1B1} - \mu_{A1B2} = \mu_{A2B1} - \mu_{A2B2} = \mu_{A3B1} - \mu_{A3B2}$

$\mu_{A1Cj} - \mu_{A1Ck} = \mu_{A2Cj} - \mu_{A2Ck} = \mu_{A3Cj} - \mu_{A3Ck}$, $j, k = 1 \sim 3$ で,$j \neq k$ である。他の交互作用の帰無仮説も同様に定義される。

図7-1 対応のない3元配置法の全変動の構成

図7-1は,対応のない3元配置法の場合の全変動の構成を表す。全変動は,主効果 A, 主効果 B, 主効果 C, 交互作用 AB, 交互作用 AC, 交互作用 BC, 交互作用 ABC と誤差に分解される。そして,対応がないので,すべての主効果および交互作用の検定には,共通の誤差が使用される。3元配置法では,3要因の交互作用 ($a \times b \times c$) が生じてくる。これを2次の交互作用と呼ぶ。2次の交互作用は,

$$SS_{abc} = \sum_{i=1}^{ma} \sum_{j=1}^{mb} \sum_{k=1}^{mc} \sum_{l=1}^{n} (\bar{x}_{ijk.} - \bar{x}_{ij..} - \bar{x}_{i.k.} - \bar{x}_{.jk.} + \bar{x}_{i...} + \bar{x}_{.j..} + \bar{x}_{..k.} - \bar{x}_{....})^2 \quad (7-6)$$

によって表される。2次の交互作用に対して今までのab, ac, bcのような2要因の交互作用を1次の交互作用と呼ぶ。

表7-4には，表7-1のデータをもとにした分散分析の結果が示されている。P値より，主効果A, B，交互作用AC, BC, ABCが5％の有意水準で有意である。各条件ごとに平均値をプロットすると，図7-2のようになる。2次の交互作用ABCが有意でなければ，交互作用AB, AC, BCは同じパターンの交互作用となるが，これらの交互作用のパターンが1つでも異なると，2次の交互作用は有意となる。図7-2を見てわかるように，交互作用のパターンは同じではなくこれらは有意に異なるのである。これは，要因Aに与える効果が要因BとCでは異なるということ，そして，要因Bと要因Cは互いに影響を与えていることを意味する。

より詳しい分析をするためには，さらに，単純交互作用の分析，単純・単純主効果（simple simple main effect）の分析を必要とする。単純交互作用は，要因が3つ以上あるときに，対象となっている交互作用の2要因以外の要因の水準ごとの交互作用で，3要因の場合であれば，要因Cの各水準ごとの要因Aと要因Bの交互作用$AB\ [C_k]$，要因Bの各水準ごとの要因Aと要因Cの交互作用$AC\ [B_j]$，要因Aの各水準ごとの交互作用$BC\ [A_i]$がある。これらは，下位検定や要因Aと要因Cの多重比較で分析されることになる。

表7-4 対応のない3元配置法の分散分析表

変動因	平方和(SS)	自由度(df)	不偏分散(MS)	F	P
主効果 A	$SS_a =$ 11.31667	$df_a =$ 2	$MS_a =$ 5.658333	$F_a =$ 6.466667	$P_a =$ 0.002319002
主効果 B	$SS_b =$ 58.8	$df_b =$ 1	$MS_b =$ 58.8	$F_b =$ 67.2	$P_b =$ 0
主効果 C	$SS_c =$ 1.133333	$df_c =$ 3	$MS_c =$ 0.3777778	$F_c =$ 0.431746	$P_c =$ 0.7307383
交互作用 AB	$SS_{ab} =$ 0.95	$df_{ab} =$ 2	$MS_{ab} =$ 0.475	$F_{ab} =$ 0.5428571	$P_{ab} =$ 0.5828588
交互作用 AC	$SS_{ac} =$ 39.21667	$df_{ac} =$ 6	$MS_{ac} =$ 6.536111	$F_{ac} =$ 7.469841	$P_{ac} =$ 0.000001396
交互作用 BC	$SS_{bc} =$ 8.466667	$df_{bc} =$ 3	$MS_{bc} =$ 2.822222	$F_{bc} =$ 3.225397	$P_{bc} =$ 0.02595035
交互作用 ABC	$SS_{abc} =$ 21.58333	$df_{abc} =$ 6	$MS_{abc} =$ 3.597222	$F_{abc} =$ 4.111111	$P_{abc} =$ 0.001024821
誤差	$SS_e =$ 84	$df_e =$ 96	$MS_e =$ 0.875		
全体	$SS_t =$ 225.4667	$df_t =$ 119			

図7-2 各条件における平均値と交互作用

2. 1要因（要因 C）において対応のある3元配置法

　1要因において対応のある3元配置法は，3要因のうちの1つの要因が被験者内デザインである3元配置法である。ここでは，要因 C を被験者内デザイン，要因 A, B が被験者間デザインである場合を考える。要因 C が被験者内デザインであるので，要因 C 内のすべての水準に同じ被験者が割り当てられる。よって，全被験者数はセル内の被験者数×要因 A の水準数×要因 B の水準数で，表7−1を要因 C において対応のある3元配置法と考えると，$5 \times 3 \times 2 = 30$ 人である。30人の被験者が A_1B_1, A_2B_1, A_3B_1, A_1B_2, A_2B_2, A_3B_2 の6条件に各5人ずつ割り当てられ，各条件において，各5人の被験者が C_1, C_2, C_3, C_4 条件の被験者となる。よって，この場合の全変動（SS_t）は，被験者間変動（$SS_{between}$）と被験者内変動（SS_{within}）に分解される。そして，被験者間変動は，要因 A の主効果（SS_a），要因 B の主効果（SS_b），要因 A と B の交互作用（SS_{ab}），被験者間誤差（$SS_{e.between}$）に分解される。同様にして，被験者内変動は，要因 C の主効果（SS_c），要因 A と C の交互作用（SS_{ac}），要因 B と C の交互作用（SS_{bc}），要因 A と B と C の交互作用（SS_{abc}），被験者内誤差（$SS_{e.within}$）に分解される。これらの変動因を分散分析する際には，被験者間変動因に関しては，被験者間誤差の不偏分散（$MS_{e.between}$）を使用し，被験者内変動因に関しては，被験者内誤差の不偏分散（$MS_{e.within}$）を使用する。表7−1のデータを要因 C において対応のある3元配置法のデータとみなして，分散分析を行うと表7−5の結果を得る。表7−4と表7−5を比較してわかるように，誤差が被験者間誤差と被験者内誤差に分解され，被験者間変動に関しては被験者間誤差を使用し，被験者内変動に関しては被験者内誤差を使用している以外は基本的には表7−4の対応のない3元配置法と同じである。

$$SS_t = SS_{between} + SS_{within}$$
$$= (SS_a + SS_b + SS_{ab} + SS_{e.between}) + (SS_c + SS_{ac} + SS_{bc} + SS_{abc} + SS_{e.within})$$
$$(7-7)$$

$$\left.\begin{aligned}
SS_t &= \sum_{i=1}^{m_a} \sum_{j=1}^{m_b} \sum_{k=1}^{m_c} \sum_{l=1}^{n} (x_{ijkl} - \bar{x}_{....})^2 \\
SS_{between} &= \sum_{i=1}^{m_a} \sum_{j=1}^{m_b} \sum_{k=1}^{m_c} \sum_{l=1}^{n} (\bar{x}_{ij.l} - \bar{x}_{....})^2 \\
SS_{within} &= \sum_{i=1}^{m_a} \sum_{j=1}^{m_b} \sum_{k=1}^{m_c} \sum_{l=1}^{n} (x_{ijkl} - \bar{x}_{ij.l})^2 \\
SS_e &= SS_{e.between} + SS_{e.within} = SS_{e.ab} + SS_{e.c} \\
&= \sum_{i=1}^{m_a} \sum_{j=1}^{m_b} \sum_{k=1}^{m_c} \sum_{l=1}^{n} (\bar{x}_{ij.l} - \bar{x}_{ij..})^2 + \sum_{i=1}^{m_a} \sum_{j=1}^{m_b} \sum_{k=1}^{m_c} \sum_{l=1}^{n} (x_{ijkl} - \bar{x}_{ijk.} - \bar{x}_{ij.l} + \bar{x}_{ij..})^2
\end{aligned}\right\} (7-8)$$

$$\left.\begin{aligned}
df_{between} &= m_a m_b n - 1 \\
df_{within} &= m_a m_b n (m_c - 1) \\
df_{e.between} &= df_{e.ab} = m_a m_b (n - 1) \\
df_{e.within} &= df_{e.c} = m_a m_b (n - 1)(m_c - 1)
\end{aligned}\right\} (7-9)$$

$$\left.\begin{array}{l} MS_{e.between} = MS_{e.ab} = SS_{e.between}/df_{e.between} \\ MS_{e.within} = MS_{e.c} = SS_{e.within}/df_{e.within} \end{array}\right\} \qquad (7-10)$$

表7-5 1要因（要因C）において対応のある3元配置法の分散分析表

変動因	平方和(SS)	自由度(df)	不偏分散(MS)	F	P
被験者間変動	$SS_{between} =$	$df_{between}$			
主効果 A	$SS_a =$ 11.31667	$df_a =$ 2	$MS_a =$ 5.6583333	$F_a =$ 4.257053	$P_a =$ 0.02616212
主効果 B	$SS_b =$ 58.8	$df_b =$ 1	$MS_b =$ 58.8	$F_b =$ 44.23824	$P_b =$ 0
交互作用 AB	$SS_{ab} =$ 0.95	$df_{ab} =$ 2	$MS_{ab} =$ 0.475	$F_{ab} =$ 0.3573668	$P_{ab} =$ 0.7031755
被験者間誤差	$SS_{e.between} =$ 31.9	$df_{e.between} =$ 24	$MS_{e.between} =$ 1.329167		
被験者内変動	SS_{within}	df_{within}			
主効果 C	$SS_c =$ 1.133333	$df_c =$ 3	$MS_c =$ 0.3777778	$F_c =$ 0.5220729	$P_c =$ 0.668469
交互作用 AC	$SS_{ac} =$ 39.21667	$df_{ac} =$ 6	$MS_{ac} =$ 6.536111	$F_{ac} =$ 9.03263	$P_{ac} =$ 0.0000002346
交互作用 BC	$SS_{bc} =$ 8.466667	$df_{bc} =$ 3	$MS_{bc} =$ 2.822222	$F_{bc} =$ 3.900192	$P_{bc} =$ 0.01219082
交互作用 ABC	$SS_{abc} =$ 21.58333	$df_{abc} =$ 6	$MS_{abc} =$ 3.597222	$F_{abc} =$ 4.971209	$P_{abc} =$ 0.0002616702
被験者内誤差	$SS_{e.c} =$ 52.1	$df_{e.c} =$ 72	$MS_{e.c} =$ 0.7236111		
全体	$SS_t =$ 225.4667	$df_t =$ 119			

$SS_a, SS_b, SS_c, SS_{ab}, SS_{ac}, SS_{bc}, SS_{abc}$ に関しては式（7-2），$df_a, df_b, df_c, df_{ab}, df_{ac}, df_{bc}, df_{abc}$ に関しては式（7-3），$MS_a, MS_b, MS_c, MS_{ab}, MS_{ac}, MS_{bc}, MS_{abc}$ に関しては式（7-4）の場合と同じである．

$$\left.\begin{array}{l} F_a = MS_a/MS_{e.between} \\ F_b = MS_b/MS_{e.between} \\ F_c = MS_c/MS_{e.within} \\ F_{ab} = MS_{ab}/MS_{e.between} \\ F_{ac} = MS_{ac}/MS_{e.within} \\ F_{bc} = MS_{bc}/MS_{e.within} \\ F_{abc} = MS_{abc}/MS_{e.within} \end{array}\right\} \qquad (7-11)$$

図7-3は，1要因（要因C）において対応のある場合の3元配置法の全変動の構成を表す．主効果A，主効果Bは対応がないので被験者間変動に属し，それらを検定する際の誤差は被験者間誤差であるのに対し，主効果C，交互作用AC，交互作用BC，および交互作用ABCは被験者内変動に属し，それらを検定する際の誤差は，被験者内誤差となる．

```
                           ┌─────────────────────┐
                           │      全変動          │
                           │ SSt=ΣΣΣΣ(xijkl−x̄....)² │
                           │   dft=mambmcn−1     │
                           └──────────┬──────────┘
                      ┌───────────────┴───────────────┐
          ┌───────────┴───────────┐         ┌─────────┴──────────┐
          │     被験者間変動       │         │     被験者内変動     │
          │SSbetween=ΣΣΣΣ(x̄ij.l−x̄....)²│   │SSwithin=ΣΣΣΣ(xijkl−x̄ij.l)²│
          │  dfbetween=mambn−1    │         │ dfwithin=mambn(mc−1) │
          └───────────┬───────────┘         └─────────┬──────────┘
```

┌─────────────────────────────────┐   ┌──┐
│ 主効果A   │   │ 主効果C   │
│ SSa=ΣΣΣΣ(x̄i...−x̄....)²   │   │ SSc=ΣΣΣΣ(x̄..k.−x̄....)²   │
│ dfa=ma−1   │   │ dfc=mc−1   │
├─────────────────────────────────┤   ├──┤
│ 主効果B   │   │ 交互作用AC   │
│ SSb=ΣΣΣΣ(x̄.j..−x̄....)²   │   │ SSac=ΣΣΣΣ(x̄i.k.−x̄i...−x̄..k.+x̄....)²   │
│ dfb=mb−1   │   │ dfac=(ma−1)(mc−1)   │
├─────────────────────────────────┤   ├──┤
│ 交互作用AB   │   │ 交互作用BC   │
│ SSab=ΣΣΣΣ(x̄ij..−x̄i...−x̄.j..+x̄....)² │ │ SSbc=ΣΣΣΣ(x̄.jk.−x̄.j..−x̄..k.+x̄....)²   │
│ dfab=(ma−1)(mb−1)   │   │ dfbc=(mb−1)(mc−1)   │
├─────────────────────────────────┤   ├──┤
│ 被験者間誤差   │   │ 交互作用ABC   │
│ SSe.between=ΣΣΣΣ(x̄ij.l−x̄ij..)² │   │ SSabc=ΣΣΣΣ(x̄ijk.−x̄ij..−x̄i.k.−x̄.jk.+x̄i...+x̄.j..+x̄..k.−x̄....)² │
│ dfe.between=dfe.ab=mamb(n−1)   │   │ dfabc=(ma−1)(mb−1)(mc−1)   │
└─────────────────────────────────┘   ├──┤
                                      │ 被験者内誤差   │
                                      │ SSe.within=ΣΣΣΣ(xijkl−x̄ijk.+x̄ij..)²   │
                                      │ dfe.within=dfe.c=mamb(n−1)(mc−1)   │
                                      └──┘

図7−3　1要因（要因C）において対応のある3元配置法の全変動の構成

3. 2要因（要因Bおよび要因C）において対応のある3元配置法

　2要因において対応のある3元配置法は，2要因が被験者内デザイン，1要因が被験者内デザインの3元配置法である。全被験者数はセル内の被験者数×要因Aの水準数であり，表7−1を要因Bおよび要因Cにおいて対応のある3元配置法と考えると，5×3＝15名である。要因Bおよび要因Cを被験者内要因とすると，全変動は以下のように分解される。被験者デザインである要因Aを検定する際には被験者間誤差（$SS_{e.a}$）を使用し，被験者内デザインである要因Bおよび交互作用ABに関しては被験者内誤差（$SS_{e.b}$）を使用して，被験者内デザインである要因Cおよび交互作用ACに関しては被験者内誤差（$SS_{e.c}$）を使用して，交互作用ABCに関しては被験者内誤差（$SS_{e.bc}$）を使用して検定を行うのである。表7−1のデータを用いて分散分析を行うと，表7−6を得る。

$$SS_t = SS_{between} + SS_{within}$$
$$= (SS_a + SS_{e.a}) + (SS_b + SS_{ab} + SS_{e.b} + SS_c + SS_{ac} + SS_{e.c} + SS_{bc} + SS_{abc} + SS_{e.bc})$$

(7−12)

$$SS_{between} = \sum_{i=1}^{m_a} \sum_{j=1}^{m_b} \sum_{k=1}^{m_c} \sum_{l=1}^{n} (\bar{x}_{i..l} - \bar{x}_{....})^2$$

$$SS_{within} = \sum_{i=1}^{m_a} \sum_{j=1}^{m_b} \sum_{k=1}^{m_c} \sum_{l=1}^{n} (x_{ijkl} - \bar{x}_{i..l})^2$$

$$SS_e = SS_{e.between} + SS_{e.within}$$
$$= SS_{e.a} + (SS_{e.b} + SS_{e.c} + SS_{e.bc})$$

$$SS_{e.a} = \sum_{i=1}^{m_a} \sum_{j=1}^{m_b} \sum_{k=1}^{m_c} \sum_{l=1}^{n} (\bar{x}_{i..l} - \bar{x}_{i...})^2$$

(7−13)

$$SSe.b = \sum_{i=1}^{ma} \sum_{j=1}^{mb} \sum_{k=1}^{mc} \sum_{l=1}^{n} (\bar{x}ij.l - \bar{x}ij.. - \bar{x}i..l + \bar{x}i...)^2$$

$$SSe.c = \sum_{i=1}^{ma} \sum_{j=1}^{mb} \sum_{k=1}^{mc} \sum_{l=1}^{n} (\bar{x}i.kl - \bar{x}i.k. - \bar{x}i..l + \bar{x}i...)^2$$

$$SSe.bc = \sum_{i=1}^{ma} \sum_{j=1}^{mb} \sum_{k=1}^{mc} \sum_{l=1}^{n} (xijkl - \bar{x}ijk. - \bar{x}ij.l - \bar{x}i.kl + \bar{x}ij.. + \bar{x}i.k. + \bar{x}i..l - \bar{x}i...)^2$$

$$\left.\begin{aligned}
df_{between} &= man - 1 \\
df_{within} &= man(mbmc - 1) \\
dfe.a &= ma(n - 1) \\
dfe.b &= ma(n - 1)(mb - 1) \\
dfe.c &= ma(n - 1)(mc - 1) \\
dfe.bc &= ma(n - 1)(mb - 1)(mc - 1)
\end{aligned}\right\} \quad (7-14)$$

$$\left.\begin{aligned}
MSe.a &= SSe.a/dfe.a \\
MSe.b &= SSe.b/dfe.b \\
MSe.c &= SSe.c/dfe.c \\
MSe.bc &= SSe.bc/dfe.bc
\end{aligned}\right\} \quad (7-15)$$

$SSa, SSb, SSc, SSab, SSac, SSbc, SSabc$ に関しては式 (7-2), $dfa, dfb, dfc, dfab, dfac, dfbc, dfabc$ に関しては式 (7-3), $MSa, MSb, MSc, MSab, MSac, MSbc, MSabc$ に関しては式 (7-4) の場合と同じである。

$$\left.\begin{aligned}
Fa &= MSa/MSe.a \\
Fb &= MSb/MSe.b \\
Fc &= MSc/MSe.c \\
Fab &= MSab/MSe.b \\
Fac &= MSac/MSe.c \\
Fbc &= MSbc/MSe.bc \\
Fabc &= MSabc/MSe.bc
\end{aligned}\right\} \quad (7-16)$$

図7-4は，2要因（要因Bと要因C）において対応のある場合の3元配置法の全変動の構成を表す。対応のない要因Aの主効果Aおよび誤差Aが被験者間変動に属し，対応のある要因Bおよび要因Cの主効果B, 主効果C, 交互作用AB, 交互作用AC, 交互作用BC, 交互作用ABC, 誤差B, 誤差C, 誤差BCが被験者内変動に属する。交互作用BCおよび交互作用ABCは，対応要因が2つ影響を与えるので，誤差BCを検定の際に使用する。

3. 2要因（要因 B および要因 C）において対応のある3元配置法　73

```
                        ┌─全変動─────────────┐
                        │ $SS_t=\Sigma\Sigma\Sigma\Sigma(x_{ijkl}-\bar{x}....)^2$ │
                        │ $df_t=m_am_bm_cn-1$       │
                        └────────────────────┘
                            │           │
            ┌───────────────┘           └───────────────┐
   ┌─被験者間変動──────────────┐      ┌─被験者内変動─────────────────┐
   │ $SS_{between}=\Sigma\Sigma\Sigma\Sigma(\bar{x}_{i..l}-\bar{x}....)^2$ │ │ $SS_{within}=\Sigma\Sigma\Sigma\Sigma(x_{ijkl}-\bar{x}_{i..l})^2$ │
   │ $df_{between}=m_an-1$         │      │ $df_{within}=m_an(m_bm_c-1)$            │
   └────────────────────────┘      └──────────────────────────┘
```

図7-4　2要因（要因Bと要因C）において対応のある3元配置法の全変動の構成

表7-6　2要因（要因 B と C）において対応のある3元配置法の分散分析表

変動因	平方和 (SS)	自由度 (df)	不偏分散 (MS)	F	P
被験者間変動	$SS_{between}$	$df_{between}$			
主効果 A	$SS_a=$ 11.31667	$df_a=$ 2	$MS_a=$ 5.658333	$F_a=$ 3.065463	$P_a=$ 0.08405579
誤差 A	$SS_{e.a}=$ 22.15	$df_{e.a}=$ 12	$MS_{e.a}=$ 1.845833		
被験者内変動	SS_{within}	df_{within}			
主効果 B	$SS_b=$ 58.8	$df_b=$ 1	$MS_b=$ 58.8	$F_b=$ 72.36923	$P_b=$ 0.0000199
交互作用 AB	$SS_{ab}=$ 0.95	$df_{ab}=$ 2	$MS_{ab}=$ 0.475	$F_{ab}=$ 0.5846154	$P_{ab}=$ 0.5625235
誤差 B	$SS_{e.b}=$ 9.75	$df_{e.b}=$ 12	$MS_{e.b}=$ 0.8125		
主効果 C	$SS_c=$ 1.133333	$df_c=$ 3	$MS_c=$ 0.3777778	$F_c=$ 0.4918626	$P_c=$ 0.690154
交互作用 AC	$SS_{ac}=$ 39.21667	$df_{ac}=$ 6	$MS_{ac}=$ 6.536111	$F_{ac}=$ 8.509946	$P_{ac}=$ 0.00000879
誤差 C	$SS_{e.c}=$ 27.65	$df_{e.c}=$ 36	$MS_{e.c}=$ 0.7680556		
交互作用 BC	$SS_{bc}=$ 8.466667	$df_{bc}=$ 3	$MS_{bc}=$ 2.822222	$F_{bc}=$ 4.155419	$P_{bc}=$ 0.01257766
交互作用 ABC	$SS_{abc}=$ 21.58333	$df_{abc}=$ 6	$MS_{abc}=$ 3.597222	$F_{abc}=$ 5.296524	$P_{abc}=$ 0.00053223
誤差 BC	$SS_{e.bc}=$ 24.45	$df_{e.bc}=$ 36	$MS_{e.bc}=$ 0.6791667		
全体	$SS_t=$ 225.4667	$df_t=$ 119			

4. 3要因において対応のある3元配置法

3要因において対応のある3元配置法は，3要因すべてにおいて被験者内デザインである。全被験者数はセル内の被験者数に等しい。表7－1を3要因において対応のある3元配置法と考えると，全被験者数は5名である。全変動は被験者間変動（$SS_{between}$）と被験者内変動（SS_{within}）に分解され，被験者内変動は，さらに要因Aの主効果（SS_a），要因Bの主効果（SS_b），要因Cの主効果（SS_c），交互作用AB（SS_{ab}），交互作用AC（SS_{ac}），交互作用BC（SS_{bc}），交互作用ABC（SS_{abc}），被験者内誤差A（$SS_{e.a}$），被験者内誤差B（$SS_{e.b}$），被験者内誤差C（$SS_{e.c}$），被験者内誤差AB（$SS_{e.ab}$），被験者内誤差AC（$SS_{e.ac}$），被験者内誤差BC（$SS_{e.bc}$），被験者内誤差ABC（$SS_{e.abc}$）に分解される。そして，各主効果，交互作用は，対応する被験者内誤差の不偏分散を使用して，検定される。例えば，主効果Aは，誤差Aの不偏分散（$MS_{e.a}$），交互作用ABは，誤差ABの不偏分散（$MS_{e.ab}$）を使用する。表7－1のデータを用いて，3要因において対応のある分散分析を行うと，表7－7を得る。

$$SS_t = SS_{between} + SS_{within} \tag{7-17}$$

$$\begin{aligned}
SS_t &= \sum_{i=1}^{m_a}\sum_{j=1}^{m_b}\sum_{k=1}^{m_c}\sum_{l=1}^{n}(x_{ijkl}-\bar{x}....)^2 \\
SS_{between} &= \sum_{i=1}^{m_a}\sum_{j=1}^{m_b}\sum_{k=1}^{m_c}\sum_{l=1}^{n}(\bar{x}...l-\bar{x}....)^2 \\
SS_{within} &= \sum_{i=1}^{m_a}\sum_{j=1}^{m_b}\sum_{k=1}^{m_c}\sum_{l=1}^{n}(x_{ijkl}-\bar{x}...l)^2 \\
SS_{within} &= SS_a + SS_b + SS_c + SS_{ab} + SS_{ac} + SS_{bc} + SS_{abc} + SS_{e.within} \\
SS_{e.within} &= SS_{e.a} + SS_{e.b} + SS_{e.c} + SS_{e.ab} + SS_{e.ac} + SS_{e.bc} + SS_{e.abc} \\
SS_{e.between} &= SS_{between} \\
SS_{e.within} &= \sum_{i=1}^{m_a}\sum_{j=1}^{m_b}\sum_{k=1}^{m_c}\sum_{l=1}^{n}(x_{ijkl}-\bar{x}_{ijk}.-\bar{x}...l+\bar{x}....)^2 \\
SS_{e.a} &= \sum_{i=1}^{m_a}\sum_{j=1}^{m_b}\sum_{k=1}^{m_c}\sum_{l=1}^{n}(\bar{x}_{i..l}-\bar{x}_{i...}-\bar{x}...l+\bar{x}....)^2 \\
SS_{e.b} &= \sum_{i=1}^{m_a}\sum_{j=1}^{m_b}\sum_{k=1}^{m_c}\sum_{l=1}^{n}(\bar{x}_{.j.l}-\bar{x}_{.j..}-\bar{x}...l+\bar{x}....)^2 \\
SS_{e.c} &= \sum_{i=1}^{m_a}\sum_{j=1}^{m_b}\sum_{k=1}^{m_c}\sum_{l=1}^{n}(\bar{x}_{..kl}-\bar{x}_{..k.}-\bar{x}...l+\bar{x}....)^2 \\
SS_{e.ab} &= \sum_{i=1}^{m_a}\sum_{j=1}^{m_b}\sum_{k=1}^{m_c}\sum_{l=1}^{n}(\bar{x}_{ij.l}-\bar{x}_{ij..}-\bar{x}_{i..l}-\bar{x}_{.j.l}+\bar{x}_{i...}+\bar{x}_{.j..}+\bar{x}...l-\bar{x}....)^2 \\
SS_{e.ac} &= \sum_{i=1}^{m_a}\sum_{j=1}^{m_b}\sum_{k=1}^{m_c}\sum_{l=1}^{n}(\bar{x}_{i.kl}-\bar{x}_{ij..}-\bar{x}_{i.k.}-\bar{x}_{i..l}-\bar{x}_{..kl}+\bar{x}_{i...}+\bar{x}_{..k.}+\bar{x}...l-\bar{x}....)^2 \\
SS_{e.bc} &= \sum_{i=1}^{m_a}\sum_{j=1}^{m_b}\sum_{k=1}^{m_c}\sum_{l=1}^{n}(\bar{x}_{.jkl}-\bar{x}_{.jk.}-\bar{x}_{.j.l}-\bar{x}_{..kl}+\bar{x}_{.j..}+\bar{x}_{..k.}+\bar{x}...l-\bar{x}....)^2 \\
SS_{e.abc} &= \sum_{i=1}^{m_a}\sum_{j=1}^{m_b}\sum_{k=1}^{m_c}\sum_{l=1}^{n}(x_{ijkl}-\bar{x}_{ijk.}-\bar{x}_{ij.l}-\bar{x}_{i.kl}-\bar{x}_{.jkl}+\bar{x}_{ij..}+\bar{x}_{i.k.}+\bar{x}_{.jk.}+\bar{x}_{i..l}+\\
&\quad \bar{x}_{.j.l}+\bar{x}_{..kl}-\bar{x}_{i...}-\bar{x}_{.j..}-\bar{x}_{..k.}-\bar{x}...l+\bar{x}....)^2
\end{aligned} \tag{7-18}$$

$$\left.\begin{array}{l}df_{between} = n - 1 \\ df_{within} = n(m_a m_b m_c - 1) \\ df_{e.a} = (m_a - 1)(n - 1) \\ df_{e.b} = (m_b - 1)(n - 1) \\ df_{e.c} = (m_c - 1)(n - 1) \\ df_{e.ab} = (m_a - 1)(m_b - 1)(n - 1) \\ df_{e.ac} = (m_a - 1)(m_c - 1)(n - 1) \\ df_{e.bc} = (m_b - 1)(m_c - 1)(n - 1) \\ df_{e.abc} = (m_a - 1)(m_b - 1)(m_c - 1)(n - 1)\end{array}\right\} \quad (7-19)$$

$$\left.\begin{array}{l}MS_{e.a} = SS_{e.a}/df_{e.a} \\ MS_{e.b} = SS_{e.b}/df_{e.b} \\ MS_{e.c} = SS_{e.c}/df_{e.c} \\ MS_{e.ab} = SS_{e.ab}/df_{e.ab} \\ MS_{e.ac} = SS_{e.ac}/df_{e.ac} \\ MS_{e.bc} = SS_{e.bc}/df_{e.bc} \\ MS_{e.abc} = SS_{e.abc}/df_{e.abc}\end{array}\right\} \quad (7-20)$$

$SS_a, SS_b, SS_c, SS_{ab}, SS_{ac}, SS_{bc}, SS_{abc}$ に関しては式（7－2），$df_a, df_b, df_c, df_{ab}, df_{ac}, df_{bc}, df_{abc}$ に関しては式（7－3），$MS_a, MS_b, MS_c, MS_{ab}, MS_{ac}, MS_{bc}, MS_{abc}$ に関しては式（7－4）の場合と同じである。

$$\left.\begin{array}{l}F_a = MS_a/MS_{e.a} \\ F_b = MS_b/MS_{e.b} \\ F_c = MS_c/MS_{e.c} \\ F_{ab} = MS_{ab}/MS_{e.ab} \\ F_{ac} = MS_{ac}/MS_{e.ac} \\ F_{bc} = MS_{bc}/MS_{e.bc} \\ F_{abc} = MS_{abc}/MS_{e.abc}\end{array}\right\} \quad (7-21)$$

図7－5は，3要因において対応のある3元配置法の全変動の構成を表す。すべての要因において対応があるので，主効果および交互作用の検定の際には，対応する誤差を使用する。

全変動
$SS_t = \Sigma\Sigma\Sigma\Sigma(x_{ijkl} - \bar{x}_{....})^2$
$df_t = m_a m_b m_c n - 1$

被験者間変動
$SS_{between} = \Sigma\Sigma\Sigma\Sigma(\bar{x}_{...l} - \bar{x}_{....})^2$
$df_{between} = n - 1$

被験者内変動
$SS_{within} = \Sigma\Sigma\Sigma\Sigma(x_{ijkl} - \bar{x}_{...l})^2$
$df_{within} = n(m_a m_b m_c - 1)$

主効果A
$SS_a = \Sigma\Sigma\Sigma\Sigma(\bar{x}_{i...} - \bar{x}_{....})^2$
$df_a = m_a - 1$

誤差A
$SS_{e.a} = \Sigma\Sigma\Sigma\Sigma(\bar{x}_{i..l} - \bar{x}_{i...} - \bar{x}_{...l} + \bar{x}_{....})^2$
$df_{e.a} = (m_a - 1)(n - 1)$

主効果B
$SS_b = \Sigma\Sigma\Sigma\Sigma(\bar{x}_{.j..} - \bar{x}_{....})^2$
$df_b = m_b - 1$

誤差B
$SS_{e.b} = \Sigma\Sigma\Sigma\Sigma(\bar{x}_{.j.l} - \bar{x}_{.j..} - \bar{x}_{...l} + \bar{x}_{....})^2$
$df_{e.b} = (m_b - 1)(n - 1)$

交互作用AB
$SS_{ab} = \Sigma\Sigma\Sigma\Sigma(\bar{x}_{ij..} - \bar{x}_{i...} - \bar{x}_{.j..} + \bar{x}_{....})^2$
$df_{ab} = (m_a - 1)(m_b - 1)$

誤差AB
$SS_{e.ab} = \Sigma\Sigma\Sigma\Sigma(\bar{x}_{ij.l} - \bar{x}_{ij..} - \bar{x}_{i..l} - \bar{x}_{.j.l} + \bar{x}_{i...} + \bar{x}_{.j..} + \bar{x}_{...l} - \bar{x}_{....})^2$
$df_{e.bc} = (m_a - 1)(m_b - 1)(n - 1)$

主効果C
$SS_c = \Sigma\Sigma\Sigma\Sigma(\bar{x}_{..k.} - \bar{x}_{....})^2$
$df_c = m_c - 1$

誤差C
$SS_{e.c} = \Sigma\Sigma\Sigma\Sigma(\bar{x}_{..kl} - \bar{x}_{..k.} - \bar{x}_{...l} + \bar{x}_{....})^2$
$df_{e.c} = (m_c - 1)(n - 1)$

交互作用AC
$SS_{ac} = \Sigma\Sigma\Sigma\Sigma(\bar{x}_{i.k.} - \bar{x}_{i...} - \bar{x}_{..k.} + \bar{x}_{....})^2$
$df_{ac} = (m_a - 1)(m_c - 1)$

誤差AC
$SS_{e.ac} = \Sigma\Sigma\Sigma\Sigma(\bar{x}_{i.kl} - \bar{x}_{ij..} - \bar{x}_{i.k.} - \bar{x}_{i..l} - \bar{x}_{..kl} + \bar{x}_{i...} + \bar{x}_{..k.} + \bar{x}_{...l} - \bar{x}_{....})^2$
$df_{e.bc} = (m_a - 1)(m_c - 1)(n - 1)$

交互作用BC
$SS_{bc} = \Sigma\Sigma\Sigma\Sigma(\bar{x}_{.jk.} - \bar{x}_{.j..} - \bar{x}_{..k.} + \bar{x}_{....})^2$
$df_{bc} = (m_b - 1)(m_c - 1)$

誤差BC
$SS_{e.bc} = \Sigma\Sigma\Sigma\Sigma(\bar{x}_{.jkl} - \bar{x}_{.jk.} - \bar{x}_{.j.l} - \bar{x}_{..kl} + \bar{x}_{.j..} + \bar{x}_{..k.} + \bar{x}_{...l} - \bar{x}_{....})^2$
$df_{e.bc} = (m_b - 1)(m_c - 1)(n - 1)$

交互作用ABC
$SS_{abc} = \Sigma\Sigma\Sigma\Sigma(\bar{x}_{ijk.} - \bar{x}_{ij..} - \bar{x}_{i.k.} - \bar{x}_{.jk.} + \bar{x}_{i...} + \bar{x}_{.j..} + \bar{x}_{..k.} - \bar{x}_{....})^2$
$df_{abc} = (m_a - 1)(m_b - 1)(m_c - 1)$

誤差ABC
$SS_{e.abc} = \Sigma\Sigma\Sigma\Sigma(x_{ijkl} - \bar{x}_{ijk.} - \bar{x}_{ij.l} - \bar{x}_{i.kl} - \bar{x}_{.jkl} + \bar{x}_{ij..} + \bar{x}_{i.k.} + \bar{x}_{.jk.} + \bar{x}_{i..l} + \bar{x}_{.j.l} + \bar{x}_{..kl} - \bar{x}_{i...} - \bar{x}_{.j..} - \bar{x}_{..k.} - \bar{x}_{...l} + \bar{x}_{....})^2$
$df_{e.abc} = (m_a - 1)(m_b - 1)(m_c - 1)(n - 1)$

図7-5　3要因(要因A, 要因B, 要因C)において対応のある3元配置法の全変動の構成

表7-7 3要因において対応のある3元配置法の分散分析表

変動因	平方和(SS)	自由度(df)	不偏分散(MS)	F	P
被験者間変動	$SS_{between}$	$df_{between}$			
誤差	$SS_{e.between}$				
被験者内変動	SS_{within}	df_{within}			
主効果 A	$SS_a=$ 11.31667	$df_a=$ 2	$MS_a=$ 5.658333	$F_a=$ 11.50847	$P_a=$ 0.004425513
誤差 A	$SS_{e.a}=$ 3.933333	$df_{e.a}=$ 8	$MS_{e.a}=$ 0.4916667		
主効果 B	$SS_b=$ 58.8	$df_b=$ 1	$MS_b=$ 58.8	$F_b=$ 162.2069	$P_b=$ 0.0002189630
誤差 B	$SS_{e.b}=$ 1.45	$df_{e.b}=$ 4	$MS_{e.b}=$ 0.3625		
主効果 C	$SS_c=$ 1.133333	$df_c=$ 3	$MS_c=$ 0.3777778	$F_c=$ 1.018727	$P_c=$ 0.4185674
誤差 C	$SS_{e.c}=$ 4.45	$df_{e.c}=$ 12	$MS_{e.c}=$ 0.3708333		
交互作用 AB	$SS_{ab}=$ 0.95	$df_{ab}=$ 2	$MS_{ab}=$ 0.475	$F_{ab}=$ 0.4578313	$P_{ab}=$ 0.6482543
誤差 AB	$SS_{e.ab}=$ 8.3	$df_{e.ab}=$ 8	$MS_{e.ab}=$ 1.0375		
交互作用 AC	$SS_{ac}=$ 39.21667	$df_{ac}=$ 6	$MS_{ac}=$ 6.536111	$F_{ac}=$ 6.761494	$P_{ac}=$ 0.0002735198
誤差 AC	$SS_{e.ac}=$ 23.2	$df_{e.ac}=$ 24	$MS_{e.ac}=$ 0.9666667		
交互作用 BC	$SS_{bc}=$ 8.466667	$df_{bc}=$ 3	$MS_{bc}=$ 2.822222	$F_{bc}=$ 6.029674	$P_{bc}=$ 0.0095668
誤差 BC	$SS_{e.bc}=$ 5.616667	$df_{e.bc}=$ 12	$MS_{e.bc}=$ 0.4680556		
交互作用 ABC	$SS_{abc}=$ 21.58333	$df_{abc}=$ 6	$MS_{abc}=$ 3.597222	$F_{abc}=$ 4.584071	$P_{abc}=$ 0.003107824
誤差 ABC	$SS_{e.abc}=$ 18.83333	$df_{e.abc}=$ 24	$MS_{e.abc}=$ 0.7847222		
全体	$SS_t=$ 225.4667	$df_t=$ 119			

5. 標本の大きさが異なる場合の3元配置法

標本の大きさが異なる場合の3元配置法は，標本の大きさが異なる場合の2元配置法と同様に各要因の平均には，非加重平均を使用し，標本の大きさには，調和平均を使用して3元配置法を行えばよい。表7-8は，3要因において対応のない場合の3元配置法の例である。

表7-8 3元配置法におけるデータ

要因 A																									
			A_1								A_2								A_3						
要因 B		B_1				B_2				B_1				B_2				B_1				B_2			
要因 C		C_1	C_2	C_3	C_4	C_1	C_2	C_3	C_4	C_1	C_2	C_3	C_4	C_1	C_2	C_3	C_4	C_1	C_2	C_3	C_4	C_1	C_2	C_3	C_4
被	1	8	8	7	8	5	6	5	7	9	9	8	7	9	6	7	6	7	6	9	8	5	6	8	7
験	2	7	7	5	8	5	6	5	5	7	7	8	9	7	5	6	4	7	7	8	7	4	7	8	8
者	3	7	8	6	7	7	7	6	5	8	8	6	7	8	6	7	6	8	6	9	8	4	6	7	7
	4	6	6	5	6	6	5	5	4	9	7	7	7	5	5	6	4	6	6	8	6	3	6	6	6
	5	7	7	6	5									7	6	5	5	8	7						
平	$\bar{x}_{ijk.}$	7	7.2	5.8	7.2	5.8	5.8	5.25	5.25	8.25	7.75	7.25	7.5	7.2	5.6	6.6	5	7.2	6.4	8.5	7.25	4	6.25	7.25	7
	$\bar{x}_{ij..}$		6.8				5.525				7.6875				6.1				7.3375				6.125		
均	$\bar{x}_{i...}$			6.1625								6.89375								6.73125					
	$\bar{x}_{....}$												6.574074												

3要因において対応のない場合の全変動は，以下のように表される。

$$全変動(SS_t) = 主効果A(SS_a) + 主効果B(SS_b) + 主効果C(SS_c)$$
$$+ 交互作用AB(SS_{ab}) + 交互作用AC(SS_{ac}) + 交互作用BC(SS_{bc})$$
$$+ 交互作用ABC(SS_{abc}) + 誤差（SS_e）$$

$$(7-22)$$

$$\left.\begin{array}{l} SS_a = nhm \sum_{i=1}^{ma} \sum_{j=1}^{mb} \sum_{k=1}^{mc} (\bar{x}i... - \bar{x}....)^2 \\ SS_b = nhm \sum_{i=1}^{ma} \sum_{j=1}^{mb} \sum_{k=1}^{mc} (\bar{x}.j.. - \bar{x}....)^2 \\ SS_c = nhm \sum_{i=1}^{ma} \sum_{j=1}^{mb} \sum_{k=1}^{mc} (\bar{x}..k. - \bar{x}....)^2 \\ SS_{ab} = nhm \sum_{i=1}^{ma} \sum_{j=1}^{mb} \sum_{k=1}^{mc} (\bar{x}ij.. - \bar{x}i... - \bar{x}.j.. + \bar{x}....)^2 \\ SS_{ac} = nhm \sum_{i=1}^{ma} \sum_{j=1}^{mb} \sum_{k=1}^{mc} (\bar{x}i.k. - \bar{x}i... - \bar{x}..k. + \bar{x}....)^2 \\ SS_{bc} = nhm \sum_{i=1}^{ma} \sum_{j=1}^{mb} \sum_{k=1}^{mc} (\bar{x}.jk. - \bar{x}.j.. - \bar{x}..k. + \bar{x}....)^2 \\ SS_{abc} = nhm \sum_{i=1}^{ma} \sum_{j=1}^{mb} \sum_{k=1}^{mc} (\bar{x}ijk. - \bar{x}ij.. - \bar{x}i.k. - \bar{x}.jk. + \bar{x}i... + \bar{x}.j.. + \bar{x}..k. - \bar{x}....)^2 \\ SS_e = \sum_{i=1}^{ma} \sum_{j=1}^{mb} \sum_{k=1}^{mc} \sum_{l=1}^{n} (x_{ijkl} - \bar{x}ijk.)^2 \\ nhm = m_a m_b m_c / \sum_{i=1}^{ma} \sum_{j=1}^{mb} \sum_{k=1}^{mc} (1/n_{ijk}) \end{array}\right\} \quad (7-23)$$

$$\left.\begin{array}{l} df_a = m_a - 1 \\ df_b = m_b - 1 \\ df_c = m_c - 1 \\ df_{ab} = (m_a - 1)(m_b - 1) \\ df_{ac} = (m_a - 1)(m_c - 1) \\ df_{bc} = (m_b - 1)(m_c - 1) \\ df_{abc} = (m_a - 1)(m_b - 1)(m_c - 1) \\ df_e = \sum_{i=1}^{ma} \sum_{j=1}^{mb} \sum_{k=1}^{mc} n_{ijk} - m_a m_b m_c \end{array}\right\} \quad (7-24)$$

そして，表7－9は，標本の大きさが異なる場合の対応のない3元配置法の分散分析表である。

表7−9 標本の大きさが異なる場合の対応のない3元配置法の分散分析表

変動因	平方和(SS)	自由度(df)	不偏分散(MS)	F	P
主効果 A	$SS_a=$ 10.48426	$df_a=$ 2	$MS_a=$ 5.24213	$F_a=$ 6.184535	$P_a=$ 0.00312139
主効果 B	$SS_b=$ 49.20185	$df_b=$ 1	$MS_b=$ 49.20185	$F_b=$ 58.04713	$P_b=$ 0
主効果 C	$SS_c=$ 1.216667	$df_c=$ 3	$MS_c=$ 0.4055556	$F_c=$ 0.4784644	$P_c=$ 0.6981246
交互作用 AB	$SS_{ab}=$ 0.7175926	$df_{ab}=$ 2	$MS_{ab}=$ 0.3587963	$F_{ab}=$ 0.423299	$P_{ab}=$ 0.6562719
交互作用 AC	$SS_{ac}=$ 40.05278	$df_{ac}=$ 6	$MS_{ac}=$ 6.675463	$F_{ac}=$ 7.875546	$P_{ac}=$ 0.000000963
交互作用 BC	$SS_{bc}=$ 3.75	$df_{bc}=$ 3	$MS_{bc}=$ 1.25	$F_{bc}=$ 1.474719	$P_{bc}=$ 0.2272972
交互作用 ABC	$SS_{abc}=$ 16.975	$df_{abc}=$ 6	$MS_{abc}=$ 2.829167	$F_{abc}=$ 3.337781	$P_{abc}=$ 0.005352739
誤差	$SS_e=$ 71.2	$df_e=$ 84	$MS_e=$ 0.847619		

8 3元配置法における多重比較をマスターする

1. 3要因において対応のない3元配置法の場合の多重比較

　3元配置法の多重比較は，①主効果が有意である場合，②1次の交互作用が有意である場合，③2次の交互作用が有意である場合の3種類に分類される。主効果が有意である場合は，その要因の平均値間の多重比較を行えばよい。1次の交互作用は，AB，AC，BCの3種類存在する。そのいずれかの交互作用が有意であるとき，その2要因に関して単純主効果の検定を行う。例えば，交互作用ABが有意であれば，要因Bの各水準ごとに要因Aの単純主効果の検定を行う。そして，単純主効果が有意であれば，さらに，要因Bのその水準における要因Aの平均値間の多重比較を行う。そして，次に，要因Aの各水準毎に要因Bの単純主効果の検定を行う。そして，それが有意であれば，さらに要因Aのその水準における要因Bの平均値間の多重比較を行う。2次の交互作用が有意であるとき，単純交互作用の検定，単純・単純主効果の検定を行う。そして，単純・単純主効果が有意であれば，さらに同様にして多重比較を行うことになる。

　これをまとめると，以下のような流れになる。

①主効果の検定→有意である→多重比較をする
②1次の交互作用の検定→有意である→単純主効果の検定→有意である→多重比較をする
③2次の交互作用の検定→有意である→単純交互作用の検定→有意である→単純・単純主効果の検定→有意である→多重比較をする

　多重比較の方法として，WSD検定を使用する場合は，表8－1で定義される値が使用される。
　$WSD = q\sqrt{MSe.wsd/nwsd}$のとき，$MSe.wsd$は，3元配置法の$MSe$を使用する。2次の交互作用，1次の交互作用，単純交互作用，主効果，単純主効果，単純・単純主効果のこれらすべての検定において，誤差は，$MSe = SSe/dfe$である。また，標本の大きさ$nwsd$は，表8－1に示されるように，状況によって異なる。例えば，主効果Aが有意である場合，平均値（$\bar{x}i...$）を計算する際の標本の大きさは，$nwsd = nmbmc$となる。また，スチューデント化された範囲qは，$q = (qu + qv)/2$である。quのuは，水準数（標本平均値の総数）で，qvのvは，標本平均を大きさの順に並べたときの，比較する2つの平均の間にある平均の数＋2である。さらに，表中の$MSa.bj$，$MSa.ck$，$MSb.ai$，$MSb.ck$，$MSc.ai$，$MSab.ck$，$MSac.bj$，$MSbc.ai$，$MSa.bjck$，$MSb.aick$，$MSc.aibj$は以下のように定義される。

$$\left.\begin{aligned}
MS_{a.bj} &= SS_{a.bj}/dfa = \sum_{i=1}^{ma}\sum_{k=1}^{mc}\sum_{l=1}^{n}(\bar{x}_{ij..}-\bar{x}_{.j..})^2/(ma-1)\\
MS_{a.ck} &= SS_{a.ck}/dfa = \sum_{i=1}^{ma}\sum_{j=1}^{mb}\sum_{l=1}^{n}(\bar{x}_{i.k.}-\bar{x}_{..k.})^2/(ma-1)\\
MS_{b.ai} &= SS_{b.ai}/dfb = \sum_{j=1}^{mb}\sum_{k=1}^{mc}\sum_{l=1}^{n}(\bar{x}_{ij..}-\bar{x}_{i...})^2/(mb-1)\\
MS_{b.ck} &= SS_{b.ck}/dfb = \sum_{i=1}^{ma}\sum_{j=1}^{mb}\sum_{l=1}^{n}(\bar{x}_{.jk.}-\bar{x}_{..k.})^2/(mb-1)\\
MS_{c.ai} &= SS_{c.ai}/dfc = \sum_{j=1}^{mb}\sum_{k=1}^{mc}\sum_{l=1}^{n}(\bar{x}_{i.k.}-\bar{x}_{i...})^2/(mc-1)\\
MS_{c.bj} &= SS_{c.bj}/dfc = \sum_{i=1}^{ma}\sum_{k=1}^{mc}\sum_{l=1}^{n}(\bar{x}_{.jk.}-\bar{x}_{.j..})^2/(mc-1)\\
MS_{ab.ck} &= SS_{ab.ck}/dfab = \sum_{i=1}^{ma}\sum_{j=1}^{mb}\sum_{l=1}^{n}(\bar{x}_{ijk.}-\bar{x}_{i.k.}-\bar{x}_{.jk.}+\bar{x}_{..k.})^2/\{(ma-1)(mb-1)\}\\
MS_{ac.bj} &= SS_{ac.bj}/dfac = \sum_{i=1}^{ma}\sum_{k=1}^{mc}\sum_{l=1}^{n}(\bar{x}_{ijk.}-\bar{x}_{ij..}-\bar{x}_{.jk.}+\bar{x}_{.j..})^2/\{(ma-1)(mc-1)\}\\
MS_{bc.ai} &= SS_{bc.ai}/dfbc = \sum_{j=1}^{mb}\sum_{k=1}^{mc}\sum_{l=1}^{n}(\bar{x}_{ijk.}-\bar{x}_{ij..}-\bar{x}_{i.k.}+\bar{x}_{i...})^2/\{(mb-1)(mc-1)\}\\
MS_{a.bjck} &= SS_{a.bjck}/dfa = \sum_{i=1}^{ma}\sum_{l=1}^{n}(\bar{x}_{ijk.}-\bar{x}_{.jk.})^2/(ma-1)\\
MS_{b.aick} &= SS_{b.aick}/dfb = \sum_{j=1}^{mb}\sum_{l=1}^{n}(\bar{x}_{ijk.}-\bar{x}_{i.k.})^2/(mb-1)\\
MS_{c.aibj} &= SS_{c.aibj}/dfc = \sum_{k=1}^{mc}\sum_{l=1}^{n}(\bar{x}_{ijk.}-\bar{x}_{ij..})^2/(mc-1)
\end{aligned}\right\} \quad (8-1)$$

dfe に関しては式（7-3），MS_a, MS_b, MS_c, MS_e に関しては式（7-4）と同じである。

表 8-1 対応のない 3 元配置法の多重比較における，F，$MS_{e.wsd}$，$df_{e.wsd}$，n_{wsd}，q の定義

変動因		F	$MS_{e.wsd}$	$df_{e.wsd}$	n_{wsd}	q
主効果	A	$F_a = MS_a/MS_e$	MS_e	df_e	$nmbmc$	q
	B	$F_b = MS_b/MS_e$	MS_e	df_e	$nmamc$	q
	C	$F_c = MS_c/MS_e$	MS_e	df_e	$nmamb$	q
単純主効果	$A[B_j]$	$F_{a.bj} = MS_{a.bj}/MS_e$	MS_e	df_e	nmc	q
	$A[C_k]$	$F_{a.ck} = MS_{a.ck}/MS_e$	MS_e	df_e	nmb	q
	$B[A_i]$	$F_{b.ai} = MS_{b.ai}/MS_e$	MS_e	df_e	nmc	q
	$B[C_k]$	$F_{b.ck} = MS_{b.ck}/MS_e$	MS_e	df_e	nma	q
	$C[A_i]$	$F_{c.ai} = MS_{c.ai}/MS_e$	MS_e	df_e	nmb	q
	$C[B_j]$	$F_{c.bj} = MS_{c.bj}/MS_e$	MS_e	df_e	nma	q
単純交互作用	$AB[C_k]$	$F_{ab.ck} = MS_{ab.ck}/MS_e$	—	—	—	—
	$AC[B_j]$	$F_{ac.bj} = MS_{ac.bj}/MS_e$	—	—	—	—
	$BC[A_i]$	$F_{bc.ai} = MS_{bc.ai}/MS_e$	—	—	—	—
単純・単純主効果	$A[B_jC_k]$	$F_{a.bjck} = MS_{a.bjck}/MS_e$	MS_e	df_e	n	q
	$B[A_iC_k]$	$F_{b.aick} = MS_{b.aick}/MS_e$	MS_e	df_e	n	q
	$C[A_iB_j]$	$F_{c.aibj} = MS_{c.aibj}/MS_e$	MS_e	df_e	n	q

表 7-1 のデータの場合であれば，表 7-4 より，主効果 A および主効果 B が 5 ％の有意水準で有意であるので，これらの要因の多重比較を行う。例えば，要因 A の場合であれば，3 つの平均値，$\bar{x}_{1...} = 6.175$，$\bar{x}_{2...} = 6.925$，$\bar{x}_{3...} = 6.6$ の多重比較を行う。WSD 検定を利用する場合には，$MS_{e.wsd} = MS_e = 0.875$，$df_{e.wsd} = 96$，$n_{wsd} = 5 \times 2 \times 4 = 40$ である。これらを利用して，WSD 検定を行うと，表 8-2 を得る（WSD 値に関しては，表 8-2 の 3f-rep0（3 要因とも対応のない場合）を参照）。$d > WSD$ であれば，該当する平均値間に 5 ％の有意水準で有意差あり。よって，6.175 と 6.925（すなわち，要因 A の水準 A_1，A_2 の平均値）の間にのみ

1. 3要因において対応のない3元配置法の場合の多重比較   83

有意差あり。表中の3f-rep1, 3f-rep3は，後述する要因Bにおいて対応のある場合，3要因において対応のある場合を意味する。

表8－2　要因Aの主効果の多重比較の結果（*は，該当する平均値間に5％の有意水準で有意差があることを意味する）

	6.6	6.925
6.175	$d = 0.425$ $WSD_2 = \begin{cases} 0.4565644 & (\text{3f-rep0}) \\ 0.5879257 & (\text{3f-rep1}) \\ 0.4047904 & (\text{3f-rep3}) \end{cases}$	$d = 0.750$ $WSD_3 = \begin{cases} 0.4979396 * & (\text{3f-rep0}) \\ 0.6437885 * & (\text{3f-rep1}) \\ 0.4480208 * & (\text{3f-rep3}) \end{cases}$
6.6		$d = 0.325$ $WSD_2 = \begin{cases} 0.4565644 & (\text{3f-rep0}) \\ 0.5879257 & (\text{3f-rep1}) \\ 0.4047904 & (\text{3f-rep3}) \end{cases}$

次に，1次の交互作用AC, BCが有意であるので，要因Cの各水準（C_k）における要因A（これを$A[C_k]$で表す）の単純主効果の検定，要因Aの各水準（A_i）における要因C（これを$C[A_i]$で表す）の単純主効果の検定，要因Cの各水準（C_k）における要因B（これを$B[C_k]$で表す）の単純主効果の検定，要因Bにおける各水準（B_j）における要因C（これを$C[B_j]$で表す）の単純主効果の検定を行う。そして，有意な単純主効果に関しては，多重比較を行う。表8－3に単純主効果の検定結果を示す。表8－3に示すように，$A[C_1]$, $A[C_3]$, $C[A_2]$, $C[A_3]$, $B[C_1]$, $B[C_2]$, $B[C_4]$, $C[B_2]$の単純主効果は，5％の有意水準ですべて有意である。よって，水準数が2である$B[C_1]$, $B[C_2]$, $B[C_4]$を除く残りの単純主効果の多重比較を行うことになる。その際のWSD検定における$MS_{e.wsd}$, $df_{e.wsd}$, n_{wsd}は，表8－1に示すとおりである。

表8－3　3要因において対応のない場合の$A[C_k]$, $C[A_i]$, $B[C_k]$, $C[B_j]$の単純主効果の検定（*は，該当する単純主効果が5％の有意水準で有意差があることを意味する）

変動因	SS	df	MS	F	P
$A[C_1]$	24.46667	2	12.23333	13.980952	0.00004690 *
$A[C_2]$	1.8	2	0.9	1.028571	0.3614231
$A[C_3]$	20.06667	2	10.03333	11.466667	0.00003423 *
$A[C_4]$	4.2	2	2.1	2.4	0.09614211
$C[A_1]$	3.875	3	1.291667	1.476190	0.2258938
$C[A_2]$	9.075	3	3.025	3.457143	0.01944304 *
$C[A_3]$	27.4	3	9.133333	10.438095	0.00000525 *
$B[C_1]$	26.133333	1	26.133333	29.866667	0.00000036 *
$B[C_2]$	14.7	1	14.7	16.8	0.00008688 *
$B[C_3]$	2.133333	1	2.133333	2.438095	0.1217106
$B[C_4]$	24.3	1	24.3	27.771429	0.00000084 *
$C[B_1]$	2.0	3	0.6666667	0.7619048	0.5181729
$C[B_2]$	7.6	3	2.5333333	2.8952381	0.0391679 *

表8－4－1から表8－4－5は，要因$A[C_1]$, $A[C_3]$, $C[A_2]$, $C[A_3]$, $C[B_2]$の多重比較の結果である（3要因において対応のない場合のWSD値は，3f-rep0の場合のWSD値を参照）。WSD値に*がついている場合は，該当する平均値間に5％の有意水準で有意差があることを意味する。表8－4－1より，5.5と7.7および6.4と7.7の間に有意差あり。

表 8 − 4 − 1　要因 $A[C_1]$ の単純主効果の多重比較（*は，該当する平均値の対が5％の有意水準で有意であることを意味する）

	6.4	7.7
5.5	$d = 0.9$ $WSD_2 = \begin{cases} 0.9131288 & (\text{3f-rep0}) \\ 0.9313894 & (\text{3f-rep1}) \\ 1.056552 & (\text{3f-rep2}) \\ 0.957136 & (\text{3f-rep3}) \end{cases}$	$d = 2.2$ $WSD_3 = \begin{cases} 0.9958792 \ * & (\text{3f-rep0}) \\ 1.0176635 \ * & (\text{3f-rep1}) \\ 1.158726 \ * & (\text{3f-rep2}) \\ 1.049895 \ * & (\text{3f-rep3}) \end{cases}$
6.4		$d = 1.3$ $WSD_2 = \begin{cases} 0.9131288 \ * & (\text{3f-rep0}) \\ 0.9313894 \ * & (\text{3f-rep1}) \\ 1.056552 \ * & (\text{3f-rep2}) \\ 0.957136 \ * & (\text{3f-rep3}) \end{cases}$

表 8 − 4 − 2　要因 $A[C_3]$ の単純主効果の多重比較（*は，該当する平均値の対が5％の有意水準で有意であることを意味する）

	6.8	7.7
5.7	$d = 1.1$ $WSD_2 = \begin{cases} 0.9131288 \ * & (\text{3f-rep0}) \\ 0.9313894 \ * & (\text{3f-rep1}) \\ 1.056552 \ * & (\text{3f-rep2}) \\ 0.957136 \ * & (\text{3f-rep3}) \end{cases}$	$d = 2.2$ $WSD_3 = \begin{cases} 0.9958792 \ * & (\text{3f-rep0}) \\ 1.0176635 \ * & (\text{3f-rep1}) \\ 1.158726 \ * & (\text{3f-rep2}) \\ 1.049895 \ * & (\text{3f-rep3}) \end{cases}$
6.8		$d = 1.3$ $WSD_2 = \begin{cases} 0.9131288 \ * & (\text{3f-rep0}) \\ 0.9313894 \ * & (\text{3f-rep1}) \\ 1.056552 \ * & (\text{3f-rep2}) \\ 0.957136 \ * & (\text{3f-rep3}) \end{cases}$

表 8 − 4 − 3　要因 $C[A_2]$ の単純主効果の多重比較（*は，該当する平均値の対が5％の有意水準で有意であることを意味する）

	6.8	6.8	7.7
6.4	$d = 0.4$ $WSD_2 = \begin{cases} 0.9620735 & (\text{3f-rep0}) \\ 0.8794493 & (\text{3f-rep1}) \\ 1.0067815 & (\text{3f-rep2}) \\ 0.9553054 & (\text{3f-rep3}) \end{cases}$	$d = 0.4$ $WSD_3 = \begin{cases} 1.0448238 & (\text{3f-rep0}) \\ 0.9554695 & (\text{3f-rep1}) \\ 1.0067815 & (\text{3f-rep2}) \\ 1.0419905 & (\text{3f-rep3}) \end{cases}$	$d = 1.3$ $WSD_4 = \begin{cases} 1.0937685 & (\text{3f-rep0}) \\ 1.0005378 \ * & (\text{3f-rep1}) \\ 1.0555633 \ * & (\text{3f-rep2}) \\ 0.0944633 & (\text{3f-rep3}) \end{cases}$
6.8		$d = 0.0$ $WSD_2 = \begin{cases} 0.9620735 & (\text{3f-rep0}) \\ 0.8794493 & (\text{3f-rep1}) \\ 1.0067815 & (\text{3f-rep2}) \\ 0.9553054 & (\text{3f-rep3}) \end{cases}$	$d = 0.9$ $WSD_3 = \begin{cases} 1.0448238 & (\text{3f-rep0}) \\ 0.9554695 & (\text{3f-rep1}) \\ 1.0067815 & (\text{3f-rep2}) \\ 1.0419905 & (\text{3f-rep3}) \end{cases}$
6.8			$d = 0.9$ $WSD_2 = \begin{cases} 0.9620735 & (\text{3f-rep0}) \\ 0.8794493 & (\text{3f-rep1}) \\ 1.0067815 & (\text{3f-rep2}) \\ 0.9553054 & (\text{3f-rep3}) \end{cases}$

表8-4-4 要因$C[A_3]$の単純主効果の多重比較(*は,該当する平均値の対が5％の有意水準で有意であることを意味する)

	6.2	7	7.7
5.5	$d = 0.7$ $WSD_2 = \begin{cases} 0.9620735 & (3f\text{-}rep0) \\ 0.8794493 & (3f\text{-}rep1) \\ 0.9252197 & (3f\text{-}rep2) \\ 0.9553054 & (3f\text{-}rep3) \end{cases}$	$d = 1.5$ $WSD_3 = \begin{cases} 1.0448238 * & (3f\text{-}rep0) \\ 0.9554695 * & (3f\text{-}rep1) \\ 1.0067815 * & (3f\text{-}rep2) \\ 1.0419905 * & (3f\text{-}rep3) \end{cases}$	$d = 2.2$ $WSD_4 = \begin{cases} 1.0937685 * & (3f\text{-}rep0) \\ 1.0005378 * & (3f\text{-}rep1) \\ 1.0555633 * & (3f\text{-}rep2) \\ 0.0944633 * & (3f\text{-}rep3) \end{cases}$
6.2		$d = 0.8$ $WSD_2 = \begin{cases} 0.9620735 & (3f\text{-}rep0) \\ 0.8794493 & (3f\text{-}rep1) \\ 0.9252197 & (3f\text{-}rep2) \\ 0.9553054 & (3f\text{-}rep3) \end{cases}$	$d = 1.5$ $WSD_3 = \begin{cases} 1.0448238 * & (3f\text{-}rep0) \\ 0.9554695 * & (3f\text{-}rep1) \\ 1.0067815 * & (3f\text{-}rep2) \\ 1.0419905 * & (3f\text{-}rep3) \end{cases}$
7			$d = 0.7$ $WSD_2 = \begin{cases} 0.9620735 & (3f\text{-}rep0) \\ 0.8794493 & (3f\text{-}rep1) \\ 0.9252197 & (3f\text{-}rep2) \\ 0.9553054 & (3f\text{-}rep3) \end{cases}$

表8-4-5 要因$C[B_2]$の単純主効果の多重比較(*は,該当する平均値の対が5％の有意水準で有意であることを意味する)

	5.6	5.8	6.466667
5.6		$d = 0.2$ $WSD_3 = \begin{cases} 0.8530951 & (3f\text{-}rep0) \\ 0.7801375 & (3f\text{-}rep1) \\ 0.8279583 & (3f\text{-}rep2) \\ 0.6249356 & (3f\text{-}rep3) \end{cases}$	$d = 0.8666667$ $WSD_4 = \begin{cases} 0.8930582 & (3f\text{-}rep0) \\ 0.8169357 * & (3f\text{-}rep1) \\ 0.8680756 & (3f\text{-}rep2) \\ 0.6583110 * & (3f\text{-}rep3) \end{cases}$
5.6		$d = 0.2$ $WSD_2 = \begin{cases} 0.7855297 & (3f\text{-}rep0) \\ 0.7180674 & (3f\text{-}rep1) \\ 0.7608834 & (3f\text{-}rep2) \\ 0.5707157 & (3f\text{-}rep3) \end{cases}$	$d = 0.8666667$ $WSD_3 = \begin{cases} 0.8530951 * & (3f\text{-}rep0) \\ 0.7801375 * & (3f\text{-}rep1) \\ 0.8279583 * & (3f\text{-}rep2) \\ 0.6249356 * & (3f\text{-}rep3) \end{cases}$
5.8			$d = 0.6666667$ $WSD_2 = \begin{cases} 0.7855297 & (3f\text{-}rep0) \\ 0.7180674 & (3f\text{-}rep1) \\ 0.7608834 & (3f\text{-}rep2) \\ 0.5707157 * & (3f\text{-}rep3) \end{cases}$

そして,最後に,2次の交互作用ABCが有意であるので,単純交互作用の検定を行うことになる。単純交互作用が有意である場合は,単純・単純主効果の検定を行う。単純交互作用の計算式は,以下のようになる。

$$\left. \begin{array}{l} F_{ab.ck} = MS_{ab.ck}/MS_e \\ F_{ac.bj} = MS_{ac.bj}/MS_e \\ F_{bc.ai} = MS_{bc.ai}/MS_e \end{array} \right\} \quad (8-2)$$

$$MS_{ab.ck} = \sum_{i=1}^{ma} \sum_{j=1}^{mb} \sum_{l=1}^{n} (\bar{x}_{ijk.} - \bar{x}_{i.k.} - \bar{x}_{.jk.} + \bar{x}_{..k.})^2 / df_{ab}$$

$$= n \sum_{i=1}^{ma} \sum_{j=1}^{mb} (\bar{x}_{ijk.} - \bar{x}_{i.k.} - \bar{x}_{.jk.} + \bar{x}_{..k.})^2 / df_{ab} \quad (8-3)$$

であるので,表8-5を作成し,$(\bar{x}_{ijk.} - \bar{x}_{i.k.} - \bar{x}_{.jk.} + \bar{x}_{..k.})^2$を計算し,$k = 1$の場合について合計し,$n$倍すると,$SS_{ab.c_1}$の値となる。$MS_e = 0.875$であるので,$F_{ab.c_1} = 8.866667/2/0.875 = 5.066667$。分子の自由度は2,分母の自由度は96であるので,$P = 0.00809343$。よって,水準C_1における要因A, Bの単純交互作用 ($AB[C_1]$) は,5％の有意水準で有意差あり。

表 8 - 5 単純交互作用 AB[Ck]の計算手順

i	j	k	$\bar{x}_{ijk.}$	$\bar{x}_{i.k.}$	$\bar{x}_{.jk.}$	$\bar{x}_{..k.}$	$(\bar{x}_{ijk.}-\bar{x}_{i.k.}-\bar{x}_{.jk.}+\bar{x}_{..k.})$	$(\bar{x}_{ijk.}-\bar{x}_{i.k.}-\bar{x}_{.jk.}+\bar{x}_{..k.})^2$
1	1	1	7	6.4	7.466667	6.533333	−0.33333	0.111112
		2	7.2	6.5	7.2	6.5	0	0
		3	5.8	5.7	7	6.733333	−0.16667	0.027778
		4	7.2	6.1	7.4	6.5	0.2	0.04
1	2	1	5.8	6.4	5.6	6.533333	0.333333	0.111111
		2	5.8	6.5	5.8	6.5	0	0
		3	5.6	5.7	6.466667	6.733333	0.166666	0.027778
		4	5	6.1	5.6	6.5	−0.2	0.04
2	1	1	8.2	7.7	7.466667	6.533333	−0.43333	0.187778
		2	8	6.8	7.2	6.5	0.5	0.25
		3	7	6.8	7	6.733333	−0.06667	0.004444
		4	7.8	6.4	7.4	6.5	0.5	0.25
2	2	1	7.2	7.7	5.6	6.533333	0.433333	0.187777
		2	5.6	6.8	5.8	6.5	−0.5	0.25
		3	6.6	6.8	6.466667	6.733333	0.066666	0.004444
		4	5	6.4	5.6	6.5	−0.5	0.25
3	1	1	7.2	5.5	7.466667	6.533333	0.766666	0.587777
		2	6.4	6.2	7.2	6.5	0.5	0.25
		3	8.2	7.7	7	6.733333	0.233333	0.054444
		4	7.2	7	7.4	6.5	−0.7	0.49
3	2	1	3.8	5.5	5.6	6.533333	−0.76667	0.587778
		2	6	6.2	5.8	6.5	0.5	0.25
		3	7.2	7.7	6.466667	6.733333	−0.23333	0.054445
		4	6.8	7	5.6	6.5	0.7	0.49
計								4.506667

同様にして，残りの単純交互作用の検定をすると，表 8 − 6 を得る。

表 8 − 6 3要因において対応のない場合の AB[Ck], AC[Bj], BC[Ai]の単純交互作用の検定 (*は，該当する交互作用が 5％の有意水準で有意であることを意味する)

変動因	SS	df	MS	F	P
単純交互作用 A B					
$AB[C_1]$	8.866667	2	4.4333333	5.066667	0.00809343 *
$AB[C_2]$	5	2	2.5	2.8571429	0.06232832
$AB[C_3]$	0.8666667	2	0.4333333	0.4952381	0.61097409
$AB[C_4]$	7.8	2	3.9	4.4571429	0.01409149 *
単純交互作用 AC					
$AC[B_1]$	17.1	6	2.85	3.257143	0.00586688 *
$AC[B_2]$	43.7	6	7.283333	8.32381	0.00000029 *
単純交互作用 BC					
$BC[A_1]$	5.075	3	1.691667	1.933333	0.129342092
$BC[A_2]$	9.675	3	3.225	3.685714	0.014631396 *
$BC[A_3]$	15.3	3	5.1	5.828571	0.001058593 *

表 8 − 6 より $AB[C_2]$, $AB[C_3]$, $BC[A_1]$以外の単純交互作用は，5％の有意水準で有意であるので，有意な単純交互作用に関しては，単純・単純主効果の検定を行う。例えば，$AB[C_1]$ の場合であれば，表 8 − 7 に示すような表を作成する。そして，$A[B_1C_1]$，$A[B_2C_1]$ および $B[A_1C_1]$，$B[A_2C_1]$，$B[A_3C_1]$ の単純・単純主効果の検定を行う。例えば，$A[B_1C_1]$ の場合であれば，表 8 − 1 より，$F_{a.b_1c_1} = MS_{a.b_1c_1}/MS_e$ を使用して検定を行うことになる。$MS_{a.b_1c_1} = SS_{a.b_1c_1}/df_a = \sum_{i=1}^{ma}\sum_{l=1}^{n}(\bar{x}_{i11.}-\bar{x}_{.11.})^2/(ma-1) = 5 \times ((7-7.4666666)^2 + (8.2-7.4666666)^2 + (7.2-7.4666666)^2)/2 = 2.066667$ であるので，$F_{a.b_1c_1} = 2.066667/0.875 = 2.361905$ を得る。このとき，$P_{a.b_1c_1} = 0.09969568$ であるので，5％有意水準で有意差なしということになる。同様にして，残りの単純・単純主効果の検定を行えばよい。表 8 − 8 には，単純・単純主効果の検定

結果が示されている。そして，単純・単純主効果において有意な場合は，さらに多重比較を行う。例えば，$A[B_2C_1]$（B_2C_1条件における要因Aの単純・単純主効果）は，有意であるので，$\bar{x}_{121.} = 5.8, \bar{x}_{221.} = 7.2, \bar{x}_{321.} = 3.8$（表8－7より）の3つの平均値の比較を行う。この場合，$MS_{e.wsd} = 96$，$n_{wsd} = 5$を使用すればよい。表8－9は，$A[B_jC_k]$に関する多重比較の結果を示す。表8－9－1は，要因$A[B_1C_2]$の場合の多重比較で，3つの平均値間（6.4, 7.2, 8）の多重比較の結果を示す。表中のdは，比較する2つの平均値の差を意味し，WSDは，当該の2つの平均値を比較する際のWSD値で，WSD値の添え字は，ステップ数を意味する。$d > $WSDのとき，2つの平均値の間に5％の有意水準で有意差があり，そのとき，WSD値に＊が記されている（3要因とも対応のない場合は，3f-rep0のWSD値を参照）。要因$A[B_2C_4]$の単純・単純主効果の多重比較の結果を示す表8－9－5において，比較する3つの平均値は，5.0, 5.0, 6.8である。このように同じ値の平均値が存在する場合，同じ平均値の比較であってもステップ数が異なるので，対応するWSD値も異なってしまう。表8－9－5の場合であれば，5.0と6.8の比較に際して，2つのWSD値（$WSD_3 = 1.408386$，$WSD_2 = 1.291359$）が存在する。この例の場合には，いずれのWSD値の場合でも$d > $WSDであるので，2つの平均値の間に5％の有意水準で有意差があることになるが，一方の平均値の比較の場合は有意であるが，もう1つの平均値の比較の場合は，有意でないような状況が生じる場合もある。

表8－7 C_1条件のみの被験者より計算された条件A_iB_jの平均値

	$B_1.C_1$	$B_2.C_1$	$\bar{x}_{i.1.}$
$A_1.C_1$	7	5.8	6.4
$A_2.C_1$	8.2	7.2	7.7
$A_3.C_1$	7.2	3.8	5.5
$\bar{x}_{.j1.}$	7.4666666	5.6	6.5333333

表8－8 3要因において対応のない場合の単純・単純主効果の検定（＊は，該当する単純・単純主効果が5％の有意水準で有意であることを意味する）

変動因	SS	df	MS	F	P
$A[B_1C_1]$	4.133333	2	2.066667	2.361905	0.09969568
$A[B_1C_2]$	6.4	2	3.2	3.657143	0.02946599 ＊
$A[B_1C_3]$	14.4	2	7.2	8.228571	0.0005030846 ＊
$A[B_1C_4]$	1.2	2	0.6	0.6857143	0.5061802
$A[B_2C_1]$	29.2	2	14.6	16.6857	0.0000006 ＊
$A[B_2C_2]$	0.4	2	0.2	0.2285714	0.7961012
$A[B_2C_3]$	6.533333	2	3.266667	3.733333	0.02745347 ＊
$A[B_2C_4]$	10.8	2	5.4	6.171429	0.003010271 ＊
$B[A_1C_1]$	3.6	1	3.6	4.114286	0.04529265 ＊
$B[A_1C_2]$	4.9	1	4.9	5.6	0.01996887 ＊
$B[A_1C_3]$	0.1	1	0.1	0.1142857	0.7360549
$B[A_1C_4]$	12.1	1	12.1	13.82857	0.00033701 ＊
$B[A_2C_1]$	2.5	1	2.5	2.857143	0.09421367
$B[A_2C_2]$	14.4	1	14.4	16.45714	0.00010134 ＊
$B[A_2C_3]$	0.4	1	0.4	0.4571429	0.500588
$B[A_2C_4]$	19.6	1	19.6	22.4	0.00000762 ＊
$B[A_3C_1]$	28.9	1	28.9	33.02857	0.00000011 ＊
$B[A_3C_2]$	0.4	1	0.4	0.4571429	0.500588
$B[A_3C_3]$	2.5	1	2.5	2.857143	0.09421367
$B[A_3C_4]$	0.4	1	0.4	0.4571429	0.500588
$C[A_1B_1]$	6.8	3	2.266667	2.590476	0.05726678
$C[A_1B_2]$	2.15	3	0.7166667	0.8190476	0.4864567
$C[A_2B_1]$	4.15	3	1.383333	1.580952	0.1990147
$C[A_2B_2]$	14.6	3	4.866667	5.561905	0.001460739 ＊
$C[A_3B_1]$	8.15	3	2.716667	3.104762	0.03016184 ＊
$C[A_3B_2]$	34.55	3	11.51667	13.1619	0.00000029 ＊

表8－9－1　要因 $A[B_1C_2]$ の単純・単純主効果の多重比較（*は，該当する平均対が5％の有意水準で有意であることを意味する）

	7.2	8
6.4	$d = 0.8$ $WSD_2 = \begin{cases} 1.291359 & (\text{3f-rep0}) \\ 1.331011 & (\text{3f-rep1}) \\ 1.364997 & (\text{3f-rep2}) \\ 0.9730368 & (\text{3f-rep3}) \end{cases}$	$d = 1.6$ $WSD_3 = \begin{cases} 1.408386\ * & (\text{3f-rep0}) \\ 1.455692\ * & (\text{3f-rep1}) \\ 1.496294\ * & (\text{3f-rep2}) \\ 1.0683322\ * & (\text{3f-rep3}) \end{cases}$
7.2		$d = 0.8$ $WSD_2 = \begin{cases} 1.291359 & (\text{3f-rep0}) \\ 1.331011 & (\text{3f-rep1}) \\ 1.364997 & (\text{3f-rep2}) \\ 0.9730368 & (\text{3f-rep3}) \end{cases}$

表8－9－2　要因 $A[B_1C_3]$ の単純・単純主効果の多重比較（*は，該当する平均対が5％の有意水準で有意であることを意味する）

	7	8.2
5.8	$d = 1.2$ $WSD_2 = \begin{cases} 1.291359 & (\text{3f-rep0}) \\ 1.331011 & (\text{3f-rep1}) \\ 1.364997 & (\text{3f-rep2}) \\ 0.9730368\ * & (\text{3f-rep3}) \end{cases}$	$d = 2.4$ $WSD_3 = \begin{cases} 1.408386\ * & (\text{3f-rep0}) \\ 1.455692\ * & (\text{3f-rep1}) \\ 1.496294\ * & (\text{3f-rep2}) \\ 1.06833322\ * & (\text{3f-rep3}) \end{cases}$
7		$d = 1.2$ $WSD_2 = \begin{cases} 1.291359 & (\text{3f-rep0}) \\ 1.331011 & (\text{3f-rep1}) \\ 1.364997 & (\text{3f-rep2}) \\ 0.9730368\ * & (\text{3f-rep3}) \end{cases}$

表8－9－3　要因 $A[B_2C_1]$ の単純・単純主効果の多重比較（*は，該当する平均対が5％の有意水準で有意であることを意味する）

	5.8	7.2
3.8	$d = 2$ $WSD_2 = \begin{cases} 1.291359\ * & (\text{3f-rep0}) \\ 1.331011\ * & (\text{3f-rep1}) \\ 1.364997\ * & (\text{3f-rep2}) \end{cases}$	$d = 3.4$ $WSD_3 = \begin{cases} 1.408386\ * & (\text{3f-rep0}) \\ 1.455692\ * & (\text{3f-rep1}) \\ 1.496294\ * & (\text{3f-rep2}) \end{cases}$
5.8		$d = 1.4$ $WSD_2 = \begin{cases} 1.291359\ * & (\text{3f-rep0}) \\ 1.331011\ * & (\text{3f-rep1}) \\ 1.364997\ * & (\text{3f-rep2}) \end{cases}$

表8－9－4　要因 $A[B_2C_3]$ の単純・単純主効果の多重比較（*は，該当する平均対が5％の有意水準で有意であることを意味する）

	7	8.2
5.6	$d = 1$ $WSD_2 = \begin{cases} 1.291359 & (\text{3f-rep0}) \\ 1.331011 & (\text{3f-rep1}) \\ 1.364997 & (\text{3f-rep2}) \\ 0.9730368 & (\text{3f-rep3}) \end{cases}$	$d = 1.6$ $WSD_3 = \begin{cases} 1.408386\ * & (\text{3f-rep0}) \\ 1.455692\ * & (\text{3f-rep1}) \\ 1.496294\ * & (\text{3f-rep2}) \\ 1.06833322\ * & (\text{3f-rep3}) \end{cases}$
6.6		$d = 0.6$ $WSD_2 = \begin{cases} 1.291359 & (\text{3f-rep0}) \\ 1.331011 & (\text{3f-rep1}) \\ 1.364997 & (\text{3f-rep2}) \\ 0.9730368 & (\text{3f-rep3}) \end{cases}$

1. 3要因において対応のない3元配置法の場合の多重比較

表8－9－5　要因 $A[B_2C_4]$ の単純・単純主効果の多重比較（＊は，該当する平均対が5％の有意水準で有意であることを意味する）

	5	6.8
5		$d = 1.8$ $WSD_3 = \begin{cases} 1.408386 * & (\text{3f-rep0}) \\ 1.455692 * & (\text{3f-rep1}) \\ 1.496294 * & (\text{3f-rep2}) \end{cases}$
5		$d = 1.8$ $WSD_2 = \begin{cases} 1.291359 * & (\text{3f-rep0}) \\ 1.331011 * & (\text{3f-rep1}) \\ 1.364997 * & (\text{3f-rep2}) \end{cases}$

表8－10－1　要因 $C[A_1B_1]$ の単純・単純主効果の多重比較（＊は，該当する平均対が5％の有意水準で有意であることを意味する）

	7	7.2	7.2
5.8	$d = 1.2$ $WSD_2 = \begin{cases} 1.243729 & (\text{3f-rep1}) \\ 1.270036 & (\text{3f-rep2}) \\ 1.000535 * & (\text{3f-rep3}) \end{cases}$	$d = 1.4$ $WSD_3 = \begin{cases} 1.351238 * & (\text{3f-rep1}) \\ 1.381995 * & (\text{3f-rep2}) \\ 1.091497 * & (\text{3f-rep3}) \end{cases}$	$d = 1.4$ $WSD_4 = \begin{cases} 1.351238 * & (\text{3f-rep1}) \\ 1.448957 & (\text{3f-rep2}) \\ 1.146588 * & (\text{3f-rep3}) \end{cases}$
7		$d = 0.2$ $WSD_2 = \begin{cases} 1.243729 & (\text{3f-rep1}) \\ 1.270036 & (\text{3f-rep2}) \\ 1.000535 & (\text{3f-rep3}) \end{cases}$	$d = 0.2$ $WSD_3 = \begin{cases} 1.351238 & (\text{3f-rep1}) \\ 1.381995 & (\text{3f-rep2}) \\ 1.091497 & (\text{3f-rep3}) \end{cases}$
7.2			

表8－10－2　要因 $C[A_2B_1]$ の多重比較（＊は，該当する平均対が5％の有意水準で有意であることを意味する）

	7.8	8	8.2
7	$d = 0.8$ $WSD_2 = 1.000535$　（3f-rep3）	$d = 1$ $WSD_3 = 1.091497$　（3f-rep3）	$d = 1.2$ $WSD_4 = 1.146588 *$　（3f-rep3）
7.8		$d = 0.2$ $WSD_2 = 1.000535$　（3f-rep3）	$d = 0.4$ $WSD_3 = 1.091497$　（3f-rep3）
8			$d = 0.2$ $WSD_2 = 1.000535$　（3f-rep3）

表8－10－3　要因 $C[A_2B_2]$ の単純・単純主効果の多重比較（＊は，該当する平均対が5％の有意水準で有意であることを意味する）

	5.6	6.6	7.2
5	$d = 0.6$ $WSD_2 = \begin{cases} 1.360577 & (\text{3f-rep0}) \\ 1.243729 & (\text{3f-rep1}) \\ 1.270036 & (\text{3f-rep2}) \end{cases}$	$d = 1.6$ $WSD_3 = \begin{cases} 1.477604 * & (\text{3f-rep0}) \\ 1.351238 * & (\text{3f-rep1}) \\ 1.381995 * & (\text{3f-rep2}) \end{cases}$	$d = 2.2$ $WSD_4 = \begin{cases} 1.546822 * & (\text{3f-rep0}) \\ 1.414974 * & (\text{3f-rep1}) \\ 1.448957 * & (\text{3f-rep2}) \end{cases}$
5.6		$d = 1$ $WSD_2 = \begin{cases} 1.360577 & (\text{3f-rep0}) \\ 1.243729 & (\text{3f-rep1}) \\ 1.270036 & (\text{3f-rep2}) \end{cases}$	$d = 1.6$ $WSD_3 = \begin{cases} 1.477604 * & (\text{3f-rep0}) \\ 1.351238 * & (\text{3f-rep1}) \\ 1.381995 * & (\text{3f-rep2}) \end{cases}$
6.6			$d = 0.6$ $WSD_2 = \begin{cases} 1.360577 & (\text{3f-rep0}) \\ 1.243729 & (\text{3f-rep1}) \\ 1.270036 & (\text{3f-rep2}) \end{cases}$

表8－10－4　要因 $C[A_3B_1]$ の単純・単純主効果の多重比較 (*は，該当する平均対が5％の有意水準で有意であることを意味する)

	7.2	7.2	8.2
6.4	$d=0.8$　$WSD_2 = \begin{cases} 1.360577 & (3\text{f-rep0}) \\ 1.243729 & (3\text{f-rep1}) \\ 1.270036 & (3\text{f-rep2}) \\ 1.000535 & (3\text{f-rep3}) \end{cases}$	$d=0.8$　$WSD_3 = \begin{cases} 1.477604 & (3\text{f-rep0}) \\ 1.351238 & (3\text{f-rep1}) \\ 1.381995 & (3\text{f-rep2}) \\ 1.091497 & (3\text{f-rep3}) \end{cases}$	$d=1.8$　$WSD_4 = \begin{cases} 1.546822* & (3\text{f-rep0}) \\ 1.414974* & (3\text{f-rep1}) \\ 1.448957* & (3\text{f-rep2}) \\ 1.146588* & (3\text{f-rep3}) \end{cases}$
7.2			$d=1$　$WSD_3 = \begin{cases} 1.477604 & (3\text{f-rep0}) \\ 1.351238 & (3\text{f-rep1}) \\ 1.381995 & (3\text{f-rep2}) \\ 1.091497 & (3\text{f-rep3}) \end{cases}$
7.2			$d=1$　$WSD_2 = \begin{cases} 1.360577 & (3\text{f-rep0}) \\ 1.243729 & (3\text{f-rep1}) \\ 1.270036 & (3\text{f-rep2}) \\ 1.000535 & (3\text{f-rep3}) \end{cases}$

表8－10－5　要因 $C[A_3B_2]$ の単純・単純主効果の多重比較 (*は，該当する平均対が5％の有意水準で有意であることを意味する)

	6	6.8	7.2
3.8	$d=2.2$　$WSD_2 = \begin{cases} 1.360577* & (3\text{f-rep0}) \\ 1.243729* & (3\text{f-rep1}) \\ 1.270036* & (3\text{f-rep2}) \\ 1.000535* & (3\text{f-rep3}) \end{cases}$	$d=3$　$WSD_3 = \begin{cases} 1.477604* & (3\text{f-rep0}) \\ 1.351238* & (3\text{f-rep1}) \\ 1.381995* & (3\text{f-rep2}) \\ 1.091497* & (3\text{f-rep3}) \end{cases}$	$d=3.4$　$WSD_4 = \begin{cases} 1.546822* & (3\text{f-rep0}) \\ 1.414974* & (3\text{f-rep1}) \\ 1.448957* & (3\text{f-rep2}) \\ 1.146588* & (3\text{f-rep3}) \end{cases}$
6		$d=0.8$　$WSD_2 = \begin{cases} 1.360577 & (3\text{f-rep0}) \\ 1.243729 & (3\text{f-rep1}) \\ 1.270036 & (3\text{f-rep2}) \\ 1.000535 & (3\text{f-rep3}) \end{cases}$	$d=1.2$　$WSD_3 = \begin{cases} 1.477604 & (3\text{f-rep0}) \\ 1.351238 & (3\text{f-rep1}) \\ 1.381995 & (3\text{f-rep2}) \\ 1.091497* & (3\text{f-rep3}) \end{cases}$
6.8			$d=0.4$　$WSD_2 = \begin{cases} 1.360577 & (3\text{f-rep0}) \\ 1.243729 & (3\text{f-rep1}) \\ 1.270036 & (3\text{f-rep2}) \\ 1.000535 & (3\text{f-rep3}) \end{cases}$

2. 対応のある場合の下位検定および多重比較

　　対応のある場合の下位検定および，多重比較は，手続き的には，対応のない場合と同じであるが，下位検定および多重比較で使用される誤差が異なることと，q の代わりに修正された q である q' を使用する場合があることである。表8－8に要因 C において対応のある場合の下位検定および多重比較のときの，$MS_{e.wsd}$，$df_{e.wsd}$，n_{wsd} が示されているように，何を下位検定するかに依存して，誤差の定義が異なるのである。そして，q' は，誤差が $MS_{e.pool}$ の場合に使用される。これは，2つ以上の条件の誤差を1つにまとめる（プールするという）ことによって得られた誤差を示す。例えば，単純主効果の検定において，$A[B_j]$ の場合は，$MS_{e.ab}$ が使用されるが，$A[C_k]$ の場合は，$MS_{e.pool}$ が使用される。これは，要因 A と要因 C では，誤差の種類が異なるからである。$MS_{e.pool}$ は，

$$MS_{e.pool} = (SS_{e.ab} + SS_{e.c})/df_{e.pool}$$
$$df_{e.pool} = df_{e.ab} + df_{e.c} \tag{8－4}$$

で定義される。そして，

2. 対応のある場合の下位検定および多重比較　91

$$q' = \{q_{ab}MS_{e.ab} + q_c MS_{e.c}(m_c - 1)\} / \{MS_{e.ab} + MS_{e.c}(m_c - 1)\} \quad (8-5)$$

で定義される．ただし，q_{ab} は $MS_{e.ab}$ の自由度における q 値，q_c は $MS_{e.c}$ の自由度における q 値を表す．$df_{e.ab}$, $df_{e.c}$ に関しては式（7-9），$MS_{e.ab}$, $MS_{e.c}$ に関しては，式（7-10）と同じである．$MS_{a.bj}$, $MS_{a.ck}$, $MS_{b.ai}$, $MS_{b.ck}$, $MS_{c.ai}$, $MS_{c.bj}$, $MS_{ab.ck}$, $MS_{ac.bj}$, $MS_{bc.ai}$, $MS_{a.bjck}$, $MS_{b.aick}$, $MS_{c.aibj}$ に関しては式（8-1）と同じである．

表8-11　1要因（要因 C）において対応のある3元配置法の多重比較における F, $MS_{e.wsd}$, $df_{e.wsd}$, n_{wsd}, q, q' の定義

変動因		F	$MS_{e.wsd}$	$df_{e.wsd}$	n_{wsd}	q or q'
主効果	A	$F_a = MS_a/MS_{e.ab}$	$MS_{e.ab}$	$df_{e.ab}$	nm_bm_c	q_{ab}
	B	$F_b = MS_b/MS_{e.ab}$	$MS_{e.ab}$	$df_{e.ab}$	nm_am_c	q_{ab}
	C	$F_c = MS_c/MS_{e.c}$	$MS_{e.c}$	$df_{e.c}$	nm_am_b	q_c
単純主効果	$A[B_j]$	$F_{a.bj} = MS_{a.bj}/MS_{e.ab}$	$MS_{e.ab}$	$df_{e.ab}$	nm_c	q_{ab}
	$A[C_k]$	$F_{a.ck} = MS_{a.ck}/MS_{e.pool}$	$MS_{e.pool}$	$df_{e.pool}$	nm_b	q'
	$B[A_i]$	$F_{b.ai} = MS_{b.ai}/MS_{e.ab}$	$MS_{e.ab}$	$df_{e.ab}$	nm_c	q_{ab}
	$B[C_k]$	$F_{b.ck} = MS_{b.ck}/MS_{e.pool}$	$MS_{e.pool}$	$df_{e.pool}$	nm_a	q'
	$C[A_i]$	$F_{c.ai} = MS_{c.ai}/MS_{e.c}$	$MS_{e.c}$	$df_{e.c}$	nm_b	q_c
	$C[B_j]$	$F_{c.bj} = MS_{c.bj}/MS_{e.c}$	$MS_{e.c}$	$df_{e.c}$	nm_a	q_c
単純交互作用	$AB[C_k]$	$F_{ab.ck} = MS_{ab.ck}/MS_{e.pool}$	—	—	—	—
	$AC[B_j]$	$F_{ac.bj} = MS_{ac.bj}/MS_{e.c}$	—	—	—	—
	$BC[A_i]$	$F_{bc.ai} = MS_{bc.ai}/MS_{e.c}$	—	—	—	—
単純・単純主効果	$A[B_jC_k]$	$F_{a.bjck} = MS_{a.bjck}/MS_{e.pool}$	$MS_{e.pool}$	$df_{e.pool}$	n	q'
	$B[A_iC_k]$	$F_{b.aick} = MS_{b.aick}/MS_{e.pool}$	$MS_{e.pool}$	$df_{e.pool}$	n	q'
	$C[A_iB_j]$	$F_{c.aibj} = MS_{c.aibj}/MS_{e.c}$	$MS_{e.c}$	$df_{e.c}$	n	q_c

表7-5より，要因 C において，対応のある3元配置法の場合，主効果 A, 主効果 B, 交互作用 AC, BC, ABC が5％の有意水準で有意である．そこで，主効果 A に関しては，多重比較を行うと，表8-2の3f-rep1で示される結果を得る．主効果 B に関しては，水準数が2であるので，多重比較を行う必要はない．そして，1次の交互作用 AC, BC が有意であるので，単純主効果の検定を行うと，表8-12を得る．表8-12より $A[C_2]$, $A[C_4]$, $C[A_1]$, $B[C_3]$, $C[B_1]$ 以外の単純主効果は，5％の有意水準で有意である．そこで，有意である単純主効果に関して多重比較を行うと，表8-4の3f-rep1で示される結果を得る．さらに，2次の交互作用 ABC が有意であるので，単純交互作用の検定を行うと，表8-13を得る．表8-13において，単純交互作用が5％の有意水準で有意な場合の単純・単純主効果の検定を行うと，表8-14を得る．そして，表8-14の結果をもとに単純・単純主効果の多重比較を行い，表8-9，表8-10の3f-rep1で示される結果を得る．

表8-12　要因 C において対応のある場合の $A[C_k]$, $C[A_i]$, $B[C_k]$, $C[B_j]$ の単純主効果（＊は，該当する単純主効果が5％の有意水準で有意であることを意味する）

変動因	SS	df	MS	F	P
$A[C_1]$	24.46667	2	12.23333	13.980952	0.00000469 *
$A[C_2]$	1.8	2	0.9	1.028571	0.3614231
$A[C_3]$	20.06667	2	10.03333	11.466667	0.00003423 *
$A[C_4]$	4.2	2	2.1	2.4	0.09614211
$C[A_1]$	3.875	3	1.291667	1.785029	0.1576741
$C[A_2]$	9.075	3	3.025	4.180422	0.00872361 *
$C[A_3]$	27.4	3	9.133333	12.621881	0.00000102 *
$B[C_1]$	26.133333	1	26.133333	29.866667	0.00000036 *
$B[C_2]$	14.7	1	14.7	16.8	0.00008688 *
$B[C_3]$	2.133333	1	2.133333	2.438095	0.121706
$B[C_4]$	24.3	1	24.3	27.771429	0.00000084 *
$C[B_1]$	2	3	0.6666667	0.9213052	0.4350097
$C[B_2]$	7.6	3	2.5333333	3.5009597	0.01969558 *

表8−13 要因 C において対応のある場合の $AB[C_k]$, $AC[B_j]$, $BC[A_i]$ の単純交互作用の検定（*は，該当する単純交互作用が5%の有意水準で有意であることを意味する）

変動因	SS	df	MS	F	P
$AB[C_1]$	8.8666667	2	4.4333333	5.0666667	0.00809343 *
$AB[C_2]$	5	2	2.5	2.8571429	0.06232832
$AB[C_3]$	0.8666667	2	0.4333333	0.4952381	0.61097409
$AB[C_4]$	7.8	2	3.9	4.4571429	0.01409149 *
$AC[B_1]$	17.1	6	2.85	3.93858	0.00184578 *
$AC[B_2]$	43.7	6	7.283333	10.06526	0.00000005 *
$BC[A_1]$	5.075	3	1.691667	2.337812	0.08072095
$BC[A_2]$	9.675	3	3.225	4.456814	0.00628279 *
$BC[A_3]$	15.3	3	5.1	7.047985	0.00032083 *

表8−14 要因 C において対応のある場合の $A[B_jC_k]$, $B[A_iC_k]$, $C[A_iB_j]$ の単純・単純主効果の検定（*は，該当する単純・単純主効果が5%の有意水準で有意であることを意味する）

変動因	SS	df	MS	F	P
$A[B_1C_1]$	4.133333	2	2.066667	2.361905	0.09969568
$A[B_1C_2]$	6.4	2	3.2	3.657143	0.02946599 *
$A[B_1C_3]$	14.4	2	7.2	8.228571	0.00050308 *
$A[B_1C_4]$	1.2	2	0.6	0.6857143	0.5061802
$A[B_2C_1]$	29.2	2	14.6	16.68571	0.0000006 *
$A[B_2C_2]$	0.4	2	0.2	0.2285714	0.7961012
$A[B_2C_3]$	6.533333	2	3.266667	3.733333	0.02745347 *
$A[B_2C_4]$	10.8	2	5.4	6.171429	0.00301027 *
$B[A_1C_1]$	3.6	1	3.6	4.114286	0.04529265 *
$B[A_1C_2]$	4.9	1	4.9	5.6	0.01996887 *
$B[A_1C_3]$	0.1	1	0.1	0.1142857	0.7360549
$B[A_1C_4]$	12.1	1	12.1	13.82857	0.00033701 *
$B[A_2C_1]$	2.5	1	2.5	2.857143	0.09421367
$B[A_2C_2]$	14.4	1	14.4	16.45714	0.00010134 *
$B[A_2C_3]$	0.4	1	0.4	0.4571429	0.5000588
$B[A_2C_4]$	19.6	1	19.6	22.4	0.00000762 *
$B[A_3C_1]$	28.9	1	28.9	33.02857	0.00000011 *
$B[A_3C_2]$	0.4	1	0.4	0.4571429	0.500588
$B[A_3C_3]$	2.5	1	2.5	2.857143	0.09421367
$B[A_3C_4]$	0.4	1	0.4	0.4571429	0.500588
$C[A_1B_1]$	6.8	3	2.266667	3.132438	0.03074729 *
$C[A_1B_2]$	2.15	3	0.7166667	0.990403	0.4022959
$C[A_2B_1]$	4.15	3	1.383333	1.911708	0.1353265
$C[A_2B_2]$	14.6	3	4.866667	6.725528	0.00045968 *
$C[A_3B_1]$	8.15	3	2.716667	3.754319	0.0145208 *
$C[A_3B_2]$	34.55	3	11.51667	15.91555	0.00000005 *

　表8−15には，2要因（要因 B, C）においてのみ対応のある場合の下位検定および多重比較における F, $MS_{e.wsd}$, $df_{e.wsd}$, n_{wsd} の定義が示されている。2要因において対応のある場合は，誤差の種類が4種類に増えるので，いずれの誤差をプールするかによって，プールされた誤差も異なる。そして，それに対応して q' の定義も変わってくる。

$$\left.\begin{aligned}
df_{e.pool.ab} &= df_{e.a} + df_{e.b} \\
df_{e.pool.ac} &= df_{e.a} + df_{e.c} \\
df_{e.pool.b.bc} &= df_{e.b} + df_{e.bc} \\
df_{e.pool.c.bc} &= df_{e.c} + df_{e.bc} \\
df_{e.pool.a.b.c.bc} &= df_{e.a} + df_{e.b} + df_{e.c} + df_{e.bc}
\end{aligned}\right\} \quad (8-6)$$

2. 対応のある場合の下位検定および多重比較　93

$$\left.\begin{aligned}MS_{e.pool.ab} &= \frac{SS_{e.a} + SS_{e.b}}{df_{e.ab}} \\ MS_{e.pool.ac} &= \frac{SS_{e.a} + SS_{e.c}}{df_{e.ac}} \\ MS_{e.pool.b.bc} &= \frac{SS_{e.b} + SS_{e.bc}}{df_{e.b.bc}} \\ MS_{e.pool.c.bc} &= \frac{SS_{e.c} + SS_{e.bc}}{df_{e.c.bc}} \\ MS_{e.pool.a.b.c.bc} &= \frac{SS_{e.a} + SS_{e.b} + SS_{e.c} + SS_{e.bc}}{df_{e.a.b.c.bc}}\end{aligned}\right\} \quad (8-7)$$

$$\left.\begin{aligned}q'_{ab} &= \frac{q_a MS_{e.a} + q_b MS_{e.b}(m_b - 1)}{MS_{e.a} + MS_{e.b}(m_b - 1)} \\ q'_{ac} &= \frac{q_a MS_{e.a} + q_c MS_{e.c}(m_c - 1)}{MS_{e.a} + MS_{e.c}(m_c - 1)} \\ q'_{b.bc} &= \frac{q_b MS_{e.b} + q_{bc} MS_{e.bc}(m_c - 1)}{MS_{e.b} + MS_{e.bc}(m_c - 1)} \\ q'_{c.bc} &= \frac{q_c MS_{e.c} + q_{bc} MS_{e.bc}(m_b - 1)}{MS_{e.c} + MS_{e.bc}(m_b - 1)} \\ q'_{a.b.c.bc} &= \frac{q_a MS_{e.a} + q_b MS_{e.b}(m_b - 1) + q_c MS_{e.c}(m_c - 1) + q_{bc} MS_{e.bc}(m_b - 1)(m_c - 1)}{MS_{e.a} + MS_{e.b}(m_b - 1) + MS_{e.c}(m_c - 1) + MS_{e.bc}(m_b - 1)(m_c - 1)}\end{aligned}\right\} \quad (8-8)$$

$SS_{e.a}$, $SS_{e.b}$, $SS_{e.c}$, $SS_{e.bc}$ に関しては式 (7-13)，$df_{e.b}$, $df_{e.c}$, $df_{e.bc}$ に関しては式 (7-14)，$MS_{e.b}$, $MS_{e.c}$, $MS_{e.bc}$ に関しては式 (7-15)，$MS_{a.bj}$, $MS_{a.ck}$, $MS_{b.ck}$, $MS_{c.ai}$, $MS_{c.bj}$, $MS_{ab.ck}$, $MS_{ac.bj}$, $MS_{bc.ai}$, $MS_{a.bjck}$, $MS_{b.aick}$, $MS_{c.aibj}$ に関しては式 (8-1) と同じである。

表8-15　2要因（要因Bおよび要因C）において対応のある3元配置法の多重比較における F, $MS_{e.wsd}$, $df_{e.wsd}$, n_{wsd}, q, q' の定義

変動因		F	$MS_{e.wsd}$	$df_{e.wsd}$	n_{wsd}	q or q'
単純主効果	$A[B_j]$	$F_{a.bj} = MS_{a.bj}/MS_{e.pool.ab}$	$MS_{e.pool.ab}$	$df_{e.pool.ab}$	nm_c	q'_{ab}
	$A[C_k]$	$F_{a.ck} = MS_{a.ck}/MS_{e.pool.ac}$	$MS_{e.pool.ac}$	$df_{e.pool.ac}$	nm_b	q'_{ac}
	$B[A_i]$	$F_{b.ai} = MS_{b.ai}/MS_{e.b}$	$MS_{e.b}$	$df_{e.b}$	nm_c	q_b
	$B[C_k]$	$F_{b.ck} = MS_{b.ck}/MS_{e.pool.b.bc}$	$MS_{e.pool.b.bc}$	$df_{e.pool.b.bc}$	nm_a	$q'_{b.bc}$
	$C[A_i]$	$F_{c.ai} = MS_{c.ai}/MS_{e.c}$	$MS_{e.c}$	$df_{e.c}$	nm_b	q_c
	$C[B_j]$	$F_{c.bj} = MS_{c.bj}/MS_{e.pool.c.bc}$	$MS_{e.pool.c.bc}$	$df_{e.pool.c.bc}$	nm_a	$q'_{c.bc}$
単純交互作用	$AB[C_k]$	$F_{ab.ck} = MS_{ab.ck}/MS_{e.pool.b.bc}$	—	—	—	—
	$AC[B_j]$	$F_{ac.bj} = MS_{ac.bj}/MS_{e.pool.c.bc}$	—	—	—	—
	$BC[A_i]$	$F_{bc.ai} = MS_{bc.ai}/MS_{e.bc}$	—	—	—	—
単純・単純主効果	$A[B_jC_k]$	$F_{a.bjck} = MS_{a.bjck}/MS_{e.pool.a.b.c.bc}$	$MS_{e.pool.a.b.c.bc}$	$df_{e.pool.a.b.c.bc}$	n	$q'_{a.b.c.bc}$
	$B[A_iC_k]$	$F_{b.aick} = MS_{b.aick}/MS_{e.pool.b.bc}$	$MS_{e.pool.b.bc}$	$df_{e.pool.b.bc}$	n	$q'_{b.bc}$
	$C[A_iB_j]$	$F_{c.aibj} = MS_{c.aibj}/MS_{e.pool.c.bc}$	$MS_{e.pool.c.bc}$	$df_{e.pool.c.bc}$	n	$q'_{c.bc}$

表7-6より，要因Bおよび要因Cにおいて，対応のある3元配置法の場合，主効果 A, 主効果 B, 交互作用 AC, BC, ABC が5％の有意水準で有意である。そこで，主効果 A に関しては，多重比較を行うと，表8-2の3f-rep2で示される結果を得る。主効果 B に関しては，水準数が2であるので，多重比較を行う必要はない。そして，1次の交互作用 AC, BC が有意であるので，単純主効果の検定を行うと，表8-16を得る。表8-16より $A[C_2]$, $A[C_4]$, $C[A_1]$, $B[C_3]$, $C[B_1]$ 以外の単純主効果は，5％の有意水準で有意である。そこで，有意である単純主効果に関して多重比較を行うと，表8-4の3f-rep2で示される結果を得る。さらに，2次の

交互作用 ABC が有意であるので，単純交互作用の検定を行うと，表 8 – 17 を得る．表 8 – 17 において，単純交互作用が 5 ％の有意水準で有意な場合の単純・単純主効果の検定を行うと，表 8 – 18 を得る．そして，表 8 – 18 の結果をもとに単純・単純主効果の多重比較を行い，表 8 – 9，表 8 – 10 の 3f-rep2 で示される結果を得る．

表 8 – 16　要因 B と要因 C において対応のある場合の $A[C_k]$, $C[A_i]$, $B[C_k]$, $C[B_j]$ の単純主効果（*は，該当する単純主効果が 5 ％の有意水準で有意であることを意味する）

変動因	SS	df	MS	F	P
$A[C_1]$	24.46667	2	12.23333	11.79116	0.0000683 *
$A[C_2]$	1.8	2	0.9	0.86747	0.426492
$A[C_3]$	20.06667	2	10.03333	9.670683	0.000296 *
$A[C_4]$	4.2	2	2.1	2.024096	0.143237
$C[A_1]$	3.875	3	1.291667	1.681736	0.188179
$C[A_2]$	9.075	3	3.025	3.938517	0.015778 *
$C[A_3]$	27.4	3	9.133333	11.8915	0.0000146 *
$B[C_1]$	26.13333	1	26.13333	36.67836	0.00000021 *
$B[C_2]$	14.7	1	14.7	20.63158	0.0000376 *
$B[C_3]$	2.133333	1	2.133333	2.994152	0.089991
$B[C_4]$	24.3	1	24.3	34.10526	0.00000044 *
$C[B_1]$	2	3	0.666667	0.921305	0.43501
$C[B_2]$	7.6	3	2.533333	3.50096	0.019696 *

表 8 – 17　要因 B と要因 C において対応のある場合の $AB[C_k]$, $AC[B_j]$, $BC[A_i]$ の単純交互作用の検定（*は，該当する単純交互作用が 5 ％の有意水準で有意であることを意味する）

変動因	SS	df	MS	F	P
$AB[C_1]$	8.866667	2	4.433333	6.222222	0.003956 *
$AB[C_2]$	5	2	2.5	3.508772	0.037823 *
$AB[C_3]$	0.866667	2	0.433333	0.608187	0.548478
$AB[C_4]$	7.8	2	3.9	5.473684	0.007222 *
$AC[B_1]$	17.1	6	2.85	3.93858	0.001846 *
$AC[B_2]$	43.7	6	7.283333	10.06526	0.00000005 *
$BC[A_1]$	5.075	3	1.691667	2.490798	0.075769
$BC[A_2]$	9.675	3	3.225	4.748466	0.006847 *
$BC[A_3]$	15.3	3	5.1	7.509202	0.000501 *

表 8 – 18　要因 B と要因 C において対応のある場合の $A[B_jC_k]$, $B[A_iC_k]$, $C[A_iB_j]$ の単純・単純主効果の検定（*は，該当する単純・単純主効果が 5 ％の有意水準で有意であることを意味する）

変動因	SS	df	MS	F	P
$A[B_1C_1]$	4.133333	2	2.066667	2.361905	0.099696
$A[B_1C_2]$	6.4	2	3.2	3.657143	0.029466 *
$A[B_1C_3]$	14.4	2	7.2	8.228571	0.000503 *
$A[B_1C_4]$	1.2	2	0.6	0.685714	0.50618
$A[B_2C_1]$	29.2	2	14.6	16.68571	0.0000006 *
$A[B_2C_2]$	0.4	2	0.2	0.228571	0.796101
$A[B_2C_3]$	6.533333	2	3.266667	3.733333	0.027453 *
$A[B_2C_4]$	10.8	2	5.4	6.171429	0.00301 *
$B[A_1C_1]$	3.6	1	3.6	5.052632	0.029219 *
$B[A_1C_2]$	4.9	1	4.9	6.877193	0.011664 *
$B[A_1C_3]$	0.1	1	0.1	0.140351	0.709583
$B[A_1C_4]$	12.1	1	12.1	16.98246	0.000148 *
$B[A_2C_1]$	2.5	1	2.5	3.508772	0.067141
$B[A_2C_2]$	14.4	1	14.4	20.21053	0.0000438 *
$B[A_2C_3]$	0.4	1	0.4	0.561404	0.457352
$B[A_2C_4]$	19.6	1	19.6	27.50877	0.00000348 *
$B[A_3C_1]$	28.9	1	28.9	40.5614	0.00000007 *
$B[A_3C_2]$	0.4	1	0.4	0.561404	0.457352
$B[A_3C_3]$	2.5	1	2.5	3.508772	0.067141
$B[A_3C_4]$	0.4	1	0.4	0.561404	0.457352
$C[A_1B_1]$	6.8	3	2.266667	3.132438	0.030747 *
$C[A_1B_2]$	2.15	3	0.716667	0.990403	0.402296
$C[A_2B_1]$	4.15	3	1.383333	1.911708	0.135326
$C[A_2B_2]$	14.6	3	4.866667	6.725528	0.00046 *
$C[A_3B_1]$	8.15	3	2.716667	3.754319	0.014521 *
$C[A_3B_2]$	34.55	3	11.51667	15.91555	0.00000005 *

表 8 − 19 には，3 要因において対応のある場合の下位検定および多重比較における F, $MS_{e.wsd}$, $df_{e.wsd}$, n_{wsd} の定義が示されている。

$$\left.\begin{aligned}
df_{e.pool.a.ab} &= df_{e.a} + df_{e.ab} \\
df_{e.pool.a.ac} &= df_{e.a} + df_{e.ac} \\
df_{e.pool.b.ab} &= df_{e.b} + df_{e.ab} \\
df_{e.pool.b.bc} &= df_{e.b} + df_{e.bc} \\
df_{e.pool.c.ac} &= df_{e.c} + df_{e.ac} \\
df_{e.pool.c.bc} &= df_{e.c} + df_{e.bc} \\
df_{e.pool.ab.abc} &= de_{.ab} + df_{e.abc} \\
df_{e.pool.ac.abc} &= df_{e.ac} + df_{e.abc} \\
df_{e.pool.bc.abc} &= df_{e.bc} + df_{e.abc} \\
df_{e.pool.a.ab.ac.abc} &= df_{e.a} + df_{e.ab} + df_{e.ac} + df_{e.abc} \\
df_{e.pool.b.ab.bc.abc} &= df_{e.b} + df_{e.ab} + df_{e.bc} + df_{e.abc} \\
df_{e.pool.c.ac.abc} &= df_{e.c} + df_{e.ac} + df_{e.abc}
\end{aligned}\right\} \quad (8-9)$$

$$\left.\begin{aligned}
MS_{e.pool.a.ab} &= \frac{SS_{e.a} + SS_{e.ab}}{df_{e.pool.a.ab}} \\
MS_{e.pool.a.ac} &= \frac{SS_{e.a} + SS_{e.ac}}{df_{e.pool.a.ac}} \\
MS_{e.pool.b.ab} &= \frac{SS_{e.b} + SS_{e.ab}}{df_{e.pool.b.ab}} \\
MS_{e.pool.b.bc} &= \frac{SS_{e.b} + SS_{e.bc}}{df_{e.pool.b.bc}} \\
MS_{e.pool.c.ac} &= \frac{SS_{e.c} + SS_{e.ac}}{df_{e.pool.c.ac}} \\
MS_{e.pool.c.bc} &= \frac{SS_{e.c} + SS_{e.bc}}{df_{e.pool.c.bc}} \\
MS_{e.pool.ab.abc} &= \frac{SS_{e.ab} + SS_{e.abc}}{df_{e.pool.ab.abc}} \\
MS_{e.pool.ac.abc} &= \frac{SS_{e.ac} + SS_{e.abc}}{df_{e.pool.ac.abc}} \\
MS_{e.pool.bc.abc} &= \frac{SS_{e.bc} + SS_{e.abc}}{df_{e.pool.bc.abc}} \\
MS_{e.pool.a.ab.ac.abc} &= \frac{SS_{e.a} + SS_{e.ab} + SS_{e.ac} + SS_{e.abc}}{df_{e.pool.a.ab.ac.abc}} \\
MS_{e.pool.b.ab.bc.abc} &= \frac{SS_{e.b} + SS_{e.ab} + SS_{e.bc} + SS_{e.abc}}{df_{e.pool.b.ab.bc.abc}} \\
MS_{e.pool.c.ac.bc.abc} &= \frac{SS_{e.c} + SS_{e.ac} + SS_{e.bc} + SS_{e.abc}}{df_{e.pool.c.ac.bc.abc}}
\end{aligned}\right\} \quad (8-10)$$

$$\left. \begin{aligned} q'_{a.ab} &= \frac{q_a MS_{e.a} + q_{ab} MS_{e.ab}(m_b - 1)}{MS_{e.a} + MS_{e.ab}(m_b - 1)} \\ q'_{a.ac} &= \frac{q_a MS_{e.a} + q_{ac} MS_{e.ac}(m_c - 1)}{MS_{e.a} + MS_{e.ac}(m_c - 1)} \\ q'_{b.ab} &= \frac{q_b MS_{e.b} + q_{ab} MS_{e.ab}(m_a - 1)}{MS_{e.b} + MS_{e.ab}(m_a - 1)} \\ q'_{b.bc} &= \frac{q_b MS_{e.b} + q_{bc} MS_{e.bc}(m_c - 1)}{MS_{e.b} + MS_{e.bc}(m_c - 1)} \\ q'_{c.ac} &= \frac{q_c MS_{e.c} + q_{ac} MS_{e.ac}(m_a - 1)}{MS_{e.c} + MS_{e.ac}(m_a - 1)} \\ q'_{c.bc} &= \frac{q_c MS_{e.c} + q_{bc} MS_{e.bc}(m_b - 1)}{MS_{e.c} + MS_{e.bc}(m_b - 1)} \\ q'_{a.ab.ac.abc} &= \frac{q_a MS_{e.a} + q_{ab} MS_{e.ab}(m_b - 1) + q_{ac} MS_{e.ac}(m_c - 1) + q_{abc} MS_{e.abc}(m_b - 1)(m_c - 1)}{MS_{e.a} + MS_{e.ab}(m_b - 1) + MS_{e.ac}(m_c - 1) + MS_{e.abc}(m_b - 1)(m_c - 1)} \\ q'_{b.ab.bc.abc} &= \frac{q_b MS_{e.b} + q_{ab} MS_{e.ab}(m_a - 1) + q_{bc} MS_{e.bc}(m_c - 1) + q_{abc} MS_{e.abc}(m_a - 1)(m_c - 1)}{MS_{e.b} + MS_{e.ab}(m_a - 1) + MS_{e.bc}(m_c - 1) + MS_{e.abc}(m_a - 1)(m_c - 1)} \\ q'_{c.ac.bc.abc} &= \frac{q_c MS_{e.c} + q_{ac} MS_{e.ac}(m_a - 1) + q_{bc} MS_{e.bc}(m_b - 1) + q_{abc} MS_{e.abc}(m_a - 1)(m_b - 1)}{MS_{e.c} + MS_{e.ac}(m_a - 1) + MS_{e.bc}(m_b - 1) + MS_{e.abc}(m_a - 1)(m_b - 1)} \end{aligned} \right\} \quad (8-11)$$

$SS_{e.a}$, $SS_{e.b}$, $SS_{e.c}$, $SS_{e.ab}$, $SS_{e.ac}$, $SS_{e.bc}$, $SS_{e.abc}$ に関しては式 (7 − 18), $df_{e.a}$, $df_{e.b}$, $df_{e.c}$, $df_{e.ab}$, $df_{e.ac}$, $df_{e.bc}$, $df_{e.abc}$ に関しては式 (7 − 19), $MS_{a.bj}$, $MS_{a.ck}$, $MS_{b.ai}$, $MS_{b.ck}$, $MS_{c.ai}$, $MS_{c.bj}$, $MS_{ab.ck}$, $MS_{ac.bj}$, $MS_{bc.ai}$, $MS_{a.bjck}$, $MS_{b.aick}$, $MS_{c.aibj}$ に関しては式 (8 − 1) と同じである。

表 8 − 19 3要因において対応のある 3 元配置法の多重比較における F, $MS_{e.wsd}$, $df_{e.wsd}$, n_{wsd}, q, q' の定義

変動因		F	$MS_{e.wsd}$	$df_{e.wsd}$	n_{wsd}	q or q'
単純主効果	$A[B_j]$	$F_{a.bj} = MS_{a.bj}/MS_{e.pool.a.ab}$	$MS_{e.pool.a.ab}$	$df_{e.pool.a.ab}$	nm_c	$q'_{a.ab}$
	$A[C_k]$	$F_{a.ck} = MS_{a.ck}/MS_{e.pool.a.ac}$	$MS_{e.pool.a.ac}$	$df_{e.pool.a.ac}$	nm_b	$q'_{a.ac}$
	$B[A_i]$	$F_{b.ai} = MS_{b.ai}/MS_{e.pool.b.ab}$	$MS_{e.pool.b.ab}$	$df_{e.pool.b.ab}$	nm_c	$q'_{b.ab}$
	$B[C_k]$	$F_{b.ck} = MS_{b.ck}/MS_{e.pool.b.bc}$	$MS_{e.pool.b.bc}$	$df_{e.pool.b.bc}$	nm_a	$q'_{b.bc}$
	$C[A_i]$	$F_{c.ai} = MS_{c.ai}/MS_{e.pool.c.ac}$	$MS_{e.pool.c.ac}$	$df_{e.pool.c.ac}$	nm_b	$q'_{c.ac}$
	$C[B_j]$	$F_{c.bj} = MS_{c.bj}/MS_{e.pool.c.bc}$	$MS_{e.pool.c.bc}$	$df_{e.pool.c.bc}$	nm_a	$q'_{c.bc}$
単純交互作用	$AB[C_k]$	$F_{ab.ck} = MS_{ab.ck}/MS_{e.pool.ab.abc}$	——	——	——	——
	$AC[B_j]$	$F_{ac.bj} = MS_{ac.bj}/MS_{e.pool.ac.abc}$	——	——	——	——
	$BC[A_i]$	$F_{bc.ai} = MS_{bc.ai}/MS_{e.pool.bc.abc}$	——	——	——	——
単純・	$A[B_jC_k]$	$F_{a.bjck} = MS_{a.bjck}/MS_{e.pool.a.ab.ac.abc}$	$MS_{e.pool.a.ab.ac.abc}$	$df_{e.pool.a.ab.ac.abc}$	n	$q'_{a.ab.ac.abc}$
単純主効果	$B[A_iC_k]$	$F_{b.aick} = MS_{b.aick}/MS_{e.pool.b.ab.bc.abc}$	$MS_{e.pool.b.ab.bc.abc}$	$df_{e.pool.b.ab.bc.abc}$	n	$q'_{b.ab.bc.abc}$
	$C[A_iB_j]$	$F_{c.aibj} = MS_{c.aibj}/MS_{e.pool.c.ac.bc.abc}$	$MS_{e.pool.c.ac.bc.abc}$	$df_{e.pool.c.ac.bc.abc}$	n	$q'_{c.ac.bc.abc}$

表 7 − 7 より，3 要因において対応のある 3 元配置法の場合，主効果 A, 主効果 B, 交互作用 AC, BC, ABC が 5 % の有意水準で有意である。そこで，主効果 A に関しては，多重比較を行うと，表 8 − 2 の 3f-rep3 で示される結果を得る。主効果 B に関しては，水準数が 2 であるので，多重比較を行う必要はない。そして，1 次の交互作用 AC, BC が有意であるので，単純主効果の検定を行うと，表 8 − 20 を得る。表 8 − 20 より $A[C_2]$, $A[C_4]$, $C[A_1]$, $C[B_1]$ 以外の単純主効果は，5 % の有意水準で有意である。そこで，有意である単純主効果に関して多重比較を行うと，表 8 − 4 の 3f-rep3 で示される結果を得る。さらに，2 次の交互作用 ABC が有意であるので，単純交互作用の検定を行うと，表 8 − 21 を得る。表 8 − 21 において，単純交互作用が 5 % の有意水準で有意な場合の単純・単純主効果の検定を行うと，表 8 − 22 を得る。そ

して，表8-22の結果をもとに単純・単純主効果の多重比較を行い，表8-9，表8-10の3f-rep3で示される結果を得る．

表8-20 3要因において対応のある場合の $A[C_k]$, $C[A_i]$, $B[C_k]$, $C[B_j]$ の単純主効果 (*は，該当する単純主効果が5%の有意水準で有意であることを意味する)

変動因	SS	df	MS	F	P
$A[C_1]$	24.46667	2	12.23333	14.42752	0.0000342 *
$A[C_2]$	1.8	2	0.9	1.061425	0.357828
$A[C_3]$	20.06667	2	10.03333	11.83292	0.000142 *
$A[C_4]$	4.2	2	2.1	2.476658	0.099987
$C[A_1]$	3.875	3	1.291667	1.681736	0.188179
$C[A_2]$	9.075	3	3.025	3.938517	0.015778 *
$C[A_3]$	27.4	3	9.133333	11.8915	0.0000146 *
$B[C_1]$	26.13333	1	26.13333	59.16981	0.00000092 *
$B[C_2]$	14.7	1	14.7	33.28302	0.0000288 *
$B[C_3]$	2.133333	1	2.133333	4.830189	0.043032 *
$B[C_4]$	24.3	1	24.3	55.01887	0.00000146 *
$C[B_1]$	2	3	0.666667	1.589404	0.217987
$C[B_2]$	7.6	3	2.533333	6.039735	0.003247 *

表8-21 3要因において対応のある場合の $AB[C_k]$, $AC[B_j]$, $BC[A_i]$ の単純交互作用の検定 (*は，該当する単純交互作用が5%の有意水準で有意であることを意味する)

変動因	SS	df	MS	F	P
$AB[C_1]$	8.866667	2	4.433333	5.228501	0.010845 *
$AB[C_2]$	5	2	2.5	2.948403	0.066797
$AB[C_3]$	0.866667	2	0.433333	0.511057	0.604675
$AB[C_4]$	7.8	2	3.9	4.599509	0.017547 *
$AC[B_1]$	17.1	6	2.85	3.25456	0.009144 *
$AC[B_2]$	43.7	6	7.283333	8.317209	0.00000339 *
$BC[A_1]$	5.075	3	1.691667	2.490798	0.075769
$BC[A_2]$	9.675	3	3.225	4.748466	0.006847 *
$BC[A_3]$	15.3	3	5.1	7.509202	0.000501 *

表8-22 3要因において対応のある場合の $A[B_jC_k]$, $B[A_iC_k]$, $C[A_iB_j]$ の単純・単純主効果の検定 (*は，該当する単純・単純主効果が5%の有意水準で有意であることを意味する)

変動因	SS	df	MS	F	P
$A[B_1C_1]$	4.133333	2	2.066667	2.437346	0.095466
$A[B_1C_2]$	6.4	2	3.2	3.773956	0.028226 *
$A[B_1C_3]$	14.4	2	7.2	8.4914	0.000536 *
$A[B_1C_4]$	1.2	2	0.6	0.707617	0.496632
$A[B_2C_1]$	29.2	2	14.6	17.21867	0.00000104 *
$A[B_2C_2]$	0.4	2	0.2	0.235872	0.790565
$A[B_2C_3]$	6.533333	2	3.266667	3.85258	0.026312 *
$A[B_2C_4]$	10.8	2	5.4	6.36855	0.003003 *
$B[A_1C_1]$	3.6	1	3.6	5.052632	0.029219 *
$B[A_1C_2]$	4.9	1	4.9	6.877193	0.011664 *
$B[A_1C_3]$	0.1	1	0.1	0.140351	0.709583
$B[A_1C_4]$	12.1	1	12.1	16.98246	0.000148 *
$B[A_2C_1]$	2.5	1	2.5	3.508772	0.067141
$B[A_2C_2]$	14.4	1	14.4	20.21053	0.0000438 *
$B[A_2C_3]$	0.4	1	0.4	0.561404	0.457352
$B[A_2C_4]$	19.6	1	19.6	27.50877	0.00000348 *
$B[A_3C_1]$	28.9	1	28.9	40.5614	0.00000007 *
$B[A_3C_2]$	0.4	1	0.4	0.561404	0.457352
$B[A_3C_3]$	2.5	1	2.5	3.508772	0.067141
$B[A_3C_4]$	0.4	1	0.4	0.561404	0.457352
$C[A_1B_1]$	6.8	3	2.266667	3.132438	0.030747 *
$C[A_1B_2]$	2.15	3	0.716667	0.990403	0.402296
$C[A_2B_1]$	4.15	3	1.383333	1.911708	0.135326
$C[A_2B_2]$	14.6	3	4.866667	6.725528	0.00046 *
$C[A_3B_1]$	8.15	3	2.716667	3.754319	0.014521 *
$C[A_3B_2]$	34.55	3	11.51667	15.91555	0.00000005 *

9　ベクトルと行列をマスターする

1. ベクトルと行列の演算

1）ベクトルについて

　ベクトル（vector）は2つ以上の数値から構成され，ノルム（大きさあるいは長さ）と向きによって規定される。例えば，$p = (1, 3)$ としたとき，p は，2つの数値から構成される。よって，ベクトルである。これに対して1つの数値から構成される場合をスカラー（scalar）と呼ぶ。ベクトル p を幾何学的に表現すると，図9-1に示されるように2次元座標系上で，原点Oから点Pへ向かう矢印として表され，その向きはベクトルの向きであり，原点から点Pまでの距離がベクトルのノルムである。ベクトル p において，点Oの位置，すなわち，ベクトルの出発点を起点，その反対に点Pの位置，矢印のある地点を終点と呼ぶ。同様に，$q = (4, 2)$ もベクトルである。ベクトル p とベクトル q は，空間的に異なった位置にあるので，異なったベクトルである。2つのベクトルが同じであるということは，2つのベクトルを構成する対応する要素（すなわち，数値）が等しくなければならない。ベクトル p の要素を $p = (x_1, y_1)$，ベクトル q の要素を $q = (x_2, y_2)$ としたとき，$x_1 = x_2$，$y_1 = y_2$ が成り立つとき，2つのベクトルは等しいという。このうちのいずれかが成り立たないとベクトルは等しくない。ベクトル

図9-1　ベクトルの演算

が2つ以上あると，ベクトルを足したり，引いたりすることができる。図9-1において，ベクトルpとベクトルqを足すと，ベクトルrとなる。ベクトルrは，ベクトルpとベクトルqを2辺とする平行四辺形の対角線に相当する。あるいは，ベクトルrは，ベクトルqを平行移動してベクトルqの起点をベクトルpの終点に一致させたときの，ベクトルqの終点の位置に相当する。ベクトルrの座標値は，ベクトルpとqの対応する要素を足したものに等しい。すなわち，$r = (x_1 + x_2, y_1 + y_2) = (5, 5)$ である。同様にして，ベクトルqからベクトルpを引くと，ベクトルsとなる。この場合は，ベクトルpとベクトルsが平行四辺形の2辺を構成し，ベクトルqが平行四辺形の対角線を構成することになる。ベクトル$s = (x_2 - x_1, y_2 - y_1) = (3, -1)$ である。

2つのベクトルの要素同士を掛けて，それらを足したものをベクトルの内積と呼び，$p \cdot q$で表す。$p \cdot q = x_1 x_2 + y_1 y_2$ である。ベクトルの内積は1つの数字で表されるので，スカラーである。また，2つのベクトルの内積は，2つのベクトルの大きさとベクトルを挟む角度の余弦に等しい。すなわち，$p \cdot q = |p||q| \cos \theta = x_1 x_2 + y_1 y_2$ である。ただし，$|p|$，$|q|$はベクトルp，qのノルムを示し，その値は，ベクトルの要素の2乗和の平方根に等しい。2つのベクトルが直交するとき，θが90度となり，$\cos \theta = 0$ であるので，ベクトルの内積は0となる。逆に，ベクトルの内積が0であるとき，2つのベクトルは直交する。すなわち，ベクトルの内積を調べることによって2つのベクトルが直交しているのかどうかわかるのである。このベクトルの内積は，行列や多変量解析において重要な役割を果たすことになる。

2) 行列の演算

ベクトルが2つ以上集まったものが行列（matrix）である。下記に示す行列Aは，ベクトルpとベクトルqを行にもつ行列である。行列Bは，ベクトルpとベクトルqを列にもつ行列である。ベクトルが行列の行を構成する場合を行ベクトル（row vector），列を構成する場合を列ベクトル（column vector）と呼ぶ。

$$A = \begin{bmatrix} 1 & 3 \\ 4 & 2 \end{bmatrix} \quad B = \begin{bmatrix} 1 & 4 \\ 3 & 2 \end{bmatrix}$$

2つのベクトルは，それらを構成する対応する要素がすべて等しいときのみ，等しいベクトルであったように，2つの行列は，それらを構成する対応する要素がすべて等しいときのみ，等しい行列である。

よって，

$$X = \begin{bmatrix} x_{11} & x_{12} \\ x_{21} & x_{22} \end{bmatrix} \quad Y = \begin{bmatrix} y_{11} & y_{12} \\ y_{21} & y_{22} \end{bmatrix}$$

のとき，$x_{11} = y_{11}$, $x_{12} = y_{12}$, $x_{21} = y_{21}$, $x_{22} = y_{22}$，すなわち，$x_{ij} = y_{ij}$のときのみ，行列XとYは等しくなる。2つのベクトルが足したり引いたりできたように，2つの行列を足したり，引いたりすることができる。ベクトルの場合と同様に，2つの行列の対応する要素を足したり，引いたりすればよい。すなわち，

$$X \pm Y = \begin{bmatrix} x_{11} & x_{12} \\ x_{21} & x_{22} \end{bmatrix} \pm \begin{bmatrix} y_{11} & y_{12} \\ y_{21} & y_{22} \end{bmatrix} = \begin{bmatrix} x_{11} \pm y_{11} & x_{12} \pm y_{12} \\ x_{21} \pm y_{21} & x_{22} \pm y_{22} \end{bmatrix} \quad (9-1)$$

2つの行列の積XYは，行列Xを構成する行ベクトルと行列Yを構成する列ベクトルの内

積として表される。すなわち，

$$XY = \begin{bmatrix} x_{11} & x_{12} \\ x_{21} & x_{22} \end{bmatrix} \begin{bmatrix} y_{11} & y_{12} \\ y_{21} & y_{22} \end{bmatrix} = \begin{bmatrix} x_{11}y_{11} + x_{12}y_{21} & x_{11}y_{12} + x_{12}y_{22} \\ x_{21}y_{11} + x_{22}y_{21} & x_{21}y_{12} + x_{22}y_{22} \end{bmatrix} \quad (9-2)$$

同様にして，

$$YX = \begin{bmatrix} y_{11} & y_{12} \\ y_{21} & y_{22} \end{bmatrix} \begin{bmatrix} x_{11} & x_{12} \\ x_{21} & x_{22} \end{bmatrix} = \begin{bmatrix} y_{11}x_{11} + y_{12}x_{21} & y_{11}x_{12} + y_{12}x_{22} \\ y_{21}x_{11} + y_{22}x_{21} & y_{21}x_{12} + y_{22}x_{22} \end{bmatrix} \quad (9-3)$$

これより，

$$XY \neq YX \quad (9-4)$$

である。すなわち，行列の積は，掛ける順序が異なると，積は異なるのである。

2つの行列 X と Y の積を計算するためには，行列 X の列数と行列 Y の行数が等しくなければならない。行列 X は，2×2 の行列，行列 Y も 2×2 の行列であるので，行列の積が可能となる。いま，行列 U を m 行 n 列の行列，行列 V を n 行 m 列の行列とすると，行列 UV は，m 行 m 列の行列となる。行列 VU は，n 行 n 列の行列となる。

3）行列の種類

行列にはさまざまな種類の行列がある。行列の大きさは行数と列数で決まる。行列の行数を m，列数を n としたとき，m と n が等しくない行列を矩形行列（rectangular matrix）と呼ぶ。例えば，10人の学生の身長と体重の測定値からなる行列は，行を個人，列を変数とすると，10行2列の行列であるので矩形行列である。通常のデータを構成する行列は矩形行列が多い。これに対して行数と列数が等しい行列がある。これを正方行列（square matrix）と呼ぶ。例えば，相関行列が正方行列である。

対角行列（diagonal matrix）は行列の非対角要素が0である行列であり，単位行列（identity matrix）は対角行列の特殊な場合で，対角要素がすべて1である対角行列である。単位行列は通常 I あるいは E で表される。

転置行列は行列の行と列を入れ替えた行列で，上の例の場合，行列 A の転置行列は，行列 B であり，逆に，行列 B の転置行列は，行列 A である。転置行列を示す記号として，t を行列の右肩につける。X^t は，行列 X の転置行列であることを意味する。

行列 X に行列 Y を右から掛けたときに，行列の積が単位行列になるとき，行列 Y を行列 X の逆行列（inverse matrix）と呼ぶ。逆行列を示す記号として，−1を行列の右肩につける。X^{-1} は，行列 X の逆行列であることを意味する。$XX^{-1} = I$ のとき，$X^{-1}X = I$ も成り立つ。逆行列は，正方行列にのみ存在する。そして，さらに，逆行列が存在する正方行列を正則行列（nonsingular matrix），逆行列が存在しない正方行列を特異行列（singular matrix）と呼ぶ。

(5) 直交行列と正規直交行列

行列 X にその転置行列を右から掛けたり，左から掛けたりしたとき，その積が対角行列になるとき，行列 X を直交行列（orthogonal matrix）と呼ぶ。例えば，

$$X = \begin{bmatrix} x_{11} & x_{12} \\ x_{21} & x_{22} \end{bmatrix} \qquad X^t = \begin{bmatrix} x_{11} & x_{21} \\ x_{12} & x_{22} \end{bmatrix}$$

$$X^tX = \begin{bmatrix} x_{11} & x_{21} \\ x_{12} & x_{22} \end{bmatrix} \begin{bmatrix} x_{11} & x_{12} \\ x_{21} & x_{22} \end{bmatrix} = \begin{bmatrix} x_{11}x_{11} + x_{21}x_{21} & x_{11}x_{12} + x_{21}x_{22} \\ x_{11}x_{12} + x_{21}x_{22} & x_{12}x_{12} + x_{22}x_{22} \end{bmatrix}$$

$$XX^t = \begin{bmatrix} x_{11} & x_{12} \\ x_{21} & x_{22} \end{bmatrix} \begin{bmatrix} x_{11} & x_{21} \\ x_{12} & x_{22} \end{bmatrix} = \begin{bmatrix} x_{11}x_{11} + x_{12}x_{12} & x_{11}x_{21} + x_{12}x_{22} \\ x_{11}x_{21} + x_{12}x_{22} & x_{21}x_{21} + x_{22}x_{22} \end{bmatrix} \quad (9-5)$$

のとき，X^tX の対角要素は行列 X の列ベクトルのノルムの2乗，非対角要素は行列 X の列ベクトル間のベクトルの内積に等しい。X^tX が対角行列になると，非対角要素，すなわち，列ベクトルの内積が0になることを意味する。よって，行列 X に左からその転置行列を掛けたときに，その積が対角行列になるということは，行列 X の列ベクトルが直交しているということを意味する。同様にして，行列 X に右からその転置行列を掛けたときに，その積が対角行列になるということは，行列 X の行ベクトルが，直交していることを意味する。$X^tX = I$ となるとき，行列 X を正規直交行列と呼ぶ。このとき，$XX^t = I$ も成立する。よって，行列 X が正規直交行列のとき，その逆行列は転置行列に等しい。すなわち，$X^{-1} = X^t$ である。正規直交行列のノルムは1である。2次の正規直交行列の例として，

$$R = \begin{bmatrix} \cos\theta & -\sin\theta \\ \sin\theta & \cos\theta \end{bmatrix} \quad (9-6)$$

が挙げられる。これは，回転行列と呼ばれ，行列 R を行列 X に左から掛けると，行列 X の列ベクトルは原点を中心に反時計周りに θ 度回転し，R^t を左から掛けると時計周りに θ 度回転する。

2. 逆行列と行列の階数

1) 逆行列の算出の仕方

行列 X の逆行列 X^{-1} は，以下のようにして求められる。まず，行列 X が2次の行列の場合を考えてみよう。行列 X が，

$$X = \begin{bmatrix} x_{11} & x_{12} \\ x_{21} & x_{22} \end{bmatrix}$$

のとき，

$$X^{-1} = \frac{1}{|X|} \begin{bmatrix} x_{22} & -x_{12} \\ -x_{21} & x_{11} \end{bmatrix} \quad (9-7)$$

となる。$|X|$ は，行列 X の行列式で，

$$|X| = x_{11}x_{22} - x_{12}x_{21} \quad (9-8)$$

である。

行列 X が3次の行列のとき，

$$X = \begin{bmatrix} x_{11} & x_{12} & x_{13} \\ x_{21} & x_{22} & x_{23} \\ x_{31} & x_{32} & x_{33} \end{bmatrix}$$

とすると，

$$X^{-1} = \frac{1}{|X|} \begin{bmatrix} X_{11} & X_{12} & X_{13} \\ X_{21} & X_{22} & X_{23} \\ X_{31} & X_{32} & X_{33} \end{bmatrix}^t \tag{9-9}$$

となる。ここにおいて，$|X|$ は，3次の行列 X の行列式で，

$$\begin{aligned}
|X| &= x_{11} \begin{vmatrix} x_{22} & x_{23} \\ x_{32} & x_{33} \end{vmatrix} - x_{12} \begin{vmatrix} x_{21} & x_{23} \\ x_{31} & x_{33} \end{vmatrix} + x_{13} \begin{vmatrix} x_{21} & x_{22} \\ x_{31} & x_{32} \end{vmatrix} \\
&= -x_{21} \begin{vmatrix} x_{12} & x_{13} \\ x_{32} & x_{33} \end{vmatrix} + x_{22} \begin{vmatrix} x_{11} & x_{13} \\ x_{31} & x_{33} \end{vmatrix} - x_{23} \begin{vmatrix} x_{11} & x_{12} \\ x_{31} & x_{32} \end{vmatrix} \\
&= x_{31} \begin{vmatrix} x_{12} & x_{13} \\ x_{22} & x_{23} \end{vmatrix} - x_{32} \begin{vmatrix} x_{11} & x_{13} \\ x_{21} & x_{23} \end{vmatrix} + x_{33} \begin{vmatrix} x_{11} & x_{12} \\ x_{21} & x_{22} \end{vmatrix}
\end{aligned} \tag{9-10}$$

となる。また，X_{ij} は，行列 X の余因子で，行列 X の小行列式に符号をつけたものである。X_{ij} の小行列式は，行列 X の i 行 j 列を除いた残りの成分で作られた行列式となる。よって，例えば，

$$X_{11} = (-1)^{1+1} \begin{vmatrix} x_{22} & x_{23} \\ x_{32} & x_{33} \end{vmatrix} \quad X_{23} = (-1)^{2+3} \begin{vmatrix} x_{11} & x_{12} \\ x_{31} & x_{32} \end{vmatrix} \tag{9-11}$$

となる。

2）行列の階数について

　行列は，いくつかの行ベクトルあるいは列ベクトルから構成される。正方行列の場合，行列を構成するベクトルが互いに1次独立でないと，その行列式は0となり，逆行列が存在しない。2つのベクトルが互いに1次独立でないということは，2つのベクトルの方向がまったく同じ場合のことで，一方のベクトルにある実数を掛けることによってもう一方のベクトルを作ることができる場合である。また，行列を構成する行あるいは列ベクトルがそれ以外の行あるいは列ベクトルの結合によって作ることができる場合も，それらのベクトルは互いに1次独立ではないという。例えば，3次の正方行列の場合，3つの列ベクトルから構成される。それらの3つの列ベクトルを，x_1, x_2, x_3 とすると，

$$a_1 x_1 + a_2 x_2 + a_3 x_3 \neq 0 \tag{9-12}$$

が成り立つとき，ベクトルは互いに1次独立（linearly independent）であるという。ただし，a_1, a_2, a_3 は定数である。そして，

$$a_1\boldsymbol{x}_1 + a_2\boldsymbol{x}_2 + a_3\boldsymbol{x}_3 = 0 \tag{9-13}$$

が成り立つとき，ベクトルは互いに1次従属であるという。1次従属であるとき，あるベクトルはそれ以外のベクトルの合成によって作成できる。

　行列の階数（ランクともいう）とは，その行列に含まれる1次独立な行ベクトルあるいは列ベクトルの数である。3次の正方行列の場合，3つの行あるいは列ベクトルはすべて同じ方向のベクトルであれば，1次独立なベクトルは，1つであるので，行列の階数は1となる。また，3つのベクトルが異なった方向を向いていて，かつ，同じ平面上にある場合，そのうちの1つのベクトルは，他の2つのベクトルの合成によって作成可能であるので，1次独立なベクトルの数は2となるので，行列の階数は2となる。3つのベクトルが異なった方向で，かつ，同じ平面上にないとき，その行列の階数は3となる。

3. 行列の固有値と固有ベクトル

1）固有値と固有ベクトルについて

　行列 $\boldsymbol{A}$ を正方行列，$\boldsymbol{x}$ を列ベクトル，λ をスカラーとするとき，$\boldsymbol{A}\boldsymbol{x} = \lambda \boldsymbol{x}$ を満たす λ を行列 $\boldsymbol{A}$ の固有値（eigenvalue），そして，このときのベクトル $\boldsymbol{x}$ を固有ベクトル（eigenvector）と呼ぶ。いま，

$$\boldsymbol{A} = \begin{bmatrix} 2 & 1 \\ 3 & 4 \end{bmatrix} \quad \boldsymbol{x}_1 = \begin{bmatrix} 1 \\ 3 \end{bmatrix}$$

とすると，

$$\boldsymbol{A}\boldsymbol{x}_1 = \begin{bmatrix} 2 & 1 \\ 3 & 4 \end{bmatrix} \begin{bmatrix} 1 \\ 3 \end{bmatrix} = \begin{bmatrix} 5 \\ 15 \end{bmatrix} = 5 \begin{bmatrix} 1 \\ 3 \end{bmatrix} \tag{9-14}$$

となる。よって，行列 $\boldsymbol{A}$ の固有値は5，固有ベクトルは，$\boldsymbol{x}_1$ ということになる。

　また，

$$\boldsymbol{x}_2 = \begin{bmatrix} 1 \\ -1 \end{bmatrix}$$

のとき，

$$\boldsymbol{A}\boldsymbol{x}_2 = \begin{bmatrix} 2 & 1 \\ 3 & 4 \end{bmatrix} \begin{bmatrix} 1 \\ -1 \end{bmatrix} = \begin{bmatrix} 1 \\ -1 \end{bmatrix} \tag{9-15}$$

となる。このとき，行列 $\boldsymbol{A}$ の固有値は1，固有ベクトルは，$\boldsymbol{x}_2$ である。

　一般的に，n 次の正方行列には，重根を含めて n 個の固有値が存在する。よって2次の正方行列の場合，2個の固有値が存在するのである。これに対して，固有ベクトルは無数に存在する。ベクトル $\boldsymbol{x}_1$，$\boldsymbol{x}_2$ と同じ向きのベクトルは，すべて行列 $\boldsymbol{A}$ の固有ベクトルである。例えば，

$$\boldsymbol{x}_3 = \begin{bmatrix} 2 \\ 6 \end{bmatrix} = 2 \begin{bmatrix} 1 \\ 3 \end{bmatrix} = 2\boldsymbol{x}_1 \tag{9-16}$$

であるので，行列 $\boldsymbol{A}$ の固有ベクトルである。行列 $\boldsymbol{A}$ とその固有値，固有ベクトルとの関係を

まとめて記述すると，

$$AX = \begin{bmatrix} 2 & 1 \\ 3 & 4 \end{bmatrix} \begin{bmatrix} 1 & 1 \\ 3 & -1 \end{bmatrix} = \begin{bmatrix} 5 & 1 \\ 15 & -1 \end{bmatrix} = \begin{bmatrix} 1 & 1 \\ 3 & -1 \end{bmatrix} \begin{bmatrix} 5 & 0 \\ 0 & 1 \end{bmatrix} = X\Lambda$$
(9 − 17)

となる。ここにおいて，行列 X は，列ベクトルを固有ベクトルとする行列，行列 Λ は，固有値を対角要素とする対角行列である。

2）固有値と固有ベクトルの求め方

$$A = \begin{bmatrix} a_{11} & a_{12} \\ a_{21} & a_{22} \end{bmatrix}$$

のとき，

$Ax = \lambda x$ より，

$$Ax - \lambda x = 0$$
$$(A - \lambda I) x = 0 \quad (9-18)$$

この式が成り立つためには，

$$|A - \lambda I| = 0 \quad (9-19)$$

よって，

$$(a_{11} - \lambda)(a_{22} - \lambda) - a_{12}a_{21} = 0 \quad (9-20)$$

これは，λ に関する 2 次方程式であるので，これを満たす λ は，2 つあることになる。
実際に，

$$A = \begin{bmatrix} 2 & 1 \\ 3 & 4 \end{bmatrix}$$

のとき，行列 A の固有値を求めると，

$$|A - \lambda I| = (2-\lambda)(4-\lambda) - 3 = 0 \quad (9-21)$$

これより，$\lambda = 1, 5$ を得る。

固有ベクトルを求めるには，求める固有ベクトルの要素を x_1, x_2 として，

$$A = \begin{bmatrix} 2 & 1 \\ 3 & 4 \end{bmatrix} \begin{bmatrix} x_1 \\ x_2 \end{bmatrix} = 5 \begin{bmatrix} x_1 \\ x_2 \end{bmatrix} \quad (9-22)$$

を解けばよい。

これを解いて，$3x_1 = x_2$ という式を得，x_1, x_2 が一義的に決まらない。すなわち，不定となる。よって，$3x_1 = x_2$ を満たすすべての x_1, x_2 の対が，求める固有ベクトルとなる。これが固有ベクトルが無数にある理由である。そこで，それらの固有ベクトルの代表的な固有ベクトルとして，できるだけ簡単な整数からなる固有ベクトル，あるいは，ベクトルのノルムが 1 となる固有ベクトル（正規固有ベクトル）が使用される。

一般的に，n 次の正方行列の固有値は，元の行列 A を対角化することによって，得られる。

$$AX = X\Lambda \tag{9-23}$$

より，

$$X^{-1}AX = \Lambda \tag{9-24}$$

である。これは，固有値をもとめる行列 A に左から行列 X の逆行列，右から行列 X を掛けたときに，その積が対角行列になれば，その対角行列の要素が求める固有値で，行列 X の列ベクトルが求める固有ベクトルであることを意味する。よって，適切な行列 X が与えられれば，行列 A の固有値を求めることができる。行列 A が対称行列のとき，その固有ベクトルは，直交行列であることが知られているので，正規直交行列である回転行列 Q_1 を行列 A に掛けることを考える。

$$Q_1^{-1}AQ_1 = \Lambda \tag{9-25}$$

が対角行列となれば，それが求める固有値であるが，Q_1 を掛けることによって対角行列にならないとき，

$$Q_3^{-1}Q_2^{-1}Q_1^{-1}AQ_1Q_2Q_3 = \Lambda \tag{9-26}$$

のように，回転行列 Q_2，Q_3 と次から次へと掛けてゆく。そして，誤差範囲で対角行列になったとき，その対角要素を求める固有値，$Q_1Q_2Q_3$ を求める固有ベクトルの行列とするのである。この方法は，ヤコビ法と呼ばれる方法で，対称行列（symmetric matrix）の固有値を求める方法である。多変量解析の場合は，相関行列や距離行列のような対称行列の固有値を求める必要があるので，このヤコビ法がしばしば使用される。

10　重回帰分析をマスターする

1. 重回帰分析

1）重回帰分析の考え方

重回帰分析（multiple regression analysis）は，説明変数（independent variable）が2つ以上ある場合の回帰分析で，説明変数が k 個の場合の重回帰モデルは，

$$y_i = a_0 + a_1 x_{1i} + a_2 x_{2i} + \ldots + a_k x_{ki} + e_i = Y_i + e_i \tag{10-1}$$

によって表される。特に，説明変数が2つの場合の重回帰モデルであれば，

$$y_i = a_0 + a_1 x_{1i} + a_2 x_{2i} + e_i = Y_i + e_i \tag{10-2}$$

で表される。本章では，説明変数が2つの場合の重回帰分析を中心に説明してゆく。式（10-2）において，a_0 は定数項で，a_1，a_2 を偏回帰係数と呼ぶ。Y_i は重回帰分析による予測値である。これらのパラメータ a_0，a_1，a_2 は，単回帰分析の場合と同じように，最小2乗法によってデータと予測値の誤差の2乗和が最小になるように決定される。

$$Q = \sum_{i=1}^{n} e_i^2 = \sum_{i=1}^{n} (y_i - Y_i)^2 \tag{10-3}$$

としたとき，

Q を最小にする a_0，a_1，a_2 は，

$$\partial Q / \partial a_0 = 0 \tag{10-4}$$
$$\partial Q / \partial a_1 = 0 \tag{10-5}$$
$$\partial Q / \partial a_2 = 0 \tag{10-6}$$

を満たす。これより，

$$a_0 + \bar{x}_1 a_1 + \bar{x}_2 a_2 = \bar{y} \tag{10-7}$$

$$a_0 \sum_{i=1}^{n} x_{1i} + a_1 \sum_{i=1}^{n} x_{1i}^2 + a_2 \sum_{i=1}^{n} x_{1i} x_{2i} = \sum_{i=1}^{n} x_{1i} y_i \tag{10-8}$$

$$a_0 \sum_{i=1}^{n} x_{2i} + a_1 \sum_{i=1}^{n} x_{1i} x_{2i} + a_2 \sum_{i=1}^{n} x_{2i}^2 = \sum_{i=1}^{n} x_{2i} y_i \tag{10-9}$$

を得る。そして，さらに，

$$a_0 + \bar{x}_1 a_1 + \bar{x}_2 a_2 = \bar{y} \tag{10-10}$$
$$s_1^2 a_1 + s_{12} a_2 = s_{1y} \tag{10-11}$$
$$s_{12} a_1 + s_2^2 a_2 = s_{2y} \tag{10-12}$$

となる。

これを解くことによって,

$$a_0 = \bar{y} - a_1\bar{x}_1 - a_2\bar{x}_2 \tag{10-13}$$

$$\begin{bmatrix} a_1 \\ a_2 \end{bmatrix} = \begin{bmatrix} s^2_1 & s_{12} \\ s_{12} & s^2_2 \end{bmatrix}^{-1} \begin{bmatrix} s_{1y} \\ s_{2y} \end{bmatrix} \tag{10-14}$$

あるいは,

$$a_0 = \bar{y} - a_1\bar{x}_1 - a_2\bar{x}_2 \tag{10-15}$$
$$a_1 = (s^2_2 s_{1y} - s_{12}s_{2y})/(s^2_1 s^2_2 - s^2_{12}) \tag{10-16}$$
$$a_2 = (s^2_1 s_{2y} - s_{12}s_{1y})/(s^2_1 s^2_2 - s^2_{12}) \tag{10-17}$$

を得る。ただし,s^2_1,s^2_2,s_{12} は,順に,x_1,x_2 の分散,x_1 と x_2 の共分散を表す。式 (10-16),(10-17) からわかるように,偏回帰係数を計算するには,説明変数間の共分散 (s_{12}) が関連することより,説明変数としてどのような変数を選ぶかによって,偏回帰係数の値は変化することを意味する。もしも説明変数間の共分散が0であると,a_1,a_2 の式は,単回帰分析の場合と同じとなる。表1-1の20人の男子学生の体重を,身長とウエストから予測する重回帰分析を行うと,Y(体重の予測値) $= -70.2476854 + 0.4355056x_1$(身長)$+ 0.8188853x_2$(ウエスト) を得る。偏回帰係数は,対応する変数の1単位の増分に対する y の増分を意味するので,この式より,身長が1cm増えると,体重が0.4355056kg増えることを意味する。同様に,ウエストが1cm増えると,体重は0.8188853kg増えることを意味する。重回帰分析において y の分散は,重回帰式によって説明される y の分散 (s^2_Y) と誤差分散 (s^2_e) の和として表される。よって,予測値 (Y) の分散 (s^2_Y) と y の分散 (s^2_y) の比が,重回帰式の説明率となる。これを図で表すと,図10-1のようになる。

図10-1

分散の大きさを円あるいは円の一部の面積で表すと,y の分散は,図のA,B,C,Dの部分の合計で表される。同様に,x_1 の分散は,A,B,E,Fの部分の合計,x_2 の分散は,B,C,F,Gの部分の合計で表される。このとき,A + Bの部分は,y の分散のうち,x_1 によって説明される y の分散と考えられる。同様に,B + Cの部分は,x_2 によって説明される y の分散と考え

られる。よって，A＋B＋Cの部分が重回帰によって説明されるyの分散ということになる。この部分が大きいほど，yは重回帰式によってよく説明されるということになる。よって，(A＋B＋C)/(A＋B＋C＋D)＝(Yの分散)/(yの分散) が説明率ということになる。Dの部分は，重回帰式によって説明されないyの分散で，誤差分散（s^2_e）である。yを説明する分散のうちAの部分は，x_1によってのみ説明されるyの分散，Cの部分はx_2によってのみ説明されるyの分散，Bの部分はx_1とx_2の両方によって説明されるyの分散である。偏回帰係数というのは，このようにある特定の変数のみによって説明されるyの分散に関係する。例えば，x_1の偏回帰係数であるa_1は，x_1以外の変数の影響を除去したときの，x_1のみによる回帰係数ということである。もしも説明変数間に相関がないと，BおよびCの部分はなくなるので，そのようなときは，偏回帰係数は単回帰分析の場合の回帰係数と同じ値となる。表1-1の身長とウエストのデータを得られた重回帰式に代入して体重の予測値を計算すると，表10-1となる。これをもとに体重の予測値の分散を計算すると，88.29797となり，体重の分散は，116.14であるので，説明率＝88.29797/116.14＝0.7602718となる。体重を身長のみあるいは，ウエストのみによって予測した場合の回帰式は，

Y_1（体重の予測値）＝27.4542412＋0.2170363x_1（身長）

Y_2（体重の予測値）＝7.9287355＋0.7694673x_2（ウエスト）

となり，回帰係数と偏回帰係数が違うことがうかがえる。身長のみをもとにした単回帰分析における体重の予測値の分散を計算すると，それは，A＋Bの部分の分散となり，2.639162，ウエストのみをもとにした単回帰分析における体重の予測値の分散を計算すると，それは，B＋Cの部分となり，77.99321である。A＋B＋CからB＋Cの値を引くことによって，A＝88.29797－77.99321＝10.30476を得る。また，A＋B＝2.639162であるので，B＝2.639162－10.30476＝－7.665598を得る。これは，2つの説明変数間の相関が負であることを意味する。

　重回帰分析の中で，説明変数が標準化されている場合の重回帰分析を標準化された重回帰分析と呼び，その偏回帰係数を標準偏回帰係数と呼ぶ。標準化された重回帰分析においては，定数項は0となる。変数jの標準偏回帰係数をb_jとすると，

$$b_1 = (r_{1y} - r_{12}r_{2y})/(1 - r^2_{12}) \qquad (10-18)$$

$$b_2 = (r_{2y} - r_{12}r_{1y})/(1 - r^2_{12}) \qquad (10-19)$$

となる。そして，$-1 \leq b_j \leq 1$である。標準化されていない重回帰分析においては，a_jは説明変数の分散と共分散の関数であるので，a_jの範囲は一定ではない。よって，a_jを比較することによっていずれの説明変数の方がより貢献しているのかがわからないが，標準偏回帰係数の場合は，b_jの範囲が固定されているので比較が可能なのである。

表10-1 20人の男子大学生の身長，ウエスト，体重と重回帰分析による体重の予測値

	身長（cm）	ウエスト（cm）	体重（kg）	重回帰分析による体重の予測値（Y）
1	175	76	73	68.201
2	169	58	54	50.848
3	167	82	60	69.630
4	174	60	63	54.663
5	178	65	60	60.500
6	180	54	52	52.363
7	164	99	92	82.245
8	169	74	65	63.950
9	172	76	62	66.895
10	169	95	79	81.147
11	169	69	56	59.856
12	151	64	50	47.922
13	177	60	56	55.970
14	161	72	53	58.828
15	177	74	61	67.434
16	162	84	70	69.091
17	181	75	66	69.995
18	180	80	84	73.654
19	178	84	72	76.059
20	170	72	64	62.748

2）重相関係数と偏相関係数

重回帰分析による説明率を計算するにあたり，yの予測値の分散とyの分散の比をもとに計算したが，説明率は，yの予測値とyの間の相関係数の2乗で求めることも可能である。この場合の相関係数を重相関係数（multiple correlation coefficient）と呼び，重相関係数はRで表すことが多い。すなわち，$R = r_{yY}$である。そして，重相関係数の2乗を重決定係数と呼ぶ。体重の値とその予測値から重決定係数を計算すると，$R^2 = 0.8719357^2 = 0.7602718$を得る。これは，$Y$の分散と$y$の分散の比より求めた説明率に一致する。すなわち，$R^2 = s^2_Y/s^2_y$である。

一般的に，重相関係数は説明変数を増やしてゆくと，その説明変数が被説明変数の寄与にあまり関係がなくても増加する傾向になる。そこで，単なる変数の増加による重相関係数の影響を取り除くために，自由度調整済み重相関係数（$\hat{R}$）が考案されている。重相関係数は，

$$R^2 = s^2_Y/s^2_y = (s^2_y - s^2_e)/s^2_y = 1 - s^2_e/s^2_y \tag{10-20}$$

によって表される。ここにおいて，
$s^2_e = \sum_{i=1}^{n}(y_i - Y_i)^2/n$, $s^2_y = \sum_{i=1}^{n}(y_i - \bar{y})^2/n$
である。これに対して，$\hat{R}^2$の場合は，

$$\hat{R}^2 = 1 - u^2_e/u^2_y \tag{10-21}$$

と定義される。ここにおいて，
$u^2_e = \sum_{i=1}^{n}(y_i - Y_i)^2/(n-k-1)$, $u^2_y = \sum_{i=1}^{n}(y_i - \bar{y})^2/(n-1)$,
kは説明変数の数である。これより，

$$\hat{R}^2 = \{(n-1)R^2 - k\}/(n-k-1) \tag{10-22}$$

となる。

偏相関とは，他の説明変数の影響を除去したときの，被説明変数と説明変数との間の相関のことで，その値を偏相関係数（partial correlation coefficient）と呼ぶ。例えば，yとx_1との間の偏相関係数は，yの中からx_2の影響を除去した値，$y - Y_2$と，x_1の中からx_2の影響を除去した値，$x_1 - X_1$との相関（$r_{1y.2}$）で表される。ただし，Y_2は単回帰式により，yをx_2から予測した

ときの予測値，$Y_2 = c_0 + c_1 x_2$，X_1は，単回帰式により，x_1をx_2から予測したときの予測値$X_1 = d_0 + d_1 x_2$である。c_0，c_1，d_0，d_1は各単回帰において推定された定数項，回帰係数である。偏相関係数の2乗を計算することによって，偏相関の対象となった説明変数が，それ独自で被説明変数をどれくらい説明するかを知ることができる。説明変数が2つの場合の偏相関係数は，

$$r_{1y.2} = (r_{1y} - r_{12} r_{2y}) / (\sqrt{(1 - r^2_{12})} \sqrt{(1 - r^2_{2y})}) \tag{10-23}$$

$$r_{2y.1} = (r_{2y} - r_{12} r_{1y}) / (\sqrt{(1 - r^2_{12})} \sqrt{(1 - r^2_{1y})}) \tag{10-24}$$

によって表される。

2. 重相関係数および偏回帰係数の検定

1) 重相関係数と偏回帰係数の検定について

母集団の重相関係数が0であるという帰無仮説のもとでは，

$$F = \frac{R^2 / k}{(1 - R^2) / (n - k - 1)} \tag{10-25}$$

は，$df = k, n-k-1$のF分布に従うことを利用して，重相関係数の検定を行うことができる。ただし，kは説明変数の数，nは標本の大きさである。

偏回帰係数の検定を行う場合は，母集団の偏回帰係数が，0であるという帰無仮説のもとでは，

$$t = a_j / \sqrt{s^{jj} u^2 / n} \tag{10-26}$$

が，$df = n-k-1$のt分布に従うことを利用して，偏回帰係数の検定を行うことができる。ただし，s^{jj}は，k個の説明変数に関する標本分散共分散行列（$\mathbf{V}$）の逆行列のjj要素，u^2は，母集団の誤差分散の不偏推定値を意味し，

$$\mathbf{V} = \begin{pmatrix} s^2_1 & s_{12} \cdots s_{1k} \\ \vdots & s^2_2 \cdots s_{2k} \\ s_{k1} & \cdots \cdots s^2_k \end{pmatrix} \tag{10-27}$$

$$u^2 = \sum_{i=1}^{n} e^2_i / (n - k - 1)$$

である。これは，母集団における変数jの偏回帰係数をα_j，誤差分散をσ^2としたとき，変数jの標本回帰係数は，平均α_j，分散$s^{jj} \sigma^2 / n$の正規分布に従うことを利用したものである。σ^2が未知であるので，その推定値としてu^2を使用するので，t分布になるのである。同様にして，定数項の検定をするには，母集団における重回帰式の定数は0であるという帰無仮説のもとでは，

$$t = a_0 / \sqrt{(1 + \sum_{j=1}^{k} \sum_{l=1}^{k} \bar{x}_j \bar{x}_l s^{jl}) u^2 e / n} \tag{10-28}$$

が$df = n-k-1$のt分布に従うことを利用して行う。これは，定数母集団における重回帰式の定数項をα_0とすると，標本の定数項は，平均α，分散$(1 + \sum_{l=1}^{k} \sum_{j=1}^{k} \bar{x}_j \bar{x}_l s^{jl}) \sigma^2 / n$の正規分布に従う性質に由来する。

2) 変数選択

被説明変数を説明する変数を選ぶ際には，説明率が大きくなるように説明変数を選ぶことが

重要である．そのためには，まず，被説明変数との間の相関が高いことが重要である．しかしながら，説明変数間の相関が高いと説明率があまり増加しないので，被説明変数との間の相関が高く，かつ，説明変数間の相関が低いものを選ぶのがよい．また，説明変数間の相関が高いと，多重共線性（multicollinearity）の問題も生じるので説明変数間の相関はできるだけ小さい変数がよい．式（10 − 23），式（10 − 24）において，r_{12} が 1 に近づくにつれ，式の分母が 0 に近づいてゆき，偏相関係数が不安定になってくる．これが多重共線性である．重相関係数の検定を利用して，追加変数の有意性を検定することができる．いま，k 個の説明変数を用いて被説明変数を予測したときの重相関係数 R を R_k，これに説明変数を 1 つ追加して $k+1$ 個の説明変数を用いて被説明変数を予測したときの重相関係数 R を R_{k+1} とすると，

$$\Delta R^2 = R^2_{k+1} - R^2_k \tag{10 − 29}$$

は，説明変数 $k + 1$ を加えることによって得られる説明率，すなわち重相関係数の増分である．いま，母集団における重相関係数の増分を 0 とすると，

$$F = \frac{\Delta R^2}{\frac{1 - R^2_{k+1}}{n - k - 2}} \tag{10 − 30}$$

は，自由度 $df = (1, n − k − 2)$ の F 分布に従うことが知られている．よって，これを利用して，追加変数の検定が可能である．さらに，追加変数が g 個あれば，

$$\Delta R^2 = R^2_{k+g} - R^2_k \tag{10 − 31}$$

としたとき，

$$F = \frac{\frac{\Delta R^2}{g}}{\frac{1 - R^2_{k+g}}{n - k - g - 1}} \tag{10 − 32}$$

は，自由度 $df_1 = g$，$df_2 = n − k − g − 1$ の F 分布に従うことが知られている．これを利用して，同時に g 個の追加変数の検定が可能になる．

　一般的に，変数選択の統計方法として，総あたり法（all possible subsets method），前進選択法（forward selection method），後退消去法（backward elimination method），逐次法（stepwise method）が挙げられる．総あたり法は，1 から k 個の変数のすべての可能な組み合わせをもとに回帰モデルを検討する方法である．前進選択法は，被説明変数と相関の高い順に，1 つずつ説明変数として採用してゆく方法である．変数を採用するたびに回帰係数の検定を行い，回帰係数が 0 であるという帰無仮説が棄却されなければ，その変数を採用しない．後退消去法は，すべての説明変数を回帰モデルに入れた状態から出発し，すべての変数に関して回帰係数の検定を行い，t 値あるいは F 値の小さい順に，変数の採用を棄却してゆく方法である．逐次法は，前進選択法を改良したもので，前進選択法の場合は一度採用されるとその変数は採用を棄却されることはないが，逐次法では前進選択法と同様に変数を 1 つずつ増やしてゆくが，回帰モデルが変わるたびにすべての説明変数の回帰係数の検定を行い，回帰係数が 0 であるという帰無仮説が棄却されない変数は採用を取り消される．

3. 重回帰分析の特殊な場合

　重回帰分析において，説明変数および被説明変数は通常はともに間隔尺度以上のデータを使用する。しかしながら，特殊な場合として説明変数に性別のような2値データを使用する場合が考えられる。例えば，体重を予測するのにウエストと性別（男1，女0とする）を使用する場合である。いま，体重をy，ウエストをx_1，性別をx_2としたとき，x_2のとる値は，1か0のいずれかとなる。よって，予測式は，次の2つの場合に分けられる。

　$x_2 = 1$のとき，

$$Y_m = a_0 + a_1 x_1 + a_2 x_2 = a_0 + a_1 x_1 + a_2 = (a_0 + a_2) + a_1 x_1 \tag{10-33}$$

　$x_2 = 0$のとき

$$Y_f = a_0 + a_1 x_1 + a_2 x_2 = a_0 + a_1 x_1 \tag{10-34}$$

となる。Y_mは男の場合の予測式，Y_fは女の場合の予測式である。$Y_m = (a_0 + a_2) + a_1 x_1$と$Y_f = a_0 + a_1 x_1$は，互いに平行な直線であるので，体重を予測する際の性別の効果は，2直線の間隔であるa_2によって表される。さらに，第3変数として，交互作用項$x_1 x_2$を採用すると，予測式は，

　$x_2 = 1$のとき，

$$Y_m = a_0 + a_1 x_1 + a_2 x_2 + a_3 x_1 x_2 = a_0 + a_1 x_1 + a_2 x_2 + a_3 x_1 = (a_0 + a_2) + (a_1 + a_3) x_1 \tag{10-35}$$

　$x_2 = 0$のとき

$$Y_f = a_0 + a_1 x_1 + a_2 x_2 + a_3 x_1 x_2 = a_0 + a_1 x_1 \tag{10-36}$$

となる。この場合，男の場合の予測式と女の場合の予測式は，y切片だけでなく傾きも異なる。傾きの違いが交互作用に対応する訳である。このように説明変数に2値変数が含まれる場合の重回帰分析を共分散分析と呼ぶ。さらに，特殊な場合として，すべての説明変数が2値変数の場合，重回帰分析は分散分析と同一になる。例えば，体重を予測するのに，性別（男1，女0）をx_1，肉の好き嫌い（好き1，嫌い0）をx_2として使用した場合，予測式は，

　$x_1 = 1$および$x_2 = 1$のとき，

$$Y_m = a_0 + a_1 x_1 + a_2 x_2 = a_0 + a_1 + a_2 \tag{10-37}$$

　$x_1 = 1$および$x_2 = 0$のとき，

$$Y_m = a_0 + a_1 x_1 + a_2 x_2 = a_0 + a_1 \tag{10-38}$$

　$x_1 = 0$および$x_2 = 1$のとき，

$$Y_f = a_0 + a_1 x_1 + a_2 x_2 = a_0 + a_2 \tag{10-39}$$

　$x_1 = 0$および$x_2 = 0$のとき，

$$Y_f = a_0 + a_1 x_1 + a_2 x_2 = a_0 \tag{10-40}$$

これより，a_1 は，性別の効果，すなわち，男であると体重は a_1 だけ増加，そして，a_2 は，肉の好みの効果，すなわち，肉が好きであると体重は a_2 だけ増加，男で肉が好きな場合は，体重が $a_1 + a_2$ 増加することがうかがえる。これはちょうど交互作用のない2元配置法に等しい。

4. 微分・偏微分

図10-2 2次関数

図10-2に示されるような2次関数 $y = x^2 - 6x + 10$ があるとき，y を最小にする x の値を求めるにはどのようにすればよいのであろうか。1つ目の方法は，与えられた2次関数を $y = x^2 - 6x + 10 = (x-3)^2 + 1$ と変形することである。すると，この式から $x = 3$ のとき，y は最小になり，そのときの y の最小値は1であることがわかる。もう1つの方法は，2次関数上の任意の地点における接線の傾きから求める方法である。図10-2からわかるように y が最小となる地点Aにおける接線の傾きは0である。よって，接線の傾きが0となる地点を探せば，その地点が y の極値（最小値あるいは最大値）を与えることがわかる。では，2次関数の任意の地点における接線の傾きは，どのようにして求められるのであろうか。2次関数 $y = x^2 - 6x + 10$ 上の任意の地点を，いま，点B (x_1, y_1)，点C (x_2, y_2) とする。このとき，2点B，Cを通る直線の傾きは，

$$(y_2 - y_1)/(x_2 - x_1) = \{(x_2^2 - 6x_2 + 10) - (x_1^2 - 6x_1 + 10)\}/(x_2 - x_1)$$
$$= \{(x_2^2 - x_1^2) - 6(x_2 - x_1)\}/(x_2 - x_1)$$
$$= x_2 + x_1 - 6$$

によって与えられる。いま，点Cが，2次関数上を移動して点Bに限りなく近づいてゆく場合を考えよう。点Cが点Bに限りなく近づいてゆくと，x_2 は，限りなく x_1 に近づいてゆくので，直線の傾きは，限りなく $x_2 + x_1 - 6 = 2x_1 - 6$ に近づいてゆく。この $2x_1 - 6$ という式は，点Bにおける2次関数 $y = x^2 - 6x + 10$ の傾きと考えられる。点Bは，もともと2次関数上の任意の点であるから，2次関数上のどの地点においてもその接線の傾きは，その点の x 座標を x_1 とすると，$2x_1 - 6$ ということになる。よって，$2x_1 - 6 = 0$ を満たす x_1 を求めれば，それは，接線の傾きが0となるときの x の値，すなわち，y を最小にする x の値ということになる。この場合であれば，$x_2 = 3$ が y を最小にする x の値ということになり，上述した場合の値と一致

する。

　数学における微分（derivative）は，このような関数の傾きを求めることに関連する。表10-2にいくつかの典型的な関数とそれを微分したものを示す。

表10-2　関数とその微分（表中のa, b, nは定数を示す）

関数	微分
$y = ax$	$dy/dx = a$
$y = b$	$dy/dx = 0$
$y = ax + b$	$dy/dx = a$
$y = ax^2$	$dy/dx = 2ax$
$y = ax^2 + bx + c$	$dy/dx = 2ax + b$
$y = ax^n$	$dy/dx = anx^{n-1}$
$y = e^x$	$dy/dx = e^x$
$y = ae^x$	$dy/dx = ae^x$
$y = \log_e x$	$dy/dx = 1/x$

　次に，独立変数が2つ以上ある場合の関数 $y = x_1^2 - 4x_1 + x_2^2 - 6x_2 + 13$ について考えてみよう。この式は $y = (x_1 - 2)^2 + (x_2 - 3)^2$ と変形することができる。よって，$x_1 = 2$, $x_2 = 3$ のとき，y は最小値0をとることがわかる。この関数を図示すると，図10-3となる。これは，放物線を回転することによって得られる2次曲面で，回転放物面と呼ばれる。このような2次曲面上の任意の点における接線は，直線ではなく接平面となる。このように独立変数が2つ以上ある場合の極値問題においては，微分の代わりに偏微分（partial derivative）を行う。微分すべき変数が2つ以上あるときに，そのうちの1つの変数に注目して，それ以外の変数は定数と考えて，問題となっている変数を微分することを偏微分と呼ぶ。上述の例であれば，独立変数が，x_1, x_2 と2つ存在する。そこで，変数 x_1 に注目して，変数 x_2 を定数として変数 x_1 を微分すると，$\partial y/\partial x_1 = 2x_1 - 4$ となる。これを0とおいて，x_1 について解くと，$x_1 = 2$ を得る。同様にして，変数 x_2 について偏微分すると，$\partial y/\partial x_2 = 2x_2 - 6$ となる。これを0とおいて，x_2 について解くと，$x_2 = 3$ を得る。すなわち，$y = x_1^2 - 4x_1 + x_2^2 - 6x_2 + 13$ は，$x_1 = 2$, $x_2 = 3$ のとき，最小となることがわかる。式の中の記号 ∂ は，パーシャルと読み，偏微分で使用される記号である。$\partial y/\partial x_1$ は，y を x_1 で偏微分するという意味である。

図10-3　2次曲面の微分

5. 制約条件のない場合の極値問題

説明変数が1つの場合の線形回帰式は,

$$Y_i = a + b x_i \tag{10-41}$$

で表される。Y_i は個人 i の予測された被説明変数 y の値，x_i は個人 i の説明変数 x の値で，Y_i と y_i は，

$$y_i = Y_i + e_i = a + b x_i + e_i \tag{10-42}$$

の関係にある。e_i は，個人 i における Y_i と y_i との間のずれを意味し，残差を表す。回帰式における2つのパラメータ a, b は，最小2乗法によって残差の2乗和が最小になるように決定される。すなわち，

$$Q = \sum_{i=1}^{n} e^2_i = \sum_{i=1}^{n} (y_i - Y_i)^2 = \sum_{i=1}^{n} \{y_i - (a + b x_i)\}^2 \tag{10-43}$$

が最小となるように a, b を決定する。そこで，Q を a, b の関数と考え，Q を a, b について偏微分し，それを0とおくことによって，a, b を求めることになる。すなわち，

$$\begin{aligned}
Q &= \sum_{i=1}^{n} e^2_i = \sum_{i=1}^{n} (y_i - Y_i)^2 = \sum_{i=1}^{n} \{y_i - (a + b x_i)\}^2 \\
&= \sum_{i=1}^{n} (y^2_i - 2 b x_i y_i - 2 a y_i + b^2 x^2_i + 2 a b x_i + a^2)
\end{aligned} \tag{10-44}$$

$$\partial Q / \partial a = \sum_{i=1}^{n} (-2 y_i + 2 b x_i + 2 a) = 0 \tag{10-45}$$

$$\partial Q / \partial b = \sum_{i=1}^{n} (-2 x_i y_i + 2 b x^2_i + 2 a x_i) = 0 \tag{10-46}$$

これを解いて,

$$a = \left(\sum_{i=1}^{n} y_i - b \sum_{i=1}^{n} x_i \right) / n = \bar{y} - b \bar{x} \tag{10-47}$$

$$b = \left(\sum_{i=1}^{n} x_i y_i - a \sum_{i=1}^{n} x_i \right) / \sum_{i=1}^{n} x^2_i = s_{xy} / s^2_x \tag{10-48}$$

となる。

11 主成分分析をマスターする

1. 主成分分析

　主成分分析（principal component analysis）とは，N 個の対象があるとき，それらの対象の空間的配置を対象を記述する項目の数 (n) よりもできるだけ少ない次元 (m) で表現することによって，対象間の関連性を分析する方法である。例えば，図 11 – 1 は，表 11 – 1 の 10 人の大学生の数学の成績と物理の成績をもとにプロットしたものである。10 人の大学生は，数学と物理の 2 次元で空間表現されているが，図からわかるように，10 人の大学生は，2 次元の平面上にまんべんなく散らばっているのではなく，1 つの直線上 (z_1) に沿って散布してい

表 11 – 1　8 科目における 10 人の学生の成績

	数学	物理	生物	化学	英語	独語	心理学	経済学
1	9	9	9	9	2	3	2	4
2	6	7	7	6	7	4	4	2
3	7	7	5	6	1	5	2	3
4	1	4	7	4	8	7	9	9
5	2	4	3	7	8	9	8	9
6	2	3	4	2	8	8	7	9
7	5	2	9	9	2	8	9	9
8	4	5	7	6	4	4	6	5
9	9	8	3	3	7	6	2	1
10	8	8	1	4	9	9	7	2

図11-1　数学と物理の得点をもとにした10人の大学生の空間的配置

る。このような場合，数学と物理からなる2つの次元を使用せずとも，10人の学生の座標点が沿って散布している直線（z_1）を1つの新しい次元として使用した方が次元の節約となり，できるだけ少ない次元で対象の空間配置を行った方が対象間の関連性を分析しやすい。主成分分析は，対象を記述する項目の得点によって空間的配置されている初期布置をもとにして，項目数よりも少ない数の次元（主成分）に対象を配置するのである。

主成分分析によって得られた新しい軸である主成分上における対象の得点を主成分得点（principal component score）と呼ぶが，この主成分得点z_{ki}は，

$$z_{ki} = a_{k1}x_{1i} + a_{k2}x_{2i} + ... + a_{kn}x_{ni} \qquad (11-1)$$

によって表される。添え字のiは対象を表し，kは主成分を表すとする。よってz_{ki}は，第k主成分における対象iの主成分得点ということになる。そして，a_{kj}を項目jの第k主成分における主成分係数と呼ぶ。例えば，項目が2つの場合であれば，主成分得点は，

$$\begin{aligned} z_{1i} &= a_{11}x_{1i} + a_{12}x_{2i} \\ z_{2i} &= a_{21}x_{1i} + a_{22}x_{2i} \end{aligned} \qquad (11-2)$$

あるいは，行列によって，

$$\begin{bmatrix} z_1 \\ z_2 \end{bmatrix} = \begin{bmatrix} a_{11} & a_{12} \\ a_{21} & a_{22} \end{bmatrix} \begin{bmatrix} x_1 \\ x_2 \end{bmatrix} \qquad (11-3)$$

と表される。主成分分析では，まず，第1主成分得点の分散が最大になるようにして，a_{11}，a_{12}を決定してゆく。そして，a_{11}，a_{12}が決定されたあと，次に，第2主成分得点が最大になるように，a_{21}，a_{22}を決定してゆく。いま，式の簡略化のために

$$z_1 = a_{11}x_1 + a_{12}x_2 = a_1x_1 + a_2x_2 \qquad (11-4)$$

とすると，

$$s^2_{z_1} = a^2_1 s^2_1 + a^2_2 s^2_2 + 2a_1 a_2 s_{12} \qquad (11-5)$$

が最大となるように，a_1，a_2を決定するのである。ただし，s^2_1，s^2_2，s_{12}は順に変数x_1の分散，変数x_2の分散，変数x_1とx_2の共分散を示す。a_1，a_2を大きくすればするほど，$s^2_{z_1}$は大きくなるので，

$$a^2_1 + a^2_2 = 1 \qquad (11-6)$$

という制約条件のもとでの$s^2_{z_1}$の最大化を行うのである。そこで，ラグランジュ（Lagrange）の未定乗数法を利用して，

$$Q = a^2_1 s^2_1 + a^2_2 s^2_2 + 2a_1 a_2 s_{12} - \lambda(a^2_1 + a^2_2 - 1) \qquad (11-7)$$

としたときの

$$\partial Q / \partial a_1 = 0 \qquad (11-8)$$
$$\partial Q / \partial a_2 = 0 \qquad (11-9)$$

を満たすa_1，a_2を決定するのである。

これより，

$$(s^2_1 - \lambda)a_1 + s_{12}a_2 = 0 \qquad (11-10)$$

$$s_{12}a_1 + (s^2_2 - \lambda)a_2 = 0 \qquad (11-11)$$

これを行列で表すと,

$$\begin{bmatrix} s^2_1 & s_{12} \\ s_{12} & s^2_2 \end{bmatrix} \begin{bmatrix} a_1 \\ a_2 \end{bmatrix} = \lambda \begin{bmatrix} a_1 \\ a_2 \end{bmatrix} \qquad (11-12)$$

となる。

よって,求める a_1, a_2 は,変数間の分散共分散行列の固有ベクトルということになる。固有ベクトルの性質より上の式を満たす固有ベクトルは無数にあるので,そのうち,制約条件である $a^2_1 + a^2_2 = 1$ を満たす固有ベクトルが求める a_1, a_2 となる。また,固有値である λ は,上の式より

$$\lambda = a^2_1 s^2_1 + a^2_2 s^2_2 + 2a_1 a_2 s_{12} = s^2_{z1} \qquad (11-13)$$

となるので,λ は,最大化された s^2_{z1} を意味する。

2次の分散共分散行列の固有値は2つ得られる。よって,大きい方の固有値が最大化された s^2_{z1},小さい方の固有値が次に最大化された s^2_{z2} ということになる。大きい方の固有値を λ_1,小さい方の固有値を λ_2 とすると,固有値の性質より,$s^2_1 + s^2_2 = \lambda_1 + \lambda_2$ である。

よって,$\lambda_1 / (\lambda_1 + \lambda_2)$ は,第1主成分のみによって説明される寄与率になるので,これが十分に大きければ(例えば,0.7以上),第1主成分だけで十分であるということになる。

一般的に変数が n 個ある場合は,その分散共分散行列の固有値も n 個存在するので,各主成分の寄与率を累積した累積寄与率がある基準に達するかどうかで,求める最終的な主成分数を決めることになる。

分散共分散行列が対称行列であるので,その固有ベクトルは互いに直交する性質がある。そして,固有ベクトルのノルムが1であることから,主成分係数行列は正規直交行列であることがわかる。2次の正規直交行列は,回転行列によって,

$$\begin{bmatrix} a_{11} & a_{12} \\ a_{21} & a_{22} \end{bmatrix} = \begin{bmatrix} \cos\theta & -\sin\theta \\ \sin\theta & \cos\theta \end{bmatrix} \qquad (11-14)$$

と表すことができる。よって,主成分分析は,n 個の項目に基づく次元によって表現された N 個の対象の空間配置を回転させることによって,n 個よりもより少ない次元で対象の空間配置を考える方法といえよう。

2. 主成分分析の例

表11-1の8科目の得点をもとに主成分分析をしてみよう。まず,8科目の項目間の分散共分散行列を算出し,そして,それの固有ベクトルを求め主成分係数を得る。そして,主成分得点を産出する。表11-2は,8項目間の分散共分散行列を表し,表11-3は,分散共分散行列の固有ベクトルからなる行列で,主成分係数行列である。これをもとにして得られた主成分得点を表11-4に示す。ただし,主成分得点は,各主成分ごとに平均0,分散1に標準化されている。分散共分散行列の固有値は,順に,21.63, 4.90, 3.55, 1.79, 0.51, 0.44, 0.22, 0.06である。主成分軸を横軸に,そして,固有値を縦軸にして表したもの,および,累積寄与率を

縦軸に表したものが，図11-2に示されている。

主成分分析においては，まず，主成分の軸数を決定しなければならない。主成分の軸数は，後に述べる因子分析と同様に，固有値の急激な変化，累積寄与率，仮説的主成分数などをもとにして決定される。これより，第2主成分までで，分散の80％を占めるので，主成分の数を第2主成分として，10人の個人を標準化された主成分得点で表したものが，図11-3に示されている。図11-3より，個人は3つのクラスターからなることがうかがえる。

表11-2　8科目間の分散共分散行列

	数学	物理	生物	化学	英語	独語	心理学	経済学
1	8.01	5.39	−0.45	1.22	−2.88	−2.49	−5.88	−7.69
2	5.39	5.21	−1.15	−0.02	−0.52	−2.51	−5.02	−6.51
3	−0.45	−1.15	6.65	3.8	−4.8	−3.15	−0.1	2.05
4	1.22	−0.02	3.8	5.04	−4.46	−1.48	−0.26	0.82
5	−2.88	−0.52	−4.8	−4.46	8.24	3.32	3.14	0.72
6	−2.49	−2.51	−3.15	−1.48	3.32	4.41	4.12	3.31
7	−5.88	−5.02	−0.1	−0.26	3.14	4.12	7.44	6.82
8	−7.69	−6.51	2.05	0.82	0.72	3.31	6.82	10.21

表11-3　主成分係数行列（行は，項目，列は主成分軸を表す）

	第1主成分	第2主成分	第3主成分	第4主成分	第5主成分	第6主成分	第7主成分	第8主成分
1	0.479	0.054	0.461	0.102	0.323	0.513	0.104	0.407
2	0.378	0.159	−0.018	0.266	−0.382	0.173	−0.726	−0.242
3	0.022	−0.571	−0.339	0.402	0.356	0.337	0.064	−0.391
4	0.071	−0.437	0.454	0.413	−0.526	−0.256	0.29	0.021
5	−0.223	0.573	−0.247	0.585	−0.177	0.238	0.356	0.069
6	−0.269	0.23	0.57	−0.118	0.088	0.212	0.087	−0.69
7	−0.463	−0.005	0.282	0.432	0.415	−0.273	−0.458	0.249
8	−0.534	−0.272	0.019	−0.209	−0.367	0.593	−0.175	0.283

表11-4　10人の個人の標準化された主成分得点（行が個人，列が主成分軸を表す）

	第1主成分	第2主成分	第3主成分	第4主成分	第5主成分	第6主成分	第7主成分	第8主成分
1	1.363	−1.264	−0.014	0.682	−1.152	1.602	−0.808	0.628
2	0.682	0.095	−1.116	1.455	0.136	−0.771	1.553	−0.941
3	1.032	−0.456	0.227	−2.001	−0.26	−1.032	−0.627	−1.426
4	−1.302	−0.035	−1.193	0.683	0.295	0.445	−1.424	−1.383
5	−1.204	0.326	0.856	0.085	−2.335	−0.564	0.786	0.1
6	−1.2	0.625	−0.892	−1.349	0.247	1.117	0.314	0.77
7	−0.816	−1.646	1.61	0.119	1.452	0.319	0.871	−0.183
8	0.023	−0.626	−0.874	0.013	0.475	−1.723	−0.516	2.012
9	1.131	1.225	−0.143	−0.57	0.545	0.919	1.101	0.217
10	0.291	1.756	1.541	0.884	0.598	−0.313	−1.249	0.206

図11-2　各主成分軸に対する固有値（左図）と累積寄与率（右図）

図11-3　2つの主成分に基づく個人の空間的配置

12 因子分析をマスターする

1. 因子分析

1）因子分析の考え方

因子分析（factor analysis）は，項目間の相関係数をもとに共通因子を見つける方法である。n 個の項目間に相関関係がまったくない場合は，n 個の項目を説明するのに，n 個の次元が必要となる。しかしながら，n 個のうち，例えば，2つの項目が高い相関関係にあるとき，$n-1$ 次元で説明可能となる。同様にして，n 個の項目間すべてに高い相関関係があるとき，1次元で説明可能となる。図12－1は，項目と因子との関係を示したものである。図12－1は，3つの項目が2つの共通因子で説明できる場合を示している。

表12－1　8科目間の相関行列（対角要素には，各行の相関係数の絶対値の最大値が記入されている）

	数学	物理	生物	化学	英語	独語	心理学	経済学
1	0.850	0.834	－0.062	0.192	－0.354	－0.419	－0.762	－0.850
2	0.834	0.893	－0.195	－0.004	－0.079	－0.524	－0.806	－0.893
3	－0.062	－0.195	0.656	0.656	－0.648	－0.582	－0.014	0.249
4	0.192	－0.004	0.656	0.692	－0.692	－0.314	－0.042	0.114
5	－0.354	－0.079	－0.648	－0.692	0.692	0.551	0.401	0.078
6	－0.419	－0.524	－0.582	－0.314	0.551	0.719	0.719	0.493
7	－0.762	－0.806	－0.014	－0.042	0.401	0.719	0.806	0.783
8	－0.850	－0.893	0.249	0.114	0.078	0.493	0.783	0.893

図12－1

円の大きさがその項目の分散を示す。因子分析の場合，各項目および各因子は，平均0，分散1に標準化されているので，円の大きさはすべて同じである。各項目は，A，B，Cの部分からなり，Aの部分が因子1によって説明される分散，Bの部分が因子2によって説明される分散，Cの部分がその項目の独自分散である。このように，因子分析は各項目の分散を共通因子によって説明してゆく。

因子分析においては，各項目の標準得点（z_{ij}）は，以下のように表される。

$$z_{ij} = a_{j1}f_{i1} + a_{j2}f_{i2} + a_{jp}f_{ip} + ... + a_{jm}f_{im} + d_j u_i \quad (12-1)$$

ただし，上式は共通因子がm個である場合を示し，z_{ij}は項目jにおける個人iの標準得点，a_{jp}は項目jの第p因子における因子負荷量（factor loading），f_{ip}は個人iの因子pにおける因子得点（factor score）を表す。そして，d_jは項目jの独自因子負荷量，u_iは個人iの独自因子得点を表す。a_{jp}は項目jと因子pとの間の相関係数を表すので，a^2_{jp}は因子pが項目jを説明する説明率を表すことになる。よって，$a^2_{11} + a^2_{21} + \cdots + a^2_{n1}$は，因子1によって$n$個の項目の全分散がどれくらい説明されるかを示す寄与率を表す。この値が大きいほどその因子は共通因子として大きく寄与していることになる。通常共通因子数mは項目数nよりも少ない。できるだけ少ない因子数で説明しようとするわけである。

a_{jp}は相関係数であることから，$-1 \leq a_{jp} \leq 1$であり，因子得点であるf_{ip}は各因子軸ごとに平均0，分散1に標準化されている。そして，因子軸は，互いに直交するように定義されている。これを数式で表すと，

$$\sum_{i=1}^{N} f_{ip}/N = 0 \quad (12-2)$$

$$\sum_{i=1}^{N} f^2_{ip}/N = 1 \quad (12-3)$$

$$\sum_{i=1}^{N} f_{ip}f_{iq}/N = 0 \quad (12-4)$$

ということになる。ただし，Nは個人の数，p, qは因子を表す。

a_{jp}をどのように決定するかに関してはいくつかの方法があるが，そのうちの1つである主因子法（principal factor analysis）においては，a_{jp}は制約条件 $r_{jk} = \sum_{p=1}^{m} a_{jp}a_{kp}$ のもとで，各因子が項目を説明する寄与率が最大になるように決定される。第1因子の抽出においては

$$Q = \sum_{j=1}^{n} a^2_{j1} - \sum_{j=1}^{n}\sum_{k=1}^{n} \lambda_{jk}\left(\sum_{p=1}^{m} a_{jp}a_{kp} - r_{jk}\right) \quad (12-5)$$

が最大になるように，a_{j1}を決定する。

r_{jk}は項目jとkとの間の相関係数を意味し，λ_{jk}はラグランジュの未定乗数を意味する。主成分分析の場合，λは1つであったが，主因子法の場合，λは項目の組み合わせの数だけ必要でなのでλ_{jk}となるのである。そして，Qが最大になるようにQをa_{jp}で偏微分することになる。

第1因子に関しては，

$$\partial Q / \partial a_{j1} = a_{j1} - \sum_{k=1}^{n} \lambda_{jk}a_{k1} = 0 \quad (12-6)$$

第2因子以下に関しては，

$$\partial Q / \partial a_{jp} = -\sum_{k=1}^{n} \lambda_{jk}a_{kp} = 0 \quad (12-7)$$

2つの式をまとめて

$$\partial Q/\partial a_i = \delta_{1p}a_{j1} - \sum_{k=1}^{n}\lambda_{jk}a_{kp} = 0 \qquad (12-8)$$

ただし，δ はクロネッカーの δ（Kronecker delta）を意味し，$p = 1$ のとき $\delta_{1p} = 1$，$p = 0$ のとき $\delta_{1p} = 0$ である。式（12 - 8）に a_{j1} を乗じ，さらに，$a_{j1} = \sum_{k=1}^{n}\lambda_{jk}a_{k1}$ を利用し，$\lambda = \sum_{j=1}^{n}a^2_{j1}$ とすると，

$$\lambda\delta_{1p} - \sum_{j=1}^{n}a_{j1}a_{jp} = 0 \qquad (12-9)$$

式（12 - 9）に a_{kp} を掛け，$r_{jk} = \sum_{p=1}^{m}a_{jp}a_{kp}$ を代入すると，

$$\lambda\sum_{p=1}^{m}\delta_{1p}a_{kp} - \sum_{j=1}^{n}a_{j1}r_{jk} = 0 \qquad (12-10)$$

$\sum_{p=1}^{m}\delta_{1p}a_{kp} = a_{k1}$ を代入して

$$\sum_{j=1}^{n}r_{jk}a_{j1} - \lambda a_{k1} = 0 \qquad (12-11)$$

を得る。

これは，行列で表すと，

$$\begin{bmatrix} h^2_1 & r_{21} & \cdots & r_{n1} \\ r_{12} & \cdot & & \\ \cdot & \cdot & & \\ \cdot & \cdot & & \\ \cdot & \cdot & & \\ r_{1n} & & & h^2_n \end{bmatrix} \begin{bmatrix} a_{11} \\ a_{21} \\ \cdot \\ \cdot \\ \cdot \\ a_{n1} \end{bmatrix} = \lambda \begin{bmatrix} a_{11} \\ a_{21} \\ \cdot \\ \cdot \\ \cdot \\ a_{n1} \end{bmatrix} \qquad (12-12)$$

となる。ただし，h^2 は共通性（communality）を示し，$h^2_j = r_{jj} = \sum_{j=1}^{m}a^2_{jp}$ である。よって，求める a_{j1} は n 項目からなる相関行列の固有ベクトルということになる。$\lambda = \sum_{j=1}^{n}a^2_{j1}$ であるので，これを満たす固有ベクトルが最終的な解となる。よって，相関行列の固有ベクトルを b_{j1} とすると，求める a_{j1} は，

$$a_{j1} = \sqrt{\lambda}\, b_{j1} \qquad (12-13)$$

となる。n 個の項目の相関行列の固有値は n 個存在するので，各固有値，固有ベクトルから算出される a_{jp} がすべての因子からなる因子負荷量行列となる。表12 - 2 は，表12 - 1 の8科目の相関行列をもとにして主因子法によって得られた因子負荷量である。

表12 - 2　8科目の相関行列（対角要素は，各行の相関係数の絶対値の最大値）をもとにして得られた因子負荷量

	第1因子	第2因子	第3因子	第4因子	第5因子	第6因子	共通性(h^2)
1	0.877	0.183	0.361	0.002	0.118	0.093	0.955
2	0.875	0.383	0.034	0.222	−0.179	0.020	0.995
3	0.159	−0.897	−0.174	0.15	0.088	0.080	0.897
4	0.244	−0.748	0.374	0.155	−0.101	−0.062	0.797
5	−0.478	0.722	−0.185	0.266	−0.013	0.036	0.857
6	−0.770	0.396	0.479	−0.071	−0.014	0.032	0.986
7	−0.918	−0.117	0.156	0.271	0.114	−0.027	0.968
8	−0.851	−0.438	−0.016	−0.075	−0.180	0.093	0.963
固有値(λ)	4.007	2.429	0.59	0.251	0.11	0.031	
寄　与　率	0.501	0.304	0.074	0.031	0.014	0.004	
累積寄与率	0.501	0.805	0.878	0.91	0.923	0.927	

表12-2において，第1列目の因子負荷量の2乗和，$(0.877)^2 + (0.875)^2 + ... + (-0.851)^2$ は，第1固有値4.007に等しくなるように，因子負荷量行列の各列の2乗和は固有値に等しいことがうかがえる。さらに，第1行と第2行の積和，$(0.877)(0.875) + (0.183)(0.383) + ... + (0.093)(0.02)$ が，項目1と2の相関係数0.834に誤差範囲内で等しくなるように，第j行と第k行の積和は，項目jとkの相関係数r_{jk}と誤差範囲内で等しいのである。これが，制約条件 $r_{jk} = \sum_{p=1}^{m} a_{jp}a_{kp}$ を意味する。相関係数の対角要素に1を代入した相関行列をもとに因子負荷量を算出すると，第j行と第k行の積和は，項目jとkの相関係数r_{jk}と完全に等しくなる。ここにおいて誤差範囲内で等しいというのは，相関行列の対角要素に共通性を代入することによって誤差成分を取り除いた相関行列をもとにして因子負荷量を算出しているので完全には一致しないのである。

因子分析においては，共通因子の抽出が主な目的であり，独自因子に関しては分析しない。そこで，独自因子を取り除いた分散を分析の対象とするため，相関行列の対角成分は，1ではなく共通性を代入する。そして，共通性を対角要素とする相関行列をもとに因子負荷量を算出する。そこで，分析に先立って各項目の共通性を推定するという作業が生じる。共通性を推定するにはいくつかの方法があるが，ここでは，共通性の推定値として，相関行列の各行の相関係数の絶対値の最大値を使用している。相関行列の対角要素に1を入れて因子負荷量を算出する場合を，特に，主成分分析と呼ぶ。これは，後に示すようにすでに説明した主成分分析によって求められた解と一致するからである。

図12-2 因子負荷量に基づく8項目の空間配置

2）因子数の決定

因子分析の目的は変数間の共通因子を探すことであり，そのプロセスとして共通因子数の決定と共通因子の命名，そして，共通因子上における個人の因子得点の算出という作業が行われる。共通因子数の決定に関してはいくつかの基準が存在する。まず，選ばれた共通因子によって，できるだけ項目の分散が説明される必要があるので，累積寄与率ができるだけ大きい必要があるということである。一般的には，累積寄与率は，0.7以上，少なくとも0.6は必要と思われる。次に，固有値の変化をもとに共通因子数を決定する場合がある。共通因子数が多ければ多いほど寄与率が大きくなるので，寄与率という視点からみれば因子数が多いことは重要であるが，因子を増やすことによって寄与率が大きく変化しないときは，その因子を共通因子と

して採用しないという基準である。これは，図12-3に示されるように，因子軸を横軸に，固有値を縦軸にとってプロットしたときに，固有値が急激に変化するところで，因子数を決定しようとする基準である。3つめの基準として，仮説的に考えられる共通因子数±1あたりで因子数を決定するという基準がある。因子分析を行うにあたり，仮説としてどのような共通因子があるかを考えている場合が多いので，ある程度因子数の推測が可能である。そこで，仮説的な因子数の前後で因子数を決定するのである。因子数を機械的に決定してもその因子に意味がなければそれは不要であるので，意味のある因子をもとに選ぶという基準である。

図12-3 因子軸に対する固有値，累積寄与率の変化

3) 因子得点の算出について

因子得点（factor score）は，項目の因子分析によって得られた因子軸上における個人の得点で，項目 z_{ij} は項目 j における個人 i の標準得点 z_{ij} と項目 j の第 p 因子における因子負荷量 a_{jp} より以下のようにして計算される。

$$\bm{Z} = \bm{F}\bm{A}^{\mathrm{t}} + \bm{U}\bm{D} \tag{12-14}$$

$$\bm{Z} \fallingdotseq \bm{F}\bm{A}^{\mathrm{t}} \tag{12-15}$$

$$\bm{Z} = \hat{\bm{F}}\bm{A}^{\mathrm{t}} \tag{12-16}$$

$$\bm{Z}\bm{A}(\bm{A}^{\mathrm{t}}\bm{A})^{-1} = \hat{\bm{F}}\bm{A}^{\mathrm{t}}\bm{A}(\bm{A}^{\mathrm{t}}\bm{A})^{-1} \tag{12-17}$$

$$\hat{\bm{F}} = \bm{Z}\bm{A}(\bm{A}^{\mathrm{t}}\bm{A})^{-1} \tag{12-18}$$

因子得点をもとに個人を因子空間に配置することによって，個人を分類することが可能であるだけでなく，項目と個人を同じ因子空間に配置することによって項目と個人との関連性も分析することが可能である。因子負荷量は，項目と因子との相関係数を意味するが，因子得点は，個人と因子との相関係数を意味しない。因子得点は，因子軸ごとに平均0，分散1に標準化された値である。よって，因子負荷量は－1と1の間に制限されるのに対し，因子得点の場合はとりうる値に制限はない。

表12-7の2因子をもとに因子得点を算出すると，表12-3を得る。さらに，表12-3をもとにして，共通因子空間に個人をプロットしたものが図12-4である。個人は太字の数字で表されている。そして，細字の数字は，8項目の項目を表す。図12-4より，10人の個人は3つのクラスターに別れ，個人4, 5, 6は項目5, 6, 7, 8の周りに分布し，個人1, 2, 3, 8は項目1, 2, 3, 4の周りに分布している。そして，個人7, 9, 10は，離れた所に分布している。項目1, 2, 3, 4は理系の科目，項目5, 6, 7, 8は文系の科目であるので，個人1, 2, 3, 8は理系因子に関わる個人，個人4, 5, 6は文系因子に関わる個人と考えられる。

表12-3　2因子からなる共通因子空間をもとにして算出された因子得点

	f_1	f_2
1	1.588	−1.134
2	0.718	0.019
3	1.024	−0.232
4	−1.210	−0.193
5	−1.212	0.168
6	−1.253	0.582
7	−0.768	−1.741
8	0.130	−0.687
9	0.954	1.400
10	0.029	1.819

図12-4　2因子からなる共通因子空間をもとにした因子得点の空間配置

2. 主成分分析と因子分析の関係

　図11-3と図12-4を比較してわかるように，主成分分析における主成分得点と因子分析における因子得点の空間配置は似ている。表11-4と表12-3を比較するとわかるように，主成分分析における数値では異なるが，両者はかなり近い関係にある。主成分分析においては，主成分係数は項目間分散共分散行列の固有ベクトルであるのに対し，因子分析における因子負荷量は対角要素に共通性を代入した項目間相関行列の固有ベクトルに固有値の平方根を乗じたものである。よって，主成分分析において項目を平均0，分散1に標準化した後，主成分分析を行うと，主成分係数は項目間相関行列の固有ベクトルとなる。よって，このようにして得られた固有ベクトルに対応する固有値の平方根を乗じると，その値は因子分析において対角要素を1とした項目間の相関行列をもとにした因子負荷量に等しくなる。さらに，標準化された項目をもとに主成分分析を行い，そして，標準化した主成分得点を算出するとそれは因子得点と一致する。

　表12-4は，8科目の項目間相関行列をもとにしたときの，因子分析（主因子法）によって得られた因子負荷量である。これをもとに，10人の個人の因子得点を算出すると，表12-5を得る。これは標準化した項目に基づく主成分分析の主成分得点と完全に一致する。よって，主成分分析は，因子分析（主因子法）の特殊な場合と位置づけることができる。さらに，表12-4をもとにして，第j行と第k行の積和を計算すると，項目jとkの相関係数r_{jk}と完全に

等しくなる。

表12-4 表12-1の項目間相関行列の対角要素を1とした項目間相関行列をもとにして算出された因子負荷量

	第1因子	第2因子	第3因子	第4因子	第5因子	第6因子	第7因子	第8因子
1	0.881	0.198	0.352	0.011	0.211	0.108	0.04	0.053
2	0.867	0.393	0.045	－0.213	－0.11	0.092	－0.16	－0.023
3	0.174	－0.909	－0.244	－0.172	0.203	0.104	0.016	－0.045
4	0.267	－0.793	0.45	－0.238	－0.184	－0.054	0.062	0.001
5	－0.505	0.738	－0.164	－0.396	－0.025	0.063	0.107	0.009
6	－0.775	0.368	0.491	0.091	0.057	0.082	0.011	－0.064
7	－0.92	－0.139	0.163	－0.226	0.173	－0.105	－0.123	0.03
8	－0.849	－0.454	－0.024	0.08	－0.135	0.212	－0.04	0.043
固有値(λ)	4.053	2.555	0.683	0.354	0.184	0.1	0.06	0.012
寄与率	0.507	0.319	0.085	0.044	0.023	0.013	0.007	0.002
累積寄与率	0.507	0.826	0.911	0.955	0.978	0.991	0.998	1

表12-5 表12-4の因子負荷量をもとにして算出された因子得点

	第1因子	第2因子	第3因子	第4因子	第5因子	第6因子	第7因子	第8因子
1	1.594	－1.076	0.154	－0.761	－0.65	1.78	－0.623	0.759
2	0.711	0.044	－0.932	－1.425	0.207	－0.859	1.551	－1.066
3	1.024	－0.204	0.185	1.96	－0.735	－0.768	－0.793	－1.474
4	－1.205	－0.202	－1.216	－0.78	0.375	0.609	－1.39	－1.335
5	－1.205	0.12	1.001	－0.439	－2.325	－0.182	0.766	0.08
6	－1.256	0.557	－1.066	1.246	0.112	1.012	0.384	0.819
7	－0.736	－1.73	1.49	0.373	1.572	0.019	0.771	－0.162
8	0.136	－0.655	－0.962	－0.008	0.066	－1.857	－0.597	1.877
9	0.929	1.392	－0.164	0.637	0.623	0.667	1.183	0.243
10	0.008	1.754	1.509	－0.803	0.756	－0.419	－1.252	0.259

13 因子軸の回転をマスターする

1. 直交回転

　因子数が決定されたら，次は因子の命名である。因子の命名は，各因子に高い相関を持つ項目をもとに行われる。共通因子軸を設定する際には，因子ができるだけ多くの項目の分散を説明できるようにして行われたが，因子の命名の際には，各項目がある因子には高い相関を持ち，残りの因子には低い相関を持つような因子軸の設定の方が便利である。

　そのような構造を単純構造（simple structure）と呼ぶ。そこで，共通因子空間を新しい基準をもとに回転して，因子の命名がしやすいようにするのである。その方法として，一般的に使用されるのが，バリマックス回転（varimax rotation）である。バリマックスとは，分散を最大にするという意味である。いま，バリマックス回転によって得られた項目 i の因子 p に対する因子負荷量を b_{ip} とすると，バリマックス回転においては，

$$V = \frac{\sum_{p=1}^{m} \left\{ \sum_{i=1}^{n} \left(b^2_{ip} - \frac{\sum_{k=1}^{n} b^2_{kp}}{n} \right)^2 / n \right\}}{m} \tag{13-1}$$

を最大にするように b_{ip} を決定する。m は因子数，n は項目数である。これをバリマックス基準と呼ぶ。単純構造においては，各軸において因子負荷量はできるだけ1あるいは−1に近いか0に近い値であるので，分散は最大になっている。そこで，バリマックス基準は，すべての因子軸における因子負荷量の2乗の分散が最大になるように，b_{ip} を決定しているのである。バリマックス回転は，ローバリマックス回転（raw varimax rotation）とノーマルバリマックス回転（normal varimax rotation）に分類され，上述したバリマックス基準はローバリマックス基準の場合に使用される。ノーマルバリマックス回転のバリマックス基準においては，b_{ip} の代わりに b_{ip}/h_i，b_{kp} の代わりに b_{kp}/h_k が使用される。h_i，h_k は，順に項目 i，k の共通性の平方根である。これは，ローバリマックス回転の場合は，因子軸を回転する際に，共通性（communality）の大きい項目の方向に回転が偏るので，それを抑制しようとするものである。バリマックス回転においては，まず，m 因子の中から順に2因子を選び，選ばれた2因子空間においてバリマックス基準を最大にする方向へ共通因子空間を回転するのである。このときの回転角 θ は，以下の式によって表される。

$$\theta = \frac{\tan^{-1}\left(\frac{D - 2AB/n}{C - (A^2 - B^2)/n} \right)}{4} \tag{13-2}$$

ここにおいて，

$$A = \sum_{j=1}^{n} (a^2_{jp} - a^2_{jq})$$

$$B = 2\sum_{j=1}^{n} a_{jp}a_{jq}$$
$$C = \sum_{j=1}^{n}(a^2_{jp} - a^2_{jq})^2 - 4\sum_{j}(a_{jp}a_{jq})^2$$
$$D = 4\sum_{j=1}^{n}(a^2_{jp} - a^2_{jq})a_{jp}a_{jq}$$

で，p，qは，回転のために選ばれた2因子を表す。これをすべての因子の組み合わせに関して行い，十分に満足できる収束がみられたときに回転を終了するのである。

　表12－2の固有値をもとにして因子数を決定すると，固有値の変化，累積寄与率，仮説的因子数より，因子数は2ということになる。2因子をもとにした共通性は，項目1から8まで順に，0.803, 0.912, 0.830, 0.619, 0.750, 0.750, 0.856, 0.916である。さらに，2つの因子をもとにして，ノーマルバリマックス回転すると，表13－1を得る。表13－1をもとに8項目をプロットしたものが，図13－1である。

表13－1　ノーマルバリマックス回転の出力

	第1因子	第2因子
1	0.887	－0.124
2	0.953	0.065
3	－0.154	－0.898
4	－0.023	－0.786
5	－0.206	0.841
6	－0.591	0.633
7	－0.903	0.2
8	－0.949	－0.124
固有値(λ)	3.83	2.61

　表13－1および図13－1より，項目1, 2, 7, 8は，第1因子の因子負荷量は大きいが，第2因子の因子負荷量は小さく，0に近い。よって，第1因子はこれらの項目によって説明される因子である。項目3, 4, 5, 6は，第2因子の因子負荷量は大きいが，第1因子の因子負荷量は小さい。よって，第2因子はこれらの項目によって説明される因子である。このように，バリマックス回転後の項目の因子負荷量は，ある因子においては因子負荷量が大きいが，それ以外の因子においては因子負荷量は小さくなっているのである。この性質を利用して因子を命名するのである。

図13－1　バリマックス回転の出力に基づく8項目の配置

2. 斜交回転

1）斜交座標系について

斜交回転（oblique rotation）は共通因子構造を直交回転によって回転したとき，十分な単純構造が得られない場合に使用する。直交軸の代わりに斜交軸を使用することによって，単純構造を得ようとするのである。斜交回転においては，直交座標系の代わりに斜交座標系が使用される。

そこで，まず，斜交座標系について考えてみよう。

図13-2　直交座標系と斜交座標系の関係

図13-2には，直交座標系と斜交座標系が示されている。直交座標系の軸は，Ⅰ軸とⅡ軸からなり，斜交座標系の軸は，Ⅰ′軸とⅡ′軸からなる。点Pは，直交座標系においては，その座標値は$P(a_1, a_2)$によって一義的に表されるが，斜交座標系においては，$P(b_1, b_2)$と$P(c_1, c_2)$の2種類の座標値によって表される。$P(b_1, b_2)$の座標は，点Pから斜交軸Ⅰ′，Ⅱ′に垂線を下ろすことによって得られる座標値であるのに対し，$P(c_1, c_2)$は，斜交軸に平行に定義されている。$P(b_1, b_2)$によって表される座標を共変成分（covariant）と呼ぶのに対し，$P(c_1, c_2)$によって表される座標を反変成分（contravariant）と呼ぶ。斜交軸間の角度をθとすると，両者は，次のような関係がある。

$$\begin{bmatrix} b_1 \\ b_2 \end{bmatrix} = \begin{bmatrix} 1 & \cos\theta \\ \cos\theta & 1 \end{bmatrix} \begin{bmatrix} c_1 \\ c_2 \end{bmatrix} \qquad (13-3)$$

また，直交座標$P(a_1, a_2)$とは，次のような関係がある。

$$\begin{bmatrix} b_1 \\ b_2 \end{bmatrix} = \begin{bmatrix} \cos\theta_{11} & \cos\theta_{12} \\ \cos\theta_{21} & \cos\theta_{22} \end{bmatrix} \begin{bmatrix} a_1 \\ a_2 \end{bmatrix} \tag{13-4}$$

$$\begin{bmatrix} c_1 \\ c_2 \end{bmatrix} = \begin{bmatrix} 1 & \cos\theta \\ \cos\theta & 1 \end{bmatrix}^{-1} \begin{bmatrix} b_1 \\ b_2 \end{bmatrix} \tag{13-5}$$

$$= \begin{bmatrix} \cos\theta_{11} & \cos\theta_{21} \\ \cos\theta_{12} & \cos\theta_{22} \end{bmatrix}^{-1} \begin{bmatrix} a_1 \\ a_2 \end{bmatrix}$$

2) プロマックス回転 (promax rotation) について

　直交回転にもさまざまな回転方法があるように, 斜交回転にもさまざまな回転方法がある。その中で, ここではプロマックス回転について説明する。プロマックス回転はバリマックス回転のような直交回転によって得られた因子構造をもとに, 斜交回転によって理想的な因子構造に変換する方法である。いま, 理想的な因子構造を P, 直交回転によって得られた因子構造を A とすると,

$$P = AL \tag{13-6}$$

によって表される。L は, 求める変換行列である。上式より,

$$A^tP = A^tAL$$
$$L = (A^tA)^{-1}A^tP \tag{13-7}$$

よって, 理想的な因子構造が決まれば, 変換行列 L を算出し, それを各行の2乗和が1になるように標準化した後, 直交回転によって得られた因子構造行列に右から掛けることによって, 理想的な因子構造に最も近い解を得ることができる。問題は, 理想的因子構造 P をどのように決めるかということである。プロマックス回転においては, 項目 i の第 j 因子における理想的因子構造の値を P_{ij} とすると,

$$P_{ij} = |a_{ij}^{k+1}|/a_{ij} \tag{13-8}$$

によって定義する。$k>1$ で, $k=4$ がよく使用される。これは, 基本的には, 直交回転によって得られた因子構造を k 乗することによって, より大きな値はより大きく小さな値はより小さくなるようにすることによって理想的な因子構造を探そうとするのである。分母に a_{ij} があるのは, P_{ij} に a_{ij} の符号を残すためであると考えられる。

　いま, プロマックス回転によって得られた変換行列 L を各行ごとに標準化した行列を L_2 とした時, L_2 をバリマックス回転等の直交回転によって得られた因子構造行列 A に右から掛けることによって得られた理想的因子構造を V とすると, V は斜交座標系における共変成分によって表された座標値で, 因子間の相関関係が座標値の中に含まれている。因子間相関行列を θ とすると, θ は

$$\theta = L^tL \tag{13-9}$$

によって算出され,

$$W = V\theta^{-1} \tag{13-10}$$

とすると，W は斜交座標系における共変成分によって表された座標値で，因子間の相関関係が取り除かれた座標値である。この W を因子パターン行列と呼ぶ。

14 多次元尺度構成法(MDS)をマスターする

1. 計量多次元尺度構成法(計量MDS)

1) 計量多次元尺度構成法(計量MDS)の考え方

多次元尺度構成法(multi-dimensional scaling;MDS)は,計量多次元尺度構成法(metric MDS;計量MDS)と非計量多次元尺度構成法(non-metric MDS;非計量MDS)に分類される。計量MDSは,対象間の与えられた距離データをもとに,対象の空間的布置を構成する方法で,トーガソン(Torgerson, W.S.)によって開発された。これに対して,非計量MDSは,対象間の距離データ,あるいは距離データに対応する非類似度データ,あるいは,相関データ,類似度データをもとに,対象間の空間的布置を構成する方法で,クラスカル(Kruskal, J.B.)によって開発された。図14－1に示すように,2点$P_j(x_j, y_j)$,$P_k(x_k, y_k)$の座標値が与えられると,2点間P_j,P_kの距離(d_{jk})は,3平方の定理によって,$d_{jk}=\sqrt{(x_j-x_k)^2+(y_j-y_k)^2}$として与えられる。計量MDSは,この距離をもとにして,座標値を求める方法である。2点の座標値が与えられると,2点間の距離は3平方の定理によって一義的に求められるが,逆に,2点からの距離をもとにして,それらの座標値を求めると,それは一義的には定まらない。図14－1に示されるように,xy座標のように座標を定めるとそれに対応した座標値があり,uv座標にするとそれに対応した座標値があるので,結局座標値は座標軸ごとに存在し,基本的には無数に存在することになる。無数に存在する座標の中から,1つの座標軸さえ求められれば,それはもとの距離データを再現しているので,問題はどのように座標軸を設定すればよいかということになる。計量MDSでは,これらの無数に存在する座標軸の中から,ある特殊な基準をもとにして座標軸を設定し,それをもとにして対象の座標値を求めてゆく。

図14－1 2点P_j,P_k間のユークリッド距離

今，図14−1の原点をP_iとすると，余弦定理によって，

$$d^2{}_{jk} = d^2{}_{ij} + d^2{}_{ik} - 2d_{ij}d_{ik}\cos\theta_{jk} \tag{14-1}$$

となる。これより，

$$d_{ij}d_{ik}\cos\theta_{jk} = (d^2{}_{ij} + d^2{}_{ik} - d^2{}_{jk})/2 \tag{14-2}$$

となる。式（14−2）の左辺は，ベクトルp_j，p_kの内積を意味する。これより，3点i, j, k間の距離が与えられると，ベクトルの内積が求められることになる。いま，式（14−2）の左辺をb_{jk}，求める座標値をa_{jq}（jは対象を表し，qは次元を表す）とすると，内積の性質より，$b_{jk} = \sum_{q=1}^{m} a_{jq}a_{kq}$で表される。$b_{jk}$は対称行列であるので，因子分析と同じ方法によって，a_{jq}を求めることが可能になる。すなわち，a_{jq}を要素とする行列を$\boldsymbol{A}$，b_{jk}を要素とする行列を$\boldsymbol{B}$，$\boldsymbol{B}$の固有ベクトルからなる行列を$\boldsymbol{T}$，$\boldsymbol{B}$の固有値を対角要素とする行列を$\boldsymbol{\Lambda}$とすると，$\boldsymbol{T}^t\boldsymbol{B}\boldsymbol{T} = \boldsymbol{\Lambda}$が成り立つ。これより，$\boldsymbol{A} = \boldsymbol{T}\boldsymbol{\Lambda}^{1/2}$が得られる。与えられた距離が絶対距離の場合は，この方法によって対象の座標値が求められるが，与えられた距離が相対距離（任意の地点をもとに定められた距離）の場合は，以下のように変換を行う。

$$a_{jq}{}^* = a_{jq} - c_q \tag{14-3}$$

ただし，$c_q = \frac{1}{n}\sum_{j=1}^{n} a_{jq}$である。$b_{jk}{}^* = \sum_{q=1}^{m} a_{jq}{}^* a_{kq}{}^*$に，$a_{jq}{}^* = a_{jq} - c_q$を代入すると，

$$b_{jk}{}^* = (\sum_{j=1}^{n} d^2{}_{jk}/n + \sum_{k=1}^{n} d^2{}_{jk}/n - \sum_{j=1}^{n}\sum_{k=1}^{n} d^2{}_{jk}/n^2 - d^2{}_{jk})/2 \tag{14-4}$$

を得る。これをヤング・ハウスホルダー変換と呼ぶ。$b^*{}_{jk}$より，

$$\boldsymbol{A}^* = \boldsymbol{T}\boldsymbol{\Lambda}^{1/2} \tag{14-5}$$

を求めることができる。ただし，$\boldsymbol{T}$は$b^*{}_{jk}$を要素とする行列$\boldsymbol{B}^*$の固有ベクトル，$\boldsymbol{\Lambda}$は$\boldsymbol{B}^*$の固有値を対角要素とする対角行列を表す。すべての対象を実ユークリッド空間内におさめることができれば，λは，非負（$\lambda \geq 0$）となるが，実際には$\lambda < 0$となる場合が生じる。上の例では，距離を求める方法として3平方の定理を使用してユークリッド空間における距離の算出方法を説明したが，通常MDSではより一般的な距離を仮定している。それによると，2点間の距離は，

$$d_{jk} = (\sum_{q=1}^{m} |a_{jq} - a_{kq}|^p)^{1/p} \tag{14-6}$$

によって表される。これはミンコフスキーのパワー距離と呼ばれるもので，$p=1$の場合を市街地距離，$p=2$の場合をユークリッド距離，$p=\infty$の場合をドミナンス距離と呼ぶ（図14−2参照）。

2）計量MDSの実際例

表14−1に示される10個の対象の座標値をもとに，10個の対象をプロットすると，図14−3を得る。表14−2は，これ

図14−2　ミンコフスキーのパワー距離

らの10個の対象間距離行列である。いま，表14-2をもとに，計量MDSを行うことを考えてみよう。まず，ヤング・ハウスホルダー変換によって，b^*_{jk}を算出し，次に，b^*_{jk}の固有値，固有ベクトルを算出する。固有ベクトルのうち，要素がすべて等しい固有ベクトルとそれに対応する固有値を取り除く。得られた正の固有値と対応する固有ベクトルをもとに第2軸までの対象の座標値を算出すると，表14-3を得る。表14-3の第1軸，第2軸をもとに対象を空間布置したものが，図14-4である。図14-4と図14-3を比較すると，軸の方向が異なるものの，対象間の距離関係は同じであることがうかがえる。このように，計量MDSで得られた空間布置はもとの空間布置と軸の設定は異なるものの，対象間の空間的関係は同じなのである。

表14-1 10個の対象の座標値

	X_1	X_2
1	2.4	7.7
2	1.7	6.8
3	3.1	6.9
4	5.9	7.5
5	5.1	6.2
6	6.3	6.4
7	2.9	3.4
8	3.8	2.7
9	2.4	2.4
10	3.6	1.3

図14-3 表14-1で示された10個の対象の空間配置

表14-2 10個の対象の対象間距離行列

	1	2	3	4	5	6	7	8	9	10
1	0	1.14	1.06	3.51	3.09	4.11	4.33	5.19	5.3	6.51
2	1.14	0	1.4	4.26	3.45	4.62	3.61	4.61	4.46	5.82
3	1.06	1.4	0	2.86	2.12	3.24	3.51	4.26	4.55	5.62
4	3.51	4.26	2.86	0	1.53	1.17	5.08	5.24	6.19	6.61
5	3.09	3.45	2.12	1.53	0	1.22	3.56	3.73	4.66	5.12
6	4.11	4.62	3.24	1.17	1.22	0	4.53	4.47	5.59	5.77
7	4.33	3.61	3.51	5.08	3.56	4.53	0	1.14	1.12	2.21
8	5.19	4.61	4.26	5.24	3.73	4.47	1.14	0	1.43	1.41
9	5.3	4.46	4.55	6.19	4.66	5.59	1.12	1.43	0	1.63
10	6.51	5.82	5.62	6.61	5.12	5.77	2.21	1.41	1.63	0

表14-3 計量MDSによって算出された10個の対象の座標値（行：対象；列：軸）

	1	2
1	2.202	1.866
2	1.177	2.343
3	1.588	1.006
4	2.8	−1.587
5	1.351	−1.101
6	1.821	−2.226
7	−1.871	0.406
8	−2.353	−0.629
9	−2.959	0.673
10	−3.756	−0.749

図14-4 10個の対象の空間配置

2. 非計量多次元尺度構成法（非計量MDS）

1）非計量MDSの考え方

　非計量MDSの場合は，上述したように，データは距離データでなくともよい．距離に対応する非類似度データや対象間の相関データあるいは，より一般的な類似度データであってもよい．計量MDSが間隔尺度以上のレベルのデータを分析の対象にしているのに対し，非計量MDSは順序尺度のデータも分析の対象にしている．非計量MDSでは，データとして与えられる2点間の非類似度あるいは類似度と非計量MDSによって得られた座標値をもとにして計算された2点間の距離との間に単調関係を仮定することによって，対象の座標値を求める．図14-5に示すように，横軸を非計量MDSによって得られた2点間の距離（d_{jk}），縦軸を非類似度（δ_{jk}）としたときの，単調関数上の値を$\hat{d}_{jk}$とすると，

$$S=\sqrt{\sum_{\substack{j=1\\j<k}}^{n-1}\sum_{k=2}^{n}(\hat{d}_{jk}-d_{jk})^2 \Big/ \sum_{\substack{j=1\\j<k}}^{n-1}\sum_{k=2}^{n}(d_{jk}-\bar{d})^2}$$

$$\bar{d}=\sum_{\substack{j=1\\j<k}}^{n-1}\sum_{k=2}^{n}d_{jk} \Big/ {}_nC_2$$

(14-7)

を最小にするように対象の座標値を決定する．Sをストレス（stress）と呼び，適合度の指標とする．Sが小さいほど，得られた座標値はもとのデータをよく再現することを意味する．ストレスが最小となる座標値を決定するにあたり，アルゴリズムとして最急降下法が使用される．すなわち，座標値の初期値をもとにしてストレスを計算し，最も小さくなる方向に座標値を変更してゆくのである．図14-6に示されるように，第1，2軸を座標値，第3軸をストレス値としたとき，現地点Pから，ストレスを最小にする方向を選び，矢印が示す方向（地点Q）

2. 非計量多次元尺度構成法（非計量MDS）

図14-5 データとして与えられた非類似類似度（δ_{jk}）と非計量MDSによって得られた距離（d_{jk}）との関係。$\hat{d}_{jk}$は、単調関数上の点の距離を示す。

図14-6

に移動してゆく。このとき、矢印が示す方向は、山の傾斜が最も急な方向であるので、この方法は最急降下法と呼ばれる。移動の方向が決まったならば、次はどれくらい移動するのか、そのステップサイズも決めなければならない。最急降下法の場合、初期値をどのように設定するかが、ストレスの最小値を決めることに関わってくる。図中に示されるような地点Sに初期値を設定すると、最急降下法のアルゴリズムでは地点Tに収束してしまい、実際にはR地点が最小地点であるにもかかわらず、地点Tを最小値とみなしてしまう可能性が生じる。これをローカルミニマム（local minimum）と呼ぶ。ローカルミニマムに陥らないためには正しい初期値を設定する必要が生じる。しかしながら、分析を始める前に正しい初期値は通常不明であるので、さまざまな地点を初期値として出発する方法や、計量MDSをまず適用して、それによって得られた解を初期値として採用する方法が考えられる。また、非計量MDSでは座標値をもとにして距離を計算する必要があるので、次元数を前もって決めておく必要がある。次元数が前もってわからない場合は、いくつかの次元数をもとに各次元数でのストレス値を計算し、ストレス値が最小となる次元数を選べばよい。

2）非計量 MDS の実際例

　表14−1の距離行列を非計量 MDS に入力すると，どのような結果が得られるであろうか。計量 MDS は非計量 MDS の特殊な場合であると考えられるので，計量 MDS と同じ解に到達すると考えられる。図14−7左図は，次元数を2とした非計量 MDS によって得られた10個の対象の空間配置である。これは，図14−4と一致する。図14−7右図には，非計量 MDS によって，最終的に得られた10個の対象の空間配置をもとにして計算された10個の対象間の距離（d_{jk}）とデータとして与えられた10個の対象間の距離（$δ_{jk}$）との関係をプロットしたものである。両者は，直線的な関係にある。このときのストレス値は，0.009037445である。このように，本来間隔尺度以上のレベルの距離データを非計量 MDS に入力すると，データと非計量 MDS によって得られた対象間の距離との単調関数は直線になるのである。次に，初期値として，表14−1の座標値を使用すると，どのような結果が得られるのであろうか。表14−1の座標値を初期値としたときの10個の対象の空間配置を図14−8左図に示す。図14−7左図と図14−8左図を比較すると，10個の対象間の距離関係は同一であるものの，座標軸の設定が異なる。初期値を設定したときの方が，本来の座標軸をよく再現していることがうかがえる。また，このときのストレス値は0である。同じ空間布置を再現する座標軸の設定は，無限に存在するので，図14−7左図と図14−8左図は，その一例である。

　図14−7の空間布置の座標値を初期値として，表14−2のデータを非計量 MDS に入力した場合には最終的な空間布置は，図14−9左図のようになり，座標軸を図14−8左図と比較すると若干異なる。また，図14−9右図に示すようにもとの距離データと非計量 MDS によって得られたデータとの関係は直線関係になるが，図14−8右図と比較すると，直線の傾きが異なる。

図14−7　非計量MDSによって得られた10個の対象の空間配置（左図）およびもとの距離データと非計量MDSによって得られた距離データとの関係（右図）

図14−8　表14−1の座標値を初期値とした非計量MDSによって得られた10個の対象の空間配置（左図）およびもとの距離データと非計量MDSによって得られた距離データとの関係（右図）

図14-9 図14-7の空間布置の座標値を初期値として得られた非計量MDSの空間布置（左図）ともとのデータと非計量MDSによって得られた距離との関係（右図）

3. MDSと因子分析との関係

　計量MDSにおいては，入力データは距離データで，対象間の距離行列の固有値，固有ベクトルをもとにして，対象の座標値を算出してゆく。因子分析の場合のように入力データが対象間の相関行列の場合は，得られた対象の座標値である因子負荷量は，項目と因子との相関係数を意味するが，計量MDSの場合に入力データが対象間の距離行列の場合は，得られた座標値は因子負荷量とは異なり相関係数を意味しない。よって，座標値が，-1から1の間に制限されない。また，距離の最大値を1にすることによって，距離行列の数値を0と1の間に制限しても，因子負荷量と同じにはならない。よって，MDSによって算出された固有値の値は因子の寄与率にはならない。これは，非計量MDSの場合においても同様である。

15 クラスター分析をマスターする

1. 階層的クラスター分析

1) 階層的クラスター分析の考え方

　クラスター分析（cluster analysis）は，空間内に配置された対象の距離をもとにして，対象をいくつかのクラスターにまとめてゆく手法である．その際に，樹形図（デンドログラム）を用いて，階層的にクラスターを構成してゆくか，あるいはシード点を用いて非階層的にクラスターを構成してゆくかによって階層的クラスター分析と非階層的クラスター分析に分類される．階層的クラスター分析においては，入力データは，距離データ（非類似度データ）か相関データ（類似度データ）である．これらのいずれかの方法によって得られた対象の空間的布置をもとにして，各対象間の距離を計算してゆく．そして，それらの距離をもとにしてクラスターを構成してゆくのであるが，クラスター間の距離の定義の仕方によって，最短距離法（single），最長距離法（complete），群平均法（average），重心法（centroid），ウォード法（ward）などのいくつかの方法が存在する．いま，クラスター w がクラスター u とクラスター v からなる場合の，クラスター w とクラスター t の距離について考えてみよう．

図15 – 1　クラスター間の距離について

　図15 – 1左図において，最短距離法の場合であれば，2つのクラスター t と w 間の距離 d_{tw} は，

$$d_{tw} = \min(d_{ut},\ d_{vt}) \tag{15 – 1}$$

によって定義される．すなわち，クラスター t とクラスター w との距離は，クラスター t とクラスター w を構成するサブクラスターとの距離のうち，最小の距離を求めるクラスターの距離とするのである．図15 – 1左図の場合であれば，クラスター t とクラスター u 間の距離の方がクラスター t とクラスター v 間の距離よりも短いので，クラスター t とクラスター w 間の距離は，クラスター t とクラスター u 間の距離によって定義される．クラスター t もサブクラスターからなる場合は，クラスター t のサブクラスターとクラスター w のサブクラスターの距離との距離のうち，最小の距離を求める距離とするのである．図15 – 1の右図の場合であれば，

クラスター q とクラスター u 間の距離がクラスター t とクラスター w 間の距離として定義される。最長距離法の場合は，

$$d_{tw} = \max(d_{ut}, d_{vt}) \qquad (15-2)$$

となる。この場合は，クラスター t とクラスター w のサブクラスターのうち，最大距離を求める距離とするということである。群平均法の場合には，

$$d_{tw} = (n_u d_{ut} + n_v d_{vt}) / (n_u + n_v) \qquad (15-3)$$

で定義される。n_u，n_v は，サブクラスター u および v に含まれる対象の数を表す。すなわち，クラスター t からクラスター w のすべてのサブクラスターまでの距離の重み付け平均である。

重心法の場合は，クラスター t とクラスター w の中心間の距離として定義され，クラスター w とクラスター t の距離は以下のように定義される。

$$d_{tw} = \frac{n_u d_{ut}}{n_u + n_v} + \frac{n_v d_{vt}}{n_u + n_v} - \frac{n_u n_v d_{uv}}{(n_u + n_v)^2} \qquad (15-4)$$

最後に，ウォード法の場合は，クラスターを統合する際に，クラスター間の距離を用いずに，偏差平方和を使用する。例えば，クラスターが5つ存在する時点で，クラスターを1つ統合して，4つのクラスターにする場合，可能なすべての組み合わせを考えて，その中で偏差平方和を最小にするクラスターを統合してゆくのである。偏差平方和は，変数の分散が影響を与えるので，各変数を標準化してからウォード法を使用するという方法がしばしばとられている。

2) 最短距離法（single）を用いた階層的クラスター分析の例

最短距離法の場合を例にとり，どのようにしてクラスター間の距離が定義されるか考えてみよう。いま，10個の対象が表14－1に定義される座標値が与えられているとしよう。表14－2をもとにして，対象間で最も距離の短いペアーを探す。最小距離は，対象1と3の距離である1.06となる（表15－1aの黒枠参照）。よって，まず，対象1と3をまとめて1つのクラスターとする。クラスターの番号は，対象の小さい方の番号を使用する。そして，クラスター内に含まれる対象を（ ）で示すことにしよう。すると，新しいクラスターは，1（3）として定義される。

次に，クラスター1（3）をもとにしてすべての対象間の距離を計算すると，表15－1bとなる。新しく計算され直した距離は，斜体で示されている。例えば，クラスター1（3）と対象2の間の距離は，表14－2をもとにして，対象1と2の距離，対象3と2の距離のうちの短い方の距離をもとにして定義される。表15－1bにおいて，最小距離は，対象7と9の距離1.12である。そこで，今度は，対象7と9を1つの新しいクラスター7（9）とする。そして，クラスター7（9）をもとにして，すべての対象間の距離を再計算すると，表15－1cを得る。ここにおいて，クラスター1（3）とクラスター7（9）の距離は，対象1と7，対象1と9，対象3と7，対象3と9の距離のうちの最小距離を2つのクラスター間の距離とする。表14－2より，対象3と7の距離は3.51となる。以下同様にして，表15－1d，e，f，g，hを得る。

表15-1 10個の対象間のユークリッド距離

a

	1	2	3	4	5	6	7	8	9	10
1	0	1.14	1.06	3.51	3.09	4.11	4.33	5.19	5.3	6.51
2	1.14	0	1.4	4.26	3.45	4.62	3.61	4.61	4.46	5.82
3	1.06	1.4	0	2.86	2.12	3.24	3.51	4.26	4.55	5.62
4	3.51	4.26	2.86	0	1.53	1.17	5.08	5.24	6.19	6.61
5	3.09	3.45	2.12	1.53	0	1.22	3.56	3.73	4.66	5.12
6	4.11	4.62	3.24	1.17	1.22	0	4.53	4.47	5.59	5.77
7	4.33	3.61	3.51	5.08	3.56	4.53	0	1.14	1.12	2.21
8	5.19	4.61	4.26	5.24	3.73	4.47	1.14	0	1.43	1.41
9	5.3	4.46	4.55	6.19	4.66	5.59	1.12	1.43	0	1.63
10	6.51	5.82	5.62	6.61	5.12	5.77	2.21	1.41	1.63	0

b

	1 (3)	2	4	5	6	7	8	9	10
1 (3)	0	1.14	2.86	2.12	3.24	3.51	4.26	4.55	5.62
2	1.14	0	4.26	3.45	4.62	3.61	4.61	4.46	5.82
4	2.86	4.26	0	1.53	1.17	5.08	5.24	6.19	6.61
5	2.12	3.45	1.53	0	1.22	3.56	3.73	4.66	5.12
6	3.24	4.62	1.17	1.22	0	4.53	4.47	5.59	5.77
7	3.51	3.61	5.08	3.56	4.53	0	1.14	1.12	2.21
8	4.26	4.61	5.24	3.73	4.47	1.14	0	1.43	1.41
9	4.55	4.46	6.19	4.66	5.59	1.12	1.43	0	1.63
10	5.62	5.82	6.61	5.12	5.77	2.21	1.41	1.63	0

c

	1(3)	2	4	5	6	7(9)	8	10
1(3)	0	1.14	2.86	2.12	3.24	3.51	4.26	5.62
2	1.14	0	4.26	3.45	4.62	3.61	4.61	5.82
4	2.86	4.26	0	1.53	1.17	5.08	5.24	6.61
5	2.12	3.45	1.53	0	1.22	3.56	3.73	5.12
6	3.24	4.62	1.17	1.22	0	4.53	4.47	5.77
7(9)	3.51	3.61	5.08	3.56	4.53	0	1.14	1.63
8	4.26	4.61	5.24	3.73	4.47	1.14	0	1.41
10	5.62	5.82	6.61	5.12	5.77	1.63	1.41	0

d

	1(3, 2)	4	5	6	7(9, 8)	10
1(3, 2)	0	2.86	2.12	3.24	3.51	5.62
4	2.86	0	1.53	1.17	5.08	6.61
5	2.12	1.53	0	1.22	3.56	5.12
6	3.24	1.17	1.22	0	4.47	5.77
7(9, 8)	3.51	5.08	3.56	4.47	0	1.41
10	5.62	6.61	5.12	5.77	1.41	0

e

	1(3, 2)	4 (6)	5	7(9, 8)	10
1(3, 2)	0	2.86	2.12	3.51	5.62
4 (6)	2.86	0	1.22	4.47	5.77
5	2.12	1.22	0	3.56	5.12
7(9, 8)	3.51	4.47	3.56	0	1.41
10	5.62	5.77	5.12	1.41	0

f

	1(3, 2)	4(6, 5)	7(9, 8)	10
1(3, 2)	0	2.12	3.51	5.62
4(6, 5)	2.12	0	3.56	5.12
7(9, 8)	3.51	3.56	0	1.41
10	5.62	5.12	1.41	0

g

	1(3, 2)	4(6, 5)	7(9, 8, 10)
1(3, 2)	0	2.12	3.51
4(6, 5)	2.12	0	3.56
7(9, 8, 10)	3.51	3.56	0

h

	1(3, 2, 4, 6, 5)	7(9, 8, 10)
1(3, 2, 4, 6, 5)	0	3.51
7(9, 8, 10)	3.51	0

　そして，これらの距離をもとにしてデンドログラム（樹形図）を作成すると，図15-2を得る。横軸は，最短距離法に基づくクラスターを示し，縦軸は，クラスター間のユークリッド距離を示す。例えば，対象7, 8, 9からなるクラスターと対象10の距離は，これらが結合した地点（ノード）の縦座標で示され，その値は，1.41となる。図15-2より，10個の対象は，3つのクラスターからなることがうかがえる。対象1, 2, 3からなるクラスター，対象4, 5, 6からなるクラスター，対象7, 8, 9, 10からなるクラスターである。そして，対象1, 2, 3からなるクラスターと対象4, 5, 6からなるクラスターがまとまり，さらに2つのクラスターとなることがうかがえる。クラスター分析においては，クラスター間の距離をどのように定義するかによって，クラスター数が決まってくる。図15-2の場合であれば，クラスター数を決める際に，クラスター間の距離が1.5以上離れているときは，別のクラスターであると定義すると，クラスター数は3となり，クラスター間の距離を2.5以上とすると，クラスター数は2となる。図15-3には，重心法，群平均法，ウォード法，最長距離法に基づくデンドログラムが示されている。図15-2と比較して，距離の定義が異なると，いうまでもなくデンドログラムにも違いが生じることがうかがえる。

図15-2　最短距離法に基づくデンドログラム

図15－3　重心法（centroid），群平均法（average），ウォード法（ward），
最長距離法（complete）に基づくデンドログラム

2. 非階層的クラスター分析

1）非階層的クラスター分析の考え方

　非階層的クラスター分析においては，クラスター間の階層構造を考えない。その代わりにクラスターを形成する核となる対象（シード点と呼ぶ）を設定し，それを手がかりにしてクラスターを構成してゆく。このシード点の数がクラスター数となる。非階層的クラスター分析としては，K-means法とISODATA法が知られているので，これらについて説明をする。K-means法の場合は，シード点以外の対象を1つずつ選び，シード点との間の距離を計算し，最も近いシード点のクラスターにその対象を分類する。その際，距離が基準とする距離（T）よりも大きければ，新しいシード点とする。次に，クラスターの重心を計算し，その重心と他のクラスターの重心との距離が基準Tよりも小さければ，クラスターを融合する。Tよりも大きければ，次の対象とシードとの間の距離を計算し，同じことを繰り返す。すべての対象の分類が終了後，各クラスターの重心を新たなシード点として，再び同じことを繰り返す。ISODATA法の場合は，シード点を設定後，各対象を最も近いシード点のクラスターに割り当て，全対象をシード点の個数のクラスターに分類する。クラスターの重心を新たなシード点として，各対象を再び割り当て，クラスターに分類する。収束条件を定めておき，それを満たすか，あるいはある繰り返し数まで同じ処理を行う。そして，最後にクラスターの融合と分割をある基準によって行う。

2）K-means 法による非階層的クラスター分析例

表 14 − 1 の 10 個の対象の座標値と，対象 1, 4, 7 の座標値をシード点として，K-means 法を実行すると，図 15 − 4 に示されるような出力を得る。図中の丸が，最終的なクラスターの中心である。各対象は，最も近いクラスターの中心があるクラスターに所属する。これより，対象 1, 2, 3 からなるクラスター，対象 4, 5, 6 からなるクラスター，対象 7, 8, 9, 10 からなるクラスターに分類される。

図 15 − 4　K-menas 法による非階層クラスター分析の出力

16 判別分析をマスターする

1. 判別分析の考え方

1) マハラノビスの距離について

　個人のデータから，その人があるグループに属しているかどうかを判別するような事態に日常生活においてしばしば遭遇する。例えば，ある学生の入試成績をもとにその人が合格かどうかを判別する場合，ある人が腹痛を訴えたとき，それが虫垂炎かどうかを判別する場合，等々である。このような判別を統計的立場から行うのが判別分析（discriminant analysis）で，判別分析は，線形判別分析と非線形判別分析に分類される。例えば，図16-1において，個人Pが，グループ1に属するのか，それともグループ2に属するのかを判別する場合を考えてみよう。グループ1の中心座標は，$\bar{x}_1^{(1)}$, $\bar{x}_2^{(1)}$, グループ2の中心座標は$\bar{x}_1^{(2)}$, $\bar{x}_2^{(2)}$である。

　基本的には，点Pから各グループの中心までの距離を計算し，距離が短い方のグループを求めるグループと考えればよいのであるが，図16-1のように，2つ以上の変数を用いて判別をする場合は，変数間に相関関係が存在するときには距離の定義が通常の定義と異なり，マハラノビスの距離を使用する。

図16-1　変数x_1, x_2に基づく2つのグループの空間的配置

図16-2 変数 x_1, x_2 が独立のときの，点Pからグループの中心までの距離

図16-3 変数 x_1, x_2 の間に相関があるときの，点Pからグループの中心までの距離

いま，図16-2のような状況を考えてみよう。変数 x_1 は，平均 $\bar{x}_1$，分散 s^2_1 の分布に従い，変数 x_2 は，平均 $\bar{x}_2$，分散 s^2_2 の分布に従うものとする。そして，変数 x_1, x_2 は独立で，相関係数は0である。このようなとき，点P (x_1, x_2) から，グループの中心までの距離を計算するには，変数ごとに標準化を行い，そしてそれをもとに距離を計算すればよい。求める距離を D とすると，

$$D^2 = \{(x_1 - \bar{x}_1)/s_1\}^2 + \{(x_2 - \bar{x}_2)/s_2\}^2 \tag{16-1}$$

となる。しかしながら，図16-3のような場合，すなわち，変数 x_1, x_2 が互いに独立ではなく，相関があるとき，まず，グループの中心を通る座標軸 u_1, u_2 を設定し，さらに，図に示すような z_1, z_2 軸を導入し，x_1 と x_2 の間の相関関係を除去した後に，距離を求めることになる（ただし，u_1, u_2 軸に変換したとき，x_1, x_2 は標準得点に変換されるので，散布図が変化することに注意すること）。z_1, z_2 軸をもとにして，点Pからグループの中心までの距離を求めることになる。このとき，

$u_1 = (x_1 - \bar{x}_1)/s_1$

$u_2 = (x_2 - \bar{x}_2)/s_2$

$$z_1 = (u_1 - u_2)/\sqrt{2}$$
$$z_2 = (u_1 + u_2)/\sqrt{2}$$

とすると，

$$E(z_1) = E(z_2) = 0, \tag{16-2}$$
$$V(z_1) = 1 - r \tag{16-3}$$
$$V(z_2) = 1 + r \tag{16-4}$$

となる．このもとで，距離を計算すると，

$$\begin{aligned}D^2 &= \{z_1^2 / V(z_1)\} + \{z_2^2 / V(z_2)\} \\ &= (u_1^2 + u_2^2 - 2ru_1u_2)/(1-r^2)\end{aligned} \tag{16-5}$$

となる．このようにして定義された距離 D をマハラノビスの距離（Mahalanobis distance）と呼ぶ．

一般的に，判別変数が p 個ある場合は，マハラノビスの距離は，以下のようにして算出される．

$$D^2 = \boldsymbol{u}^t \boldsymbol{R}^{-1} \boldsymbol{u} = (\boldsymbol{x}-\bar{\boldsymbol{x}})^t \boldsymbol{\Sigma}^{-1} (\boldsymbol{x}-\bar{\boldsymbol{x}}) \tag{16-6}$$

ただし，

$$\boldsymbol{u} = \begin{bmatrix} u_1 \\ u_2 \\ \cdot \\ \cdot \\ \cdot \\ u_p \end{bmatrix} \quad \boldsymbol{x} = \begin{bmatrix} x_1 \\ x_2 \\ \cdot \\ \cdot \\ \cdot \\ x_p \end{bmatrix} \quad \bar{\boldsymbol{x}} = \begin{bmatrix} \bar{x}_1 \\ \bar{x}_2 \\ \cdot \\ \cdot \\ \cdot \\ \bar{x}_p \end{bmatrix}$$

である．そして，$\boldsymbol{R}$ は，判別変数間の相関行列，$\boldsymbol{\Sigma}$ は，判別変数間の分散共分散行列を意味する．

2）線形判別分析について

マハラノビスの距離を使用して，図16-1において，点Pからグループ1の中心までの距離 D_1，グループ2の中心までの距離 D_2 を求めると，

$$D_1^2 = \frac{1}{1-r_{(1)}^2} \left\{ \left(\frac{x_1-\bar{x}_1^{(1)}}{s_1^{(1)}}\right)^2 + \left(\frac{x_2-\bar{x}_2^{(1)}}{s_2^{(1)}}\right)^2 - 2r_{(1)}\left(\frac{x_1-\bar{x}_1^{(1)}}{s_1^{(1)}}\right)\left(\frac{x_2-\bar{x}_2^{(1)}}{s_2^{(1)}}\right) \right\}$$
$$D_2^2 = \frac{1}{1-r_{(2)}^2} \left\{ \left(\frac{x_1-\bar{x}_1^{(2)}}{s_1^{(2)}}\right)^2 + \left(\frac{x_2-\bar{x}_2^{(2)}}{s_2^{(2)}}\right)^2 - 2r_{(2)}\left(\frac{x_1-\bar{x}_1^{(2)}}{s_1^{(2)}}\right)\left(\frac{x_2-\bar{x}_2^{(2)}}{s_2^{(2)}}\right) \right\} \tag{16-7}$$

となる．これより，$D_2^2 - D_1^2$ を計算し，$D_2^2 - D_1^2 > 0$ ならばグループ1，$D_2^2 - D_1^2 < 0$ ならばグループ2に属すると考えればよいことになる．$D_2^2 - D_1^2 = 0$ は，境界線ということになる．このとき，グループ1の分散共分散行列を $\boldsymbol{\Sigma}^{(1)}$，グループ2の分散共分散行列を $\boldsymbol{\Sigma}^{(2)}$ とすると，

$\boldsymbol{\Sigma}^{(1)} = \boldsymbol{\Sigma}^{(2)}$ のとき，

$$D^2{}_2 - D^2{}_1 = 2\{a_1(x_1-\mu_1) + a_2(x_2-\mu_2)\} = 2(a_0 + a_1 x_1 + a_2 x_2) = 2W$$

となる。ただし，

$$\left.\begin{array}{l} \mu_1 = \dfrac{\overline{x}_1^{(1)} + \overline{x}_1^{(2)}}{2}, \quad \mu_2 = \dfrac{\overline{x}_2^{(1)} + \overline{x}_2^{(2)}}{2}, \quad a_0 = -(a_1\mu_1 + a_2\mu_2) \\[8pt] a_1 = \dfrac{1}{1-r^2}\left(\dfrac{\overline{x}_1^{(1)} - \overline{x}_1^{(2)}}{s_1^2} - r\dfrac{\overline{x}_2^{(1)} - \overline{x}_2^{(2)}}{s_1 s_2}\right), \quad a_2 = \dfrac{1}{1-r^2}\left(\dfrac{\overline{x}_2^{(1)} - \overline{x}_2^{(2)}}{s_2^2} - r\dfrac{\overline{x}_1^{(1)} - \overline{x}_1^{(2)}}{s_1 s_2}\right) \end{array}\right\} \quad (16-8)$$

である。

これより，

$$W = a_0 + a_1 x_1 + a_2 x_2 \quad (16-9)$$

をもとに判別が可能となる。この式を線形判別関数と呼ぶ。Wを判別得点，x_1，x_2を判別変数，a_1，a_2を判別係数と呼ぶ。

$W > 0$ならばグループ1，$W < 0$ならばグループ2に属することになる。図16-1の直線は，グループ1とグループ2の境界線で，$W = 0$，すなわち，$a_0 + a_1 x_1 + a_2 x_2 = 0$の直線である。線形判別分析においては，境界線は直線で表される。一般的には線形判別関数の判別係数は，行列によって以下のように表される。

$$\begin{bmatrix} s_1^2 & s_{12} \\ s_{12} & s_2^2 \end{bmatrix} \begin{bmatrix} a_1 \\ a_2 \end{bmatrix} = \begin{bmatrix} \overline{x}_1^{(1)} - \overline{x}_1^{(2)} \\ \overline{x}_2^{(1)} - \overline{x}_2^{(2)} \end{bmatrix} \quad (16-10)$$

よって，判別変数が2つ以上ある場合でも，上の行列のベクトル**a**の解と同様にして得られる。いったん判別関数が得られると，いずれの判別変数が判別に大きく寄与しているかを知ることができる。$x_1 > 0$，$x_2 > 0$である限り，a_1，a_2が大きいほど，$W > 0$となりやすい。逆に，a_1，a_2が小さいほど，$W < 0$になりやすい。すなわち，判別係数の有意性を調べることによって，線形判別分析は，判別変数の寄与の有意性を調べることができるのである。

3）非線形判別分析について

2つのグループの分散共分散行列が等しいときは，判別分析は線形判別分析となるが，分散共分散行列が等しくないとき，判別分析は非線形判別分析となる。このときは，$D^2{}_2 - D^2{}_1$の値をもとにグループ1に属するか，グループ2に属するかを決定することになる。また，境界線は，$D^2{}_2 - D^2{}_1 = 0$を満たす。$D^2{}_1$，$D^2{}_2$の式は，2次曲線を表すので，$D^2{}_2 - D^2{}_1 = 0$も2次曲線となる。よって，非線形判別分析の境界線は2次曲線である。

2. 判別分析における統計的検定

1）分散共分散行列の等質の検定

線形判別分析を行うか，非線形判別分析を行うかに関しては，2つのグループの分散共分散行列が等質であるかどうかに依存する。よって，判別分析を行うにあたって，分散共分散行列の等質性の検定を行う必要がある。分散共分散分析の等質性の検定は，以下のようにして行われる。まず，2つのグループの分散共分散行列は，等しいという帰無仮説，両者は等しくないという対立仮説のもとで，

$$V = \frac{|\hat{\boldsymbol{\Sigma}}^{(1)}|^{\frac{n_1}{2}} |\hat{\boldsymbol{\Sigma}}^{(2)}|^{\frac{n_2}{2}}}{|\hat{\boldsymbol{\Sigma}}|^{\frac{n}{2}}} \quad (16-11)$$

を求める。ただし,

$\hat{\boldsymbol{\Sigma}}^{(1)}$, $\hat{\boldsymbol{\Sigma}}^{(2)}$ は,データより推定された値で,n_1, n_2 は,グループ1,グループ2の標本の大きさである。また,

$$\hat{\boldsymbol{\Sigma}} = \frac{1}{n-2}\{(n_1-1)\hat{\boldsymbol{\Sigma}}^{(1)} + (n_2-1)\hat{\boldsymbol{\Sigma}}^{(2)}\}$$

$$n = n_1 + n_2$$

である。このとき,

$$\chi^2_V = -2\log_e V \quad (16-12)$$

は,近似的に自由度 $p(p+1)/2$ の χ^2 分布に従う。ただし,p は,判別変数の数である。

2) 判別係数の検定について

グループ1,2の母集団の分布を
$N(\boldsymbol{\mu}^{(1)}, \boldsymbol{\Sigma})$, $N(\boldsymbol{\mu}^{(2)}, \boldsymbol{\Sigma})$ とする。p 変数に基づく2群の中心間のマハラノビスの距離の2乗を
$D^2_{(p)}$ とすると,

$$D^2_{(p)} = (\overline{\boldsymbol{x}}^{(1)}_{(p)} - \overline{\boldsymbol{x}}^{(2)}_{(p)})^{\mathrm{t}} \hat{\boldsymbol{\Sigma}}^{-1} (\overline{\boldsymbol{x}}^{(1)}_{(p)} - \overline{\boldsymbol{x}}^{(2)}_{(p)}) \quad (16-13)$$

で表される。いま,p 変数のうち,特定の r 個を除去して,残りの $p-r$ 変数を用いたときの,2群の中心間のマハラノビスの距離の2乗を $D^2_{(p-r)}$ とすると,

$$D^2_{(p-r)} = (\overline{\boldsymbol{x}}^{(1)}_{(p-r)} - \overline{\boldsymbol{x}}^{(2)}_{(p-r)})^{\mathrm{t}} \hat{\boldsymbol{\Sigma}}^{-1}_{(p-r)} (\overline{\boldsymbol{x}}^{(1)}_{(p-r)} - \overline{\boldsymbol{x}}^{(2)}_{(p-r)}) \quad (16-14)$$

となる。ここにおいて,

$$F = \frac{n_1+n_2-p-1}{r} \times \frac{n_1 n_2 (D^2_{(p)} - D^2_{(p-r)})}{(n_1+n_2)(n_1+n_2-2) + n_1 n_2 D^2_{(p-r)}} \quad (16-15)$$

は,自由度 (r, n_1+n_2-p-1) の F 分布に従うことが知られているので,これを利用して判別係数の検定を行うことが可能である。$r=1$ のときは,特定の判別係数の検定となる。

3. 判別分析の例

図16-1のデータは,表16-1に示されるデータからなる。グループ1は,10人所属し,グループ2には,8人所属する。表16-1のデータをもとにして,実際に判別分析を行ってみよう。まず,分散共分散行列の同質性の検定を行う。帰無仮説は,「グループ1と2の分散共分散は,同質」である。グループ1の分散共分散行列は,

$$\hat{\boldsymbol{\Sigma}}^{(1)} = \begin{bmatrix} 0.885 & 0.495 \\ 0.495 & 1.678 \end{bmatrix}$$

グループ2は,

$$\hat{\boldsymbol{\Sigma}}^{(2)} = \begin{bmatrix} 0.739 & 0.355 \\ 0.355 & 1.338 \end{bmatrix}$$

そして，2つのグループを合わせた分散共分散行列は，

$$\hat{\boldsymbol{\Sigma}} = \begin{bmatrix} 0.821 & 0.434 \\ 0.434 & 1.530 \end{bmatrix}$$

そして，$n_1 = 10$，$n_2 = 8$，$n = 10 + 8 = 18$。よって，

$V = 0.902$

$\chi_v^2 = 0.206$

$df = 3$

このときの確率値は，$P = 0.977$

よって，帰無仮説は採択される。グループ1とグループ2の分散共分散は同質である。

表16－1　2変数 x_1, x_2 に基づく判別分析

		x_1	x_2	線形判別分析に基づく判別得点	グループ1の中心までのマハラノビスの距離の2乗	グループ2の中心までのマハラノビスの距離の2乗
グループ1	1	3.2	8.0	28.08	2.534	63.18
	2	3.5	7.1	22.29	0.677	48.559
	3	3.0	7.1	25.89	0.852	56.408
	4	3.6	5.7	15.91	0.616	34.736
	5	4.9	7.0	11.81	3.79	29.819
	6	2.9	6.6	24.58	0.33	52.988
	7	1.8	5.5	28.05	1.842	62.204
	8	2.5	4.8	20.19	0.986	44.442
	9	1.7	4.6	25.13	2.455	56.846
	10	3.6	4.1	9.44	3.919	24.734
グループ2	1	6.5	4.3	－10.62	22.909	3.071
	2	7.5	2.6	－24.68	47.272	0.333
	3	7.6	3.8	－20.55	39.538	0.533
	4	8.5	4.7	－23.39	47.077	3.236
	5	8.1	2.3	－30.21	59.357	2.085
	6	6.9	2.5	－20.77	39.714	0.237
	7	5.9	2.4	－13.98	28.601	2.377
	8	6.8	1.3	－24.9	49.089	2.128

2つのグループの分散共分散が同質であるので，線形判別分析を行う。

線形判別関数は，

$W = 18.775 - 7.196x_1 + 4.042x_2$

となる。

$W > 0$ ならばグループ1，$W < 0$ ならばグループ2に属するので，x_1 が小さく，x_2 が大きいほどグループ1に属する可能性が高くなる。同様にして x_1 が大きく，x_2 が小さいほどグループ2に属する可能性が高くなることがうかがえる。

さらに，判別得点を計算すると，表16－1の第5列のようになる。グループ1の判別得点はすべて正の値，グループ2の場合はすべて負の値となっている。これより，判別がよくできていることがうかがえる。判別率100％である。判別関数による判別が完全でないと，グループ1に負値が混ざったり，グループ2に正値が混ざったりする。

表16－1の第6，7列は，非線形判別分析に基づく，各点から各グループの中心までのマハラノビスの距離の2乗を示す。距離の近いグループの方が，所属するグループとなる。

図16－1の個人Pは，グループ1に属するのか，あるいはグループ2に属するのかを調べ

るためには，線形判別関数式に $x_1 = 6$, $x_2 = 6.4$ を代入すればよい。$W > 0$ ならば，グループ1，$W < 0$ ならばグループ2に属することになる。実際に W を計算すると，$W = 1.4678$ であるので，個人Pはグループ1に属することになる。

17 数量化Ⅰ類，Ⅱ類をマスターする

1. 数量化Ⅰ類

1）数量化Ⅰ類のモデル

　数量化理論は，名義尺度のレベルのデータに数値を与える方法で，内容的に数量化Ⅰ類，Ⅱ類，Ⅲ類，Ⅳ類に分類される。Ⅰ類は，説明変数が名義尺度の場合の重回帰分析，Ⅱ類は，判別変数が名義尺度の場合の判別分析，Ⅲ類，Ⅳ類は，アンケート項目あるいは，評価項目が名義尺度の場合の因子分析に対応する。例えば，数量化Ⅰ類の場合であれば，ある人の体重を予測する場合に，説明変数として，性別，肉の好き嫌い，野菜の好き嫌いを使用する場合である。いま，8人の被験者が，表17-1のように回答したとしよう。ただし，性別の場合，男1，女0，肉・野菜の好き嫌いの場合は，好き1，嫌い0とする。

表17-1　性別，肉・野菜の好き嫌いと体重のデータ

項目	体重（kg）	性別		肉		野菜	
カテゴリー		男	女	好き	嫌い	好き	嫌い
カテゴリー数量		a_{11}	a_{12}	a_{21}	a_{22}	a_{31}	a_{32}
1	80	1	0	1	0	0	1
2	70	1	0	0	1	1	0
3	75	1	0	0	1	0	1
4	85	1	0	1	0	1	0
5	50	0	1	0	1	1	0
6	68	0	1	1	0	1	0
7	55	0	1	0	1	0	1
8	60	0	1	1	0	0	1

　いま，個人kの体重をy_k，説明変数iのカテゴリーをjとすると，回帰式は，

$$y_k = a_{11}x_{11k} + a_{12}x_{12k} + a_{21}x_{21k} + a_{22}x_{22k} + a_{31}x_{31k} + a_{32}x_{32k} + e_k = Y_k + e_k \quad (17-1)$$

で表される。x_{ijk}は，1あるいは0の値をとり，e_kは，個人kの誤差，a_{ij}はカテゴリー数量と呼ばれるパラメータで，a_{11}は男，a_{12}は女，a_{21}は肉類が好き，a_{22}は肉類が嫌い，a_{31}は野菜が好き，a_{32}は野菜が嫌いというカテゴリーに与えられた数値である。カテゴリーの数は，2個以上も可能である。数量化Ⅰ類では，

$$Q = \sum_{k=1}^{n} e_k^2 = \sum_{k=1}^{n}(y_k - Y_k)^2 \quad (17-2)$$

が最小となるようにa_{ij}が決定される。

　Qをa_{ij}で偏微分して，0とおくと，

$$\partial Q/\partial a_{ij} = -2\sum_{k=1}^{n}\{y_k - (a_{11}x_{11k} + a_{12}x_{12k} + a_{21}x_{21k} + a_{22}x_{22k} + a_{31}x_{31k} + a_{32}x_{32k})\}x_{ijk} = 0 \quad (17-3)$$

となる。

これを行列で表すと，

$$\begin{bmatrix} \sum x_{11k}^2 & \sum x_{11k}x_{12k} & \sum x_{11k}x_{21k} & \sum x_{11k}x_{22k} & \sum x_{11k}x_{31k} & \sum x_{11k}x_{32k} \\ \sum x_{12k}x_{11k} & \sum x_{12k}^2 & \sum x_{12k}x_{21k} & \sum x_{12k}x_{22k} & \sum x_{12k}x_{31k} & \sum x_{12k}x_{32k} \\ \sum x_{21k}x_{11k} & \sum x_{21k}x_{12k} & \sum x_{21k}^2 & \sum x_{21k}x_{22k} & \sum x_{21k}x_{31k} & \sum x_{21k}x_{32k} \\ \sum x_{22k}x_{11k} & \sum x_{22k}x_{12k} & \sum x_{22k}x_{21k} & \sum x_{22k}^2 & \sum x_{22k}x_{31k} & \sum x_{22k}x_{32k} \\ \sum x_{31k}x_{11k} & \sum x_{31k}x_{12k} & \sum x_{31k}x_{21k} & \sum x_{31k}x_{22k} & \sum x_{31k}^2 & \sum x_{31k}x_{32k} \\ \sum x_{32k}x_{11k} & \sum x_{32k}x_{12k} & \sum x_{32k}x_{21k} & \sum x_{32k}x_{22k} & \sum x_{32k}x_{31k} & \sum x_{32k}^2 \end{bmatrix} \begin{bmatrix} a_{11} \\ a_{12} \\ a_{21} \\ a_{22} \\ a_{31} \\ a_{32} \end{bmatrix} = \begin{bmatrix} \sum y_k x_{11k} \\ \sum y_k x_{12k} \\ \sum y_k x_{21k} \\ \sum y_k x_{22k} \\ \sum y_k x_{31k} \\ \sum y_k x_{32k} \end{bmatrix} \quad (17-4)$$

となる。

$$X = \begin{bmatrix} x_{111} & x_{121} & x_{211} & x_{221} & x_{311} & x_{321} \\ x_{112} & x_{122} & x_{212} & x_{222} & x_{312} & x_{322} \\ x_{113} & x_{123} & x_{213} & x_{223} & x_{313} & x_{323} \\ \cdot & \cdot & \cdot & \cdot & \cdot & \cdot \\ \cdot & \cdot & \cdot & \cdot & \cdot & \cdot \\ x_{11n} & x_{12n} & x_{21n} & x_{22n} & x_{31n} & x_{32n} \end{bmatrix} \quad a = \begin{bmatrix} a_{11} \\ a_{12} \\ a_{21} \\ a_{22} \\ a_{31} \\ a_{32} \end{bmatrix} \quad y = \begin{bmatrix} y_1 \\ y_2 \\ y_3 \\ \cdot \\ \cdot \\ y_n \end{bmatrix}$$

とすると，

$$X^t X a = X^t y \quad (17-5)$$

よって，

$$a = (X^t X)^{-1} X^t y \quad (17-6)$$

として，解けばよいが，$\sum_{j=1}^{n_i} x_{ijk} = 1$ なので（n_i は，変数 i のカテゴリー数），$|X^t X| = 0$ となり，$X^t X$ の逆行列が存在しない。

説明変数の数を p とすると，$X^t X$ の階数は，$p-1$ 個減少するので，$p-1$ 個の各変数のカテゴリー数量のいずれか（例えば，各変数の一番最後のカテゴリー数量）を 0 として，解く。

表 17-1 の場合であれば，変数の数が 3 個であるので，$p-1=2$ 個の変数の最終カテゴリーの値を 0 とする。すなわち $a_{22}=0$，$a_{32}=0$ とおく。そして，a_{22}，a_{32} 列以外の列のデータを数量化 I 類の関数に入力すればよい。数量化 I 類の関数である hqt1（http://web.sfc.keio.ac.jp/~watanabe/rfunction.htm を参照）に表 17-1 の第 2 列めのデータを y，第 3，4，5，7 列めのデータを x として，入力すると，

$a_{11} = 71.75$, $a_{12} = 52.50$, $a_{21} = 10.75$, $a_{22} = 0$, $a_{31} = 0.75$, $a_{32} = 0$

を得る。これより，回帰式

$$Y = 71.75\, x_{11} + 52.50\, x_{12} + 10.75\, x_{21} + 0.75\, x_{31} \quad (17-6)$$

を得る。次に，変数ごとに，レンジ（range）＝最大カテゴリー数量－最小カテゴリー数量を求める。レンジが大きいほど，その変数の影響が大きいということになる。

変数 1 のレンジは，$71.75 - 52.50 = 19.25$

変数 2 のレンジは，$10.75 - 0 = 10.75$

変数 3 のレンジは，$0.75 - 0 = 0.75$

となる。よって，変数 1 の性別が最も体重に影響を与えることがわかる。そして，次に肉類の

好みが体重に影響を与え，野菜の好みは体重に最も影響を与えないことがうかがえる．

2）重回帰分析との比較

重回帰分析において，説明変数に直接1，0の2値データを代入した場合と比較すると，どうなるのであろうか．第2列めのデータを被説明変数，第3，5，7列めのデータを説明変数として，重回帰分析を行うと，

$$Y = 52.50 + 19.25\,x_1 + 10.75\,x_2 + 0.75\,x_3 \tag{17-7}$$

を得る．数量化Ⅰ類の場合も，重回帰分析の場合も各説明変量が，体重に与える影響は同じであることがうかがえる．ただし，カテゴリーが3つ以上の場合は，数量化Ⅰ類の方がデータの扱い方が簡単であるので便利である．

2. 数量化Ⅱ類

1）数量化Ⅱ類の考え方について

数量化Ⅱ類は，判別変数が名義尺度の場合の線形判別分析で，表17-2のようなデータがあるとする．個人kの判別得点をz_kとすると，

判別得点は，

$$z_k = a_{11}x_{11k} + a_{12}x_{12k} + a_{21}x_{21k} + a_{22}x_{22k} \tag{17-8}$$

で表される．式中のa_{ij}は，変数iのカテゴリーjのカテゴリー数量である．いま，判別得点の全変動をS_t，グループ間変動をS_b，グループ内変動をS_wとすると，

$$\begin{aligned}
S_t &= \sum_{i=1}^{N}(z_i - \bar{z})^2 = \sum_{i=1}^{l}(z_i - \bar{z})^2 + \sum_{i=l+1}^{N}(z_i - \bar{z})^2 \\
&= \{\sum_{i=1}^{l}(z_i - \bar{z}^{(1)})^2 + \sum_{i=l+1}^{N}(z_i - \bar{z}^{(2)})^2\} + \{l(\bar{z}^{(1)} - \bar{z})^2 + (N-l)\sum(\bar{z}^{(2)} - \bar{z})^2\} \\
&= S_w + S_b
\end{aligned} \tag{17-9}$$

となる．

$$\eta^2 = S_b/S_t \tag{17-10}$$

が最大となるようにa_{ij}を決定する．

$$\boldsymbol{a} = \begin{bmatrix} a_{11} \\ a_{12} \\ a_{21} \\ a_{22} \end{bmatrix} \quad \boldsymbol{X} = \begin{bmatrix} x_{111} & x_{121} & x_{211} & x_{222} \\ x_{111} & x_{121} & x_{211} & x_{222} \\ & \cdot & & \\ & \cdot & & \\ & \cdot & & \\ x_{111} & x_{121} & x_{211} & x_{222} \end{bmatrix}$$

$$\bar{X} = \begin{bmatrix} \bar{x}_{11} & \bar{x}_{12} & \bar{x}_{21} & \bar{x}_{22} \\ \bar{x}_{11} & \bar{x}_{12} & \bar{x}_{21} & \bar{x}_{22} \\ & & \cdot & \\ & & \cdot & \\ & & \cdot & \\ \bar{x}_{11} & \bar{x}_{12} & \bar{x}_{21} & \bar{x}_{22} \end{bmatrix} \qquad \bar{X}_b = \begin{bmatrix} \bar{x}^{(1)}{}_{11} & \bar{x}^{(1)}{}_{12} & \bar{x}^{(1)}{}_{21} & \bar{x}^{(1)}{}_{22} \\ \bar{x}^{(1)}{}_{11} & \bar{x}^{(1)}{}_{12} & \bar{x}^{(1)}{}_{21} & \bar{x}^{(1)}{}_{22} \\ & & \cdot & \\ & & \cdot & \\ \bar{x}^{(1)}{}_{11} & \bar{x}^{(1)}{}_{12} & \bar{x}^{(1)}{}_{21} & \bar{x}^{(1)}{}_{22} \\ \bar{x}^{(2)}{}_{11} & \bar{x}^{(2)}{}_{12} & \bar{x}^{(2)}{}_{21} & \bar{x}^{(2)}{}_{22} \\ & & \cdot & \\ & & \cdot & \\ \bar{x}^{(2)}{}_{11} & \bar{x}^{(2)}{}_{12} & \bar{x}^{(2)}{}_{21} & \bar{x}^{(2)}{}_{22} \\ \bar{x}^{(2)}{}_{11} & \bar{x}^{(2)}{}_{12} & \bar{x}^{(2)}{}_{21} & \bar{x}^{(2)}{}_{22} \end{bmatrix}$$

とすると,

$$\eta^2 = \frac{\boldsymbol{a}^{\mathrm{t}}(\bar{\boldsymbol{X}}_b - \bar{\boldsymbol{X}})^{\mathrm{t}}(\bar{\boldsymbol{X}}_b - \bar{\boldsymbol{X}})\boldsymbol{a}}{\boldsymbol{a}^{\mathrm{t}}(\boldsymbol{X} - \bar{\boldsymbol{X}})^{\mathrm{t}}(\boldsymbol{X} - \bar{\boldsymbol{X}})\boldsymbol{a}} \qquad (17-11)$$

となる。

両辺を $\boldsymbol{a}$ で偏微分して,

$$\begin{aligned} \eta^2(\boldsymbol{X}-\bar{\boldsymbol{X}})^{\mathrm{t}}(\boldsymbol{X}-\bar{\boldsymbol{X}})\boldsymbol{a} &= (\bar{\boldsymbol{X}}_b-\bar{\boldsymbol{X}})^{\mathrm{t}}(\bar{\boldsymbol{X}}_b-\bar{\boldsymbol{X}})\boldsymbol{a} \\ \{(\bar{\boldsymbol{X}}_b-\bar{\boldsymbol{X}})^{\mathrm{t}}(\bar{\boldsymbol{X}}_b-\bar{\boldsymbol{X}}) - \eta^2(\boldsymbol{X}-\bar{\boldsymbol{X}})^{\mathrm{t}}(\boldsymbol{X}-\bar{\boldsymbol{X}})\}\boldsymbol{a} &= 0 \end{aligned} \qquad (17-12)$$

を得る。

$$\boldsymbol{S}_b = (\bar{\boldsymbol{X}}_b - \bar{\boldsymbol{X}})^{\mathrm{t}}(\bar{\boldsymbol{X}}_b - \bar{\boldsymbol{X}})$$
$$\boldsymbol{S} = (\boldsymbol{X} - \bar{\boldsymbol{X}})^{\mathrm{t}}(\boldsymbol{X} - \bar{\boldsymbol{X}})$$

とすると,

$$(\boldsymbol{S}_b - \eta^2 \boldsymbol{S})\boldsymbol{a} = 0 \qquad (17-13)$$

この式を解くためには,行列 $\boldsymbol{S}$ は正則行列であることが必要。すなわち,行列 $\boldsymbol{S}$ の逆行列が存在しなければならない。しかしながら,$\boldsymbol{S}$ の階数は,$\boldsymbol{S}$ の次数－判別変数の数となるため,$\boldsymbol{S}$ には逆行列が存在しない。そこで,各判別変数の第1カテゴリーのカテゴリー数量を0としたときの

$\boldsymbol{S}_b$, $\boldsymbol{S}$, $\boldsymbol{a}$ を $\boldsymbol{V}_b$, $\boldsymbol{V}$, $\boldsymbol{u}$ として,

$$(\boldsymbol{V}_b - \eta^2 \boldsymbol{V})\boldsymbol{u} = 0 \qquad (17-14)$$

を解く。

$|\boldsymbol{V}| \neq 0$ ならば,

$$\boldsymbol{V}^{-1}\boldsymbol{V}_b \boldsymbol{u} = \eta^2 \boldsymbol{u} \qquad (17-15)$$

となるので,

η^2 は,$\boldsymbol{V}^{-1}\boldsymbol{V}_b$ の固有値となる。$|\boldsymbol{V}| = 0$ のときは,一般化固有値問題となるので,次のようにして解く。

$\lambda = \eta^2$
$\boldsymbol{V} = \boldsymbol{Q}\boldsymbol{\Lambda}^{1/2}\boldsymbol{\Lambda}^{1/2}\boldsymbol{Q}^{\mathrm{t}} = \boldsymbol{P}\boldsymbol{P}^{\mathrm{t}}$

$$P = Q\Lambda^{1/2}$$

とすると，

式 (17−14) は，

$$(V_b - \lambda PP^t)u = 0 \tag{17-16}$$

$$P^{-1}V_b u - \lambda P^t u = 0$$
$$P^{-1}V_b (P^t)^{-1} P^t u - \lambda P^t u = 0$$
$$(P^{-1}V_b (P^t)^{-1} - \lambda I) P^t u = 0$$
$$P^t u = b$$

とすると，b は，$P^{-1}V_b(P^t)^{-1}$ の固有ベクトルとなる。

よって，b を求めて，

$$u = (P^t)^{-1} b \tag{17-17}$$

を得る。

2) 数量化Ⅱ類の実際の例および線形判別分析との比較

表17−2の例をもとにして，数量化Ⅱ類を行うことを考えてみよう。

まず，各判別変数の第一カテゴリー a_{11}，a_{21} を 0 とする。

$$V = \begin{bmatrix} 2.55 & -0.45 \\ -0.45 & 2.55 \end{bmatrix} \quad V_b = \begin{bmatrix} 0.51 & 0.51 \\ 0.51 & 0.51 \end{bmatrix}$$

$\lambda = \eta^2 = 0.49, \ 0.00$

よって，最大固有値は，0.49である。

最大固有値に対応する固有ベクトルは，−0.71，−0.85である。よって，$a_{12} = 0.707$，$a_{22} = 0.847$ である。これより，判別得点は，

$$z_k = 0.707 x_{12k} + 0.847 x_{22k} \tag{17-18}$$

となる。これより，各被験者の判別得点を求めると，表17−2の第7列に示される値となる。判別得点が大きいほどグループ1に属し，小さいほどグループ2に属することになる。被験者2と6は，判別得点に基づくと，グループ2に属する可能性が高いことになる。表17−2の3列目と5列目（a_{11} と a_{21} の列）のデータを用いて，線形判別分析を行うと，以下のような判別式を得る。

$$W = -4.509 + 3.656 x_1 + 3.656 x_2 \tag{17-19}$$

これを用いて，判別得点を計算すると，表17−2の第8列に示される値となる。

2つの判別得点を比較すると，線形判別分析を行った場合においても，被験者2と6は，グループ1ではなく，グループ2に属する可能性が高いということになる。

17 数量化Ⅰ類，Ⅱ類をマスターする

表17－2 自家用車の購入とメーカーの好みおよび値段との関係

グループ	被験者	好みのメーカーである		値段が手ごろである		数量化Ⅱ類に基づく判別得点 z_k	線形判別分析に基づく判別得点 W_k
		はい a_{11}	いいえ a_{12}	はい a_{21}	いいえ a_{22}		
グループ1 (購入する)	1	1	0	1	0	0	2.80
	2	1	0	0	1	0.847	－0.85
	3	1	0	1	0	0	2.80
	4	1	0	1	0	0	2.80
	5	1	0	1	0	0	2.80
	6	0	1	1	0	0.707	－0.85
グループ2 (購入しない)	1	0	1	1	0	0.707	－0.85
	2	1	0	0	1	0.847	－0.85
	3	0	1	0	1	1.554	－4.51
	4	1	0	0	1	0.847	－0.85
	5	0	1	1	0	0.707	－0.85

18 数量化Ⅲ類，Ⅳ類をマスターする

1. 数量化Ⅲ類

　数量化Ⅲ類は，名義尺度の項目に対して回答者が「はい」，「いいえ」の2値で選んだ回答をもとに，項目と回答者を同時分類する手法である。表18-1は，自分の結婚相手の好みを尋ねた実際のデータである。各項目に対して，結婚相手にその属性を望むかどうかを尋ねたものである。その属性を望むと回答した場合は1，そうでない場合は0が記入されている。

表18-1　結婚の条件

		1	2	3	4	5	6	7	8	9	10
		顔が美しい	スタイルがよい	健康である	大学卒以上である	高収入である	家柄がよい	家庭を大事にする	価値観が同じである	ファザコン・マザコンでない	性別(男1,女0)
		b_1	b_2	b_3	b_4	b_5	b_6	b_7	b_8	b_9	
1	a_1	1	1	0	0	0	0	1	1	0	1
2	a_2	0	0	0	0	0	0	1	0	1	1
3	a_3	1	1	1	0	0	0	1	1	1	1
4	a_4	1	1	1	0	0	0	1	1	1	1
5	a_5	1	1	1	0	1	1	1	1	1	1
6	a_6	0	1	1	0	0	0	1	1	0	1
7	a_7	1	0	1	0	0	0	1	1	1	1
8	a_8	0	0	1	0	0	0	1	1	1	1
9	a_9	1	0	1	0	1	0	1	1	1	0
10	a_{10}	0	1	1	0	0	0	1	0	1	0
11	a_{11}	0	0	1	0	1	0	1	1	1	0
12	a_{12}	1	1	1	0	1	0	1	1	1	0
13	a_{13}	1	1	1	0	1	0	1	1	1	0
14	a_{14}	1	1	1	1	1	1	1	1	1	0
15	a_{15}	1	1	1	0	0	1	1	1	1	0
16	a_{16}	0	0	1	0	1	0	1	0	0	0

　数量化Ⅲ類では，回答者と評価項目に対して表18-1に示されるようにそれぞれa_i, b_jという数値を付与し，回答者と項目との間の相関係数が最大になるようにa_i, b_jの値を決定してゆく。a_iをサンプル数量，b_jをカテゴリー数量と呼ぶ。数量化Ⅲ類では，相関係数は，

$$r = \sum_{i=1}^{n} \sum_{j=1}^{m} \delta_{ij} a_i b_j / h \qquad (18-1)$$

と定義される。表18-1の場合であれば，「はい」と回答した回答者のサンプル数量a_iと評価項目のカテゴリー数量b_jの積和を「はい」と回答した総数で割ったもので，

$$r = (a_1 b_1 + a_1 b_2 + a_1 b_7 + ... + a_{16} b_9) / 86$$

ということになる。

ここにおいて，

$$h = \sum_{i=1}^{n} \sum_{j=1}^{m} \delta_{ij} \quad (18-2)$$

$$\delta_{i.} = \sum_{j=1}^{m} \delta_{ij} \quad (18-3)$$

$$\delta_{.j} = \sum_{i=1}^{n} \delta_{ij} \quad (18-4)$$

とし，

$$\boldsymbol{V}(a) = \sum_{i=1}^{n} \delta_{i.} a^2{}_i / h = 1 \quad (18-5)$$

$$\boldsymbol{V}(b) = \sum_{j=1}^{m} \delta_{.j} b^2{}_j / h = 1 \quad (18-6)$$

という制約条件のもとで，

$$\boldsymbol{Q} = \sum_{i=1}^{n}\sum_{j=1}^{m} \delta_{ij} a_i b_j / h - \lambda_1 \left(\sum_{i=1}^{n} \delta_{i.} a^2{}_i - 1\right)/(2h) - \lambda_2 \left(\sum_{j=1}^{m} \delta_{.j} b^2{}_j - 1\right)/(2h) \quad (18-7)$$

を最大にする a_i, b_j を決定する。ただし，δ_{ij} はクロネッカーの δ で，サンプル i がカテゴリー j に属するときは1，それ以外は0を意味する。そこで，式 (18-7) を a_i, b_j について偏微分をすると，

$$\partial \boldsymbol{Q} / \partial a_i = \sum_{j=1}^{m} \delta_{ij} b_j / h - \lambda_1 \delta_{i.} a_i / h = 0 \quad (18-8)$$

$$\partial \boldsymbol{Q} / \partial b_j = \sum_{i=1}^{n} \delta_{ij} a_i / h - \lambda_2 \delta_{.j} b_j / h = 0 \quad (18-9)$$

式 (18-8) に $\sum_{i=1}^{n} a_i$ を掛けることにより，$\lambda_1 = \sum_{i=1}^{n}\sum_{j=1}^{m} \delta_{ij} a_i b_j / h$ を得る。同様にして，式 (18-9) より $\lambda_2 = \sum_{i=1}^{n}\sum_{j=1}^{m} \delta_{ij} a_i b_j / h$ を得る。よって，$\lambda_1 = \lambda_2 = \lambda$ とする。さらに，

$$a_i = \sum_{j=1}^{m} \delta_{ij} b_j / (\lambda \delta_{i.}) \quad (18-10)$$

これを式 (18-9) に代入して，

$$\sum_{i=1}^{n} \left\{ \delta_{ij} \sum_{k=1}^{m} \delta_{ik} b_k / \delta_{i.} \right\} / (\lambda h) - \lambda \delta_{.j} b_j / h = 0 \quad (18-11)$$

これより，

$$\sum_{j=1}^{n}\sum_{k=1}^{n} \left\{ \delta_{ij} \delta_{ik} \sqrt{\delta_{.k}} \, b_k / (\delta_{i.} \sqrt{\delta_{.j}} \sqrt{\delta_{.k}}) \right\} - \lambda^2 \sqrt{\delta_{.j}} \, b_j = 0 \quad (18-12)$$

これを行列で表すと，

$$\begin{bmatrix} \sum_{i=1}^{n} \dfrac{\delta^2{}_{i1}}{\delta_{i.}\delta_{.1}} & \sum_{i=1}^{n} \dfrac{\delta_{i1}\delta_{i2}}{\delta_{i.}\sqrt{\delta_{.1}}\sqrt{\delta_{.2}}} & \cdots\cdots & \sum_{i=1}^{n} \dfrac{\delta_{i1}\delta_{im}}{\delta_{i.}\sqrt{\delta_{.1}}\sqrt{\delta_{.m}}} \\ \sum_{i=1}^{n} \dfrac{\delta_{i1}\delta_{i2}}{\delta_{i.}\sqrt{\delta_{.1}}\sqrt{\delta_{.2}}} & \sum_{i=1}^{n} \dfrac{\delta^2{}_{i2}}{\delta_{i.}\delta_{.2}} & \cdots\cdots & \sum_{i=1}^{n} \dfrac{\delta_{i2}\delta_{im}}{\delta_{i.}\sqrt{\delta_{.2}}\sqrt{\delta_{.m}}} \\ \vdots & & & \\ \sum_{i=1}^{n} \dfrac{\delta_{im}\delta_{i1}}{\delta_{i.}\sqrt{\delta_{.m}}\sqrt{\delta_{.1}}} & \cdots\cdots\cdots & & \sum_{i=1}^{n} \dfrac{\delta^2{}_{im}}{\delta_{i.}\delta^2{}_{.m}} \end{bmatrix} \begin{bmatrix} \sqrt{\delta_{.1}}\,b_1 \\ \sqrt{\delta_{.2}}\,b_2 \\ \cdot \\ \cdot \\ \cdot \\ \sqrt{\delta_{.m}}\,b_m \end{bmatrix} = \lambda^2 \begin{bmatrix} \sqrt{\delta_{.1}}\,b_1 \\ \sqrt{\delta_{.2}}\,b_2 \\ \cdot \\ \cdot \\ \cdot \\ \sqrt{\delta_{.m}}\,b_m \end{bmatrix}$$

$$(18-13)$$

となる。ここにおいて、

$$z_{ij} = \frac{\delta_{ij}}{\sqrt{\delta_{i.}}\sqrt{\delta_{.j}}}, \quad x_j = \sqrt{\delta_{.j}}\, b_j \quad とおくと,$$

$Z^t Z x = \lambda^2 x$ となる。よって、x は $Z^t Z$ の固有ベクトルとなる。x より b を求め、さらに、a を求めればよいことになる。

表18-1の性別以外の9項目を対象に数量化Ⅲ類を行うと、表18-2、表18-3のような出力を得る。

表18-2 結婚条件のデータをもとにした数量化Ⅲ類のサンプル数量の出力

	1	2	3	4	5	6	7	8	9
a_1	1	−0.195	2.108	0.529	0.382	1.341	−0.667	−2.482	0.378
a_2	1	−1.273	−1.709	−3.771	0.074	1.564	−0.012	−3.701	0.203
a_3	1	−0.481	0.791	−0.469	0.126	0.674	−0.244	1.03	−0.609
a_4	1	−0.481	0.791	−0.469	0.126	0.674	−0.244	1.03	−0.609
a_5	1	0.808	−0.081	0.029	1.361	−1.385	0.23	−0.476	−0.126
a_6	1	0.68	1.329	0.276	−2.082	−1.498	−0.333	−0.477	−0.872
a_7	1	−0.698	0.116	−0.386	0.335	1.462	1.721	1.292	0.745
a_8	1	−1.108	0.382	0.663	−2.469	−0.908	2.912	−0.544	1.297
a_9	1	−0.448	−0.866	0.927	0.782	0.867	0.554	0.312	0.217
a_{10}	1	−0.771	0.042	−1.907	−1.029	−1.044	−2.031	1.227	0.657
a_{11}	1	−0.697	−1.546	0.751	−0.364	−0.423	0.538	−0.539	−2.661
a_{12}	1	−0.187	0.346	1.735	0.199	−0.13	−0.996	−0.321	1.448
a_{13}	1	−0.298	−0.147	0.669	0.539	0.277	−0.963	0.228	−0.869
a_{14}	1	2.429	−0.505	−0.068	−1.27	0.87	−0.131	0.08	0.006
a_{15}	1	0.809	0.732	−1.038	1.124	−1.282	1.017	0.111	0.202
a_{16}	1	−0.722	−2.444	0.188	−0.046	−0.754	−0.833	0.15	1.895

表18-3 カテゴリー数量の出力

	1	2	3	4	5	6	7	8	9
b_1	1	0.317	0.912	0.514	1.553	1.57	0.132	0.606	1.069
b_2	1	0.24	1.501	−0.251	−0.219	−0.701	−2.096	−0.037	−0.54
b_3	1	−0.454	−0.21	0.227	−0.798	−0.866	0.41	1.671	0.703
b_4	1	6.116	−1.401	−0.239	−5.325	4.056	−0.627	0.601	0.078
b_5	1	0.318	−2.08	2.128	0.719	−0.452	−1.099	−0.608	−0.178
b_6	1	3.396	0.135	−1.264	1.697	−2.792	1.787	−0.718	0.371
b_7	1	−0.628	−0.115	−0.515	−0.579	0.089	0.155	−1.45	1.11
b_8	1	−0.238	0.737	0.853	−0.39	0.193	1.253	−0.437	−1.528
b_9	1	−0.383	−1.116	−1.627	0.614	0.582	−0.16	0.467	−1.081

表18-2において、a は、サンプル数量、すなわち、各回答者に対して与えられた数値を示す。行が回答者を示し、列は、サンプル数量の次元を示す。次元は最大項目数まで存在する。表18-3において b は、カテゴリー数量、すなわち、項目に対して与えられた数値を示す。行が項目を示し、列がカテゴリー数量の次元を示す。この場合も次元は、最大項目数まで存在する。サンプル数量、カテゴリー数量ともに、第1軸は、すべて1になり、数値としては意味がない。第2軸以降を分析の対象とする。図18-1には、サンプル数量およびカテゴリー数量の第2軸、第3軸をもとに、回答者（細字）および項目（太字）をプロットしたものである。

項目1,2,3は身体に関する項目、項目4,5,6は経済力に関する項目、項目7,8,9は、性格に関する項目と考えられる。回答者に関しては、個人1-8が男、個人9-16が女を示す。数量化Ⅲ類においても、因子分析と同様に、軸数を決定する必要がある。そのためには、

図18—1 数量化Ⅲ類に基づく結婚条件の項目と回答者の空間的配置

　行列 $\boldsymbol{Z}$ の固有値をもとに決定することになる。数量化Ⅲ類において得られる固有値は，因子分析の場合と異なり，各軸の寄与率を意味しない。数量化Ⅲ類の場合，固有値は，カテゴリー数量とサンプル数量に関する相関係数の最大値を意味する。よって，軸数の決定は，固有値の大きさ，固有値の急激な変化，あるいは，仮説的な軸数をもとにして決めることになる。本例の場合であれば，固有値は 1.000, 0.158, 0.130, 0.081, 0.057, 0.046, 0.043, 0.018, 0.005 となる。最初の固有値は常に1で，分析の対象とはならない。第2軸以降の固有値をもとに分析すると，軸数は2あるいは3ということになるであろう。図18－1において，9項目の配置をみると，これらは，身体に関する因子と性格に関する因子が1つのクラスターを形成し，そして，経済力に関する因子がもう1つのクラスターを形成していることがうかがえる。身体に関する因子と性格に関する因子が第4軸を使用することによって分離すれば，3因子が必要となるが，実際に第4軸を利用してもそれらは分離しないので，ここでは2つの因子（第1因子は，身体と性格からなる因子，第2因子は経済力に関する因子）をもとに考えてゆくことにする。次に，回答者と項目との関係を分析してゆくと，以下のようになる。全般的にみて，回答者は身体と性格に関するクラスターの周りに分布している。これは，回答者が結婚の条件として，学歴や収入のような経済力に関する因子よりも，外見のような身体因子あるいは性格因子を重視していることがうかがえる。さらに，男（数字1－8）は身体的因子の周りに分布し，女（数字9－16）は，性格的因子の周りに分布している傾向がうかがえる。これより，結婚の条件として男は身体的因子を重視し，女は性格的因子を重視していることがうかがえる。

2. 数量化Ⅳ類

　数量化Ⅳ類の場合も，対象に対する評価者の判断をもとに，対象に数値を付与する方法である。その際に，対象間の類似度を回答者の反応をもとに算出し，そして，さらに類似度をもとに対象間の距離を算出してゆく。例えば，表18－1に示されるようなデータがあるとしよう。項目1と項目2に関して，16人の回答者のうち，12人の回答者が同じ回答をしているので，項目1と2の間の類似度は12ということになる。同様にしてすべての項目間の類似度を計算すると，表18－4を得る。対角要素は，行の類似度の総和に－をつけた値である。そして，項目 j と項目 k のカテゴリー数量を a_j, a_k とし，

$$\sum_{j=1}^{n} a^2_j = 1 \qquad (18-14)$$

という制約条件のもとで,

$$Q = -\sum_{j=1}^{n}\sum_{k=1}^{n} e_{jk}(a_j - a_k)^2 - \lambda\left(\sum_{j=1}^{n} a^2_j - 1\right) \qquad (18-15)$$

を最大にする a_j を求める。$(a_j - a_k)^2$ は項目 j と項目 k の間の距離の2乗に相当するので,e_{jk} と $(a_j - a_k)^2$ の積和に－を付け,それを最大にするように a_j を決定することは,項目間の類似度を最大にするように,a_j を決定することを意味する。

式(18-15)を a_j に関して偏微分すると,

$$\partial Q / \partial a_j = -2\sum_{k=1}^{n} e_{jk}(a_j - a_k) - 2\lambda a_j = 0 \qquad (18-16)$$

を得る。これを行列で表すと,

$$\begin{bmatrix} -\sum_{k\neq 1} e_{1k} & e_{12} & \cdots & e_{1n} \\ e_{21} & -\sum_{k\neq 2} e_{2k} & \cdots & e_{2n} \\ \vdots & & & \vdots \\ e_{n1} & \cdots & & -\sum_{k\neq n} e_{nk} \end{bmatrix} \begin{bmatrix} a_1 \\ \vdots \\ \vdots \\ a_n \end{bmatrix} = \lambda \begin{bmatrix} a_1 \\ \vdots \\ \vdots \\ a_n \end{bmatrix} \qquad (18-17)$$

$$\boldsymbol{Va} = \lambda \boldsymbol{a} \qquad (18-18)$$

を得る。これより,求める a_j は,行列 $\boldsymbol{V}$ の固有ベクトルということになる。そして,行列 $\boldsymbol{V}$ は,表18-4に示される項目間の類似度行列である。行列 $\boldsymbol{V}$ より,類似度行列の対角要素は,行の類似度の総和に－を付けた値になるのである。

表18-4をもとに,数量化Ⅳ類を行うと,表18-5を得る。カテゴリー数量 a_j は,9次元まで得られる。第1軸のカテゴリー数量は,すべて同じ値であるので意味はない。第2軸,第3軸の値をもとにして,9項目を空間的にプロットすると,図18-2のようになる。数量化Ⅲ類の場合と同様に,項目4と6が他の項目とは離れた位置にあることがうかがえる。また,固有値 $\lambda = 0.000, -48.857, -72.633, -76.941, -80.767, -84.372, -86.927, -88.803, -92.699$ である。数量化Ⅲ類の結果と数量化Ⅳ類の結果を比較すると,同じデータを数量化Ⅲ類で分析するか,数量化Ⅳ類で分析するかで,項目間の関係に若干の違いが見受けられる。カテゴリー数量の求め方自体が異なるので,結果に違いは生じるのは当然のことであるが,Ⅲ類とⅣ類の大きな違いは,回答者の違いを項目の分析に際し,どれくらい考慮するかということであろう。数量化Ⅲ類の場合は,回答者によって項目に対する回答が異なるのでそれを考慮

表18-4 項目間の類似度

	顔が美しい	スタイルがよい	健康である	大学卒以上である	高収入である	家柄がよい	家庭を大事にする	価値観が同じである	ファザコン・マザコンでない
顔が美しい	－80	12	10	7	9	9	10	13	10
スタイルがよい	12	－74	10	7	7	9	10	11	8
健康である	10	10	－76	3	9	5	14	13	12
大学卒以上である	7	7	3	－51	10	14	1	4	5
高収入である	9	7	9	10	－69	10	7	8	9
家柄がよい	9	9	5	14	10	－63	3	6	7
家庭を大事にする	10	10	14	1	7	3	－70	13	12
価値観が同じである	13	11	13	4	8	6	13	－77	9
ファザコン・マザコンでない	10	8	12	5	9	7	12	9	－72

に入れて分析しているが，Ⅳ類の場合は回答者の違いを考慮に入れていない。すなわち，Ⅳ類の場合は，回答者の回答は等質であるという暗黙の仮定がなされていると考えられよう。よって，回答者が本質的に等質であれば，数量化Ⅲ類とⅣ類は類似した結果となることが予測される。

表18－5 数量化Ⅳ類の出力

	1	2	3	4	5	6	7	8	9
項目1(a_1)	0.333	0.085	0.037	0.126	0.174	0.2	0.232	0.453	0.732
項目2(a_2)	0.333	0.082	0.052	0.404	0.414	0.45	－0.524	－0.203	－0.164
項目3(a_3)	0.333	0.259	－0.108	－0.031	－0.039	－0.078	0.353	－0.789	0.235
項目4(a_4)	0.333	－0.759	－0.544	0.092	－0.063	－0.061	0.021	－0.023	－0.013
項目5(a_5)	0.333	－0.077	0.123	－0.837	0.37	－0.027	－0.16	0.029	－0.052
項目6(a_6)	0.333	－0.351	0.784	0.188	－0.217	－0.253	0.023	－0.054	－0.036
項目7(a_7)	0.333	0.371	－0.229	0.101	－0.166	－0.652	－0.45	0.176	0.05
項目8(a_8)	0.333	0.214	－0.064	0.156	0.249	－0.08	0.562	0.285	－0.592
項目9(a_9)	0.333	0.175	－0.05	－0.2	－0.721	0.501	－0.057	0.126	－0.16

図18－2 数量化Ⅳ類に基づく9項目の空間的配置

19　R言語を使ってみよう

1. R言語のインストール

　R言語はフリーソフトウエアで，日本では会津大学のミラーサイトからダウンロードできる。以下の方法によってダウンロードしてみよう。

(1) まず，R言語がインストールできる次のサイトを開いてみる。ただし，Windows用である。
　　ftp://ftp.u-aizu.ac.jp/pub/lang/R/CRAN/bin/windows/base/
(2) oldというフォルダーをクリックし，さらに，その中の2.0.1というフォルダーをクリックする。そして，rw2001.exeというファイルがあるのでこれをクリックする。すると，ファイルをコンピュータに保存するかどうか尋ねてくるので，「保存する」をクリックする。
(3) すると，R言語のダウンロードが始まる。ダウンロード先を尋ねられるので，C:¥Program Files¥Rにする。ダイアルアップ接続の場合は，1時間くらいかかることが予想されるので，注意。
(4) ダウンロードが完了したら，「ダウンロード完了」のウィンドウを閉じる。そして，C:¥Program Files¥Rのディレクトリにあるrw2001.exeをクリックする。
(5) Setup-R for Windowsというウインドウが表示される。「Next」をクリックすると，「License Agreement」を尋ねられるので，内容を確認後「I accept the agreement」の項目をクリックし，「Next」をクリックする。
(6) 「Select Destination Location」と尋ねられるので，「C:¥Program Files¥R¥rw2001」を選び，「Next」をクリックする。
(7) 「Select Components」と尋ねられるが，そのまま，「Next」をクリックする。
(8) 「Select Start Menu Folder」と尋ねられるが，「Next」をクリックする。
(9) 「Select Additional Tasks」と尋ねられるが，「Next」をクリックする。
(10) R言語のインストールが開始される。「Completing the R for Windows Setup Wizard」が表示されたらば，「Finish」をクリックする。
(11) R.2.0.1というショートカットがデスクトップ上に作成されていることを確認する。
(12) R.2.0.1のショートカットをクリックすると，R Console画面が表示され，プロンプト＞が表示されていれば，Rの使用可能である。
(13) 終了するときは，q(　)を入力する。「Save workspace image?」と尋ねられるので，「No」を選ぶ。
(14) ついでに，C:¥Program Files¥R¥rw2001を開く。ここに，R言語で必要なファイルが保

存されている。今後使用することがあるのでこのディレクトリを覚えておく。

2. R言語を使ってみよう

1）平均と分散の計算

（1）R言語の起動と終了

R言語を起動するには，デスクトップにあるR.2.0.1のショートカットか，C:¥Program Files¥R¥rw2001¥binの中にあるR.exeというファイルをクリックすればよい。すると，R言語用のウインドウが現われ，以下のように表示される。

R : Copyright 2004, The R Foundation for Statistical Computing
Version 2.0.1 (2004-11-15), ISBN 3-900051-00-3

R is free software and comes with ABSOLUTELY NO WARRANTY.
You are welcome to redistribute it under certain conditions.
Type 'license( )' or 'licence( )' for distribution details.

R is a collaborative project with many contributors.
Type 'contributors( )' for more information and
'citation( )' on how to cite R in publications.

Type 'demo( )' for some demos, 'help( )' for on-line help, or
'help.start( )' for a HTML browser interface to help.
Type 'q( )' to quit R.
>

＞が，R言語におけるプロンプトで，＞の後にコマンドをキーボードより入力する。例えば，＞の後に，1＋2と入力し，キーボードのエンターキーを押すと，計算が実行され，答えである3が表示される。R言語を終了するときは，＞の後にq( )と入力する。すると，「Save workspace image?」と尋ねられるので，「Yes」，あるいは，「No」のいずれかを選ぶとR言語は終了する。「Yes」を選ぶと，R言語起動後に使用したR言語のオブジェクトが保存され，「No」を選ぶと保存されない。とりあえず，R言語に慣れるまでは「No」を選ぶ。

（2）代表値の計算

では，まず，算術平均（今後，算術平均を単に，平均と呼ぶ）を計算することから始めよう。いま，4, 2, 8, 7という4つの得点があるとき，平均は，
＞(4＋2＋8＋7)／4
と計算することもできるが，meanという平均を計算する関数を利用すると便利である。meanを利用すると，
＞mean(c(4, 2, 8, 7))
とすることによって，平均が計算される。また，
＞x＜－c(4, 2, 8, 7)

> mean(x)

とすることもできる。x < − c(4, 2, 8, 7) は，4, 2, 8, 7 というデータを x に格納することを意味する。x のようなデータを格納する変数を R 言語ではオブジェクトと呼ぶ。オブジェクトは，x という名前でなくてもよい。アルファベットではじまり，任意の英数字の自由な組み合わせから定義される。例えば，x12, xz, y1n というように定義できる。z12.male のようにも使用することができる。ただし，c や mean のように関数としてすでに定義されている文字列を使用するのは避けた方がよい。どのような文字列がすでに定義されているかどうかに関しては後に説明する（第 24 章の第 2 節「R 言語で準備されている関数（システム関数）」を参照）。取りあえず，プロンプト > のあとに新しく定義するオブジェクトを書いてエンターキーを押したときに，そのオブジェクトの関数式が表示されなければ大丈夫である。mean(x) は，x の平均を計算する。c(4, 2, 8, 7) の c という関数は，ベクトルを作成する関数で，c(4, 2, 8, 7) とすることによって，これはベクトルであることを意味する。このとき，4, 2, 8, 7 はベクトルの要素と呼ばれる。ベクトルの要素は，4, 2, 8, 7 のようにカンマで区切る。よって，mean(c(4, 2, 8, 7)) は，ベクトルの要素を平均するという意味である。x < − c(4, 2, 8, 7) は，c(4, 2, 8, 7) というベクトルを x と名づけるということで，mean(x) は，ベクトル x の要素を平均することを意味する。このように，ベクトルは 2 つ以上の数字あるいは文字から成り立っている。1 つの数字の場合は，スカラーと呼ぶ。$(4 + 2 + 8 + 7)/4$ は，$(c(4) + c(2) + c(8) + c(7))/c(4)$ と記述することも可能であるが，c( ) の要素が 1 つであるので，スカラーである。よって，c( ) は必要ではないのである。オブジェクト x は，ベクトルで表示されたり，スカラーで表示されたり，行列で表示されたりする。

> x < − c(4, 2, 8, 7)
> y < − c(1, 3, 5, 7)

として，

> x + y

を計算すると，

[1] 5 5 13 14

と表示される。

これは，x というベクトルと y というベクトルを足すことを意味し，x + y という新しいベクトルは，各ベクトルの要素の和から成り立つ。すなわち，4 + 1 = 5, 2 + 3 = 5, 8 + 5 = 13, 7 + 7 = 14 ということである。このようにデータの集まりをベクトルの要素とすることによって，2 つのデータの集まりを足したり引いたり，さまざまな演算をすることが可能となる。ベクトルをもとにした演算の例として，以下のようなものが可能である。

> x − y
[1] 3 −1 3 0
> x * y
[1] 4 6 40 49
> x ／ y
[1] 4.0000000 0.6666667 1.6000000 1.0000000
> x^2
[1] 16 4 64 49
> sqrt(x)

[1] 2.000000 1.414214 2.828427 2.645751

　x＊yは，xの各要素とyの各要素の積からなるベクトルを作成する。x／yは，xの各要素をyの各要素で割った商からなるベクトルである。5＊xは，xの各要素を5倍した値からなるベクトルである。x／5は，xの各要素を5で割った商からなるベクトルである。x^2は，xの各要素を2乗した値からなるベクトルである。sqrt(x)は，xの各要素の平方根からなるベクトルである。

　代表値には，平均の他に，メディアンやモードがある。メディアンは，medianを使用することによって計算することができる。モードを計算するには，tableを使用すればよい。tableは，各データの度数を計算し，各データの値とそれに対応する度数を出力するので，それをもとにモードを得ることができる。

(3) 散布度の計算

　R言語では，関数varを利用することによって，不偏分散を計算することができる。
＞x＜－c(4, 2, 8, 7)
＞var(x)
[1] 7.583333
は，4, 2, 8, 7の不偏分散で，$((4-5.25)^2+(2-5.25)^2+(8-5.25)^2+(7-5.25)^2)／(4-1)$を意味する。通常の分散は，$((4-5.25)^2+(2-5.25)^2+(8-5.25)^2+(7-5.25)^2)／4$で定義されるので，通常の分散を計算するときには，
＞n＜－length(x)
＞var(x)＊(n－1)／n
[1] 5.6875
とすればよい。lengthは，ベクトルの要素数を数える関数で，length(x)によってベクトルxの要素数4を得ることができる。出力される値を四捨五入したい場合は，roundを使用する。round(var(x), 3)によって，var(x)の小数第4位を四捨五入して小数第3位までを出力する。round(var(x), 2)とすると，var(x)の小数第3位を四捨五入して小数第2位までを出力する。

　レンジは，rangeを使用することによって計算することができる。

2) ヒストグラムの作成

　ヒストグラムを作成する関数として，histがある。今，
x2＜－c(2, 2, 2, 4, 4, 4, 4, 5, 5, 7, 7, 7, 9, 9)
として，xのヒストグラムを作成するには，
x2＜－c(2, 2, 2, 4, 4, 4, 4, 5, 5, 7, 7, 7, 9, 9)
hist(x2, breaks＝c(1, 2, 3, 4, 5, 6, 7, 8, 9, 10))
を実行すると，ヒストグラムが作成される。breaksは，ヒストグラムを作成する際の階級の境界値を示す。省略して，hist(x2) を実行すると，自動的に境界値が決められて，ヒストグラムが作成される。データは，この階級の境界値の範囲になければならない。階級の境界値は，下限と上限があるが，度数を数える際，上限値は含まれるが下限値は含まれない。すなわち，当該の例の場合，1より大きく2以下の値，2より大きく3以下の値というように分類される。1以上2未満，2以上3未満としたい場合には，各境界値から若干小さい値（0.1）を引くことによって可能となる。

hist(x, breaks = c(0.9, 1.9, 2.9, 3.9, 4.9, 5.9, 6.9, 7.9, 8.9, 9.9))

とすればよい。

また，前もってbreaksの値を

a<-c(0.9, 1.9, 2.9, 3.9, 4.9, 5.9, 6.9, 7.9, 8.9, 9.9)

と定義して

hist(x, a)

とすることも可能である。

hist(x, a)$mids

によって，階級値を出力し，

hist(x, a)$counts

によって各階級の度数を出力する。

3）相関係数の計算と散布図の作成
（1）相関係数の計算

ピアソンの積率相関係数の計算は，関数corを使用することによって可能である。例えば，

> x<-c(4, 2, 8, 7)
> y<-c(1, 3, 5, 7)
> cor(x, y)
[1] 0.7032108

とすることによって，xとyの積率相関係数を計算する。相関係数は，0.7032108である。

散布図は，plotという関数を使用することによって描くことができる。

> x<-c(4, 2, 8, 7)
> y<-c(1, 3, 5, 7)
> plot(x, y)

とすると，xとyの散布図を描く。

> plot(x, y, pch ="A")

とすると，アルファベットAを使用してプロットしてくれる。pchは，プロットする文字・数字の指定をする。ただし，プロットする文字・数字は" "で囲む必要がある。

> plot(x, y, pch = 2)

のようにして，pchに数字を代入するとすでに準備されている絵記号，2のときは，「三角形」でプロットする。この場合，数字は，" "で囲まない。

> x<-c(4, 2, 8, 7)
> y<-c(1, 3, 5, 7)
> plot(x, y, pch = 2, col = 2)

とすることによって，色を使用することができる。colは色の指定である。

histやplotによるグラフィックスの出力は，ファイルに保存することができる。カーソルをグラフィックス画面に移動して，メニューバーのファイルをクリックする。そして，例えば，Jpegを選び，さらに，100%qualityを選んで保存する。

3. 回帰係数の算出

線形回帰分析をするためには，関数lsfitを使用する。

> x <- c(4, 2, 8, 7)
> y <- c(1, 3, 5, 7)
> lsfit(x, y)$coef

を実行すると,

Intercept   X
0.5384615   0.6593407

を得る。定数が 0.5384615 で，回帰係数が 0.6593407 であることを意味する。

> lsfit(x, y)$res

によって残差を出力することができる。

[1] -2.1758242   1.1428571   -0.8131868   1.8461538

が残差で，y の値から予測値を引いた値である。よって，これを利用して予測値は，

> y - lsfit(x, y)$res
[1] 3.175824   1.857143   5.813187   5.153846

となる。

> yh <- y - lsfit(x, y)$res

とすることによって，予測値を yh に格納しておく。

plot(x, y) によって，x と y の散布図を描き，そこに，回帰直線を記入するには，

> x <- c(4, 2, 8, 7)
> y <- c(1, 3, 5, 7)
> plot(x, y)
> abline(lsfit(x, y)$coef)

とすればよい。

回帰式の説明率を計算するためには，

> cor(y, yh)^2

を実行すればよい。

4. データファイルの作成

　データが多くなると，データファイルを作成して，そのデータファイルをRに呼び込むことによって，データ解析が可能になる。R言語におけるデータファイルは，テキストファイル（エクセルワークシートを使用することも可能であるが，以下の説明は，テキストファイルを使用した場合）を使用する。例えば，data1 というファイル名のファイルに以下のようなデータを記入する。

4 2 8 7 1 3 5 7

　そして，このファイルをR言語のホームディレクトリに置く。データファイルにおいては，データはスペースで区切る。そして，スペースを含めすべて半角にする。スペースは1つ以上であればよい。また，R言語のコンソール画面にカーソルを移動して，メニューバーからファイルを選び，Change Dir をクリックすると，R言語のホームディレクトリが C¥Program Files¥R¥rw2001 のように表示される。そうしたならば，C¥Program Files¥R¥rw2001 にデータファイルを置く。

　そして，

data <- scan("data1.txt")

を実行すると
Read 8 items
と表示される。
＞ data
と入力して data の中身を確認する。
［1］4 2 8 7 1 3 5 7
と表示される。

このうちの最初の4個を x に，残りの4個を y に格納したいときは，
x ＜－ data［c(1, 2, 3, 4)］
y ＜－ data［c(5, 6, 7, 8)］
とすればよい。c( ) の中の数字は，data 内のデータの場所を意味する。c(1, 2, 3, 4) は，1番目から4番目までのデータを意味する。
これは，
x ＜－ data［1:4］
y ＜－ data［5:8］
としても同じである。1:4 は1から4までの整数を意味する。

5. プログラムファイルの作成

データファイルは，データのためのテキストファイルであるが，プログラムファイルは，プログラムのためのテキストファイルである。いま，上で行った処理をテキストファイルに以下のように書き，そのプログラムを実行すれば同じ処理を行うことができる。
　　data ＜－ scan("data1.txt")
　　x ＜－ data［1:4］
　　y ＜－ data［5:8］
を prog1.txt というファイルにセーブする。そして，このプログラムをデータファイルと同じ R 言語のホームディレクトリに置く。R 言語のウインドウのメニューバーのファイルをクリックして，source R code をクリックする。そして，prog1.txt をクリックすると，prog1.txt が読み込まれる。
　　＞ data
　　＞ x
　　＞ y
を実行して，正しく prog1.txt が読み込まれていることを確認してみよう。このようにプログラムファイルを読み込むときは，そのプログラムファイルがあるディレクトリまで移動し，それをクリックするだけでよい。プログラムファイルは，ホームディレクトリ以外の場所に置くことも可能である。同様にして，そのプログラムファイルがあるディレクトリまで，移動してクリックすればよいのである。ただし，そのプログラムがデータファイルを読み込む際には，データファイルがホームディレクトリにない場合には，プログラムファイルをクリックしただけでは，データファイルを読み込めない。例えば，プログラムファイルとデータファイルがホームディレクトリ以外の同じディレクトリにあるときは，プログラムファイルをクリックしただけでは，「データファイルが開けられない」というエラーメッセージが表示される。そこで，メニューバーのファイルから Change Dir をクリックし，プログラムファイルのあるディレク

トリが表示されたら，OK をクリックして，再び，プログラムファイルをクリックすればよい。そうすると，今度は，エラーなくプログラムが実行される。

R 言語の console 画面を使用する場合は，

> x

とすることによって，x の中身を出力することができたが，プログラムファイルを使用する場合は，print を使用して，

print(x)

としなければ，出力されない。

6. 分散を計算する関数　var2

R 言語では，不偏分散を計算する関数として var が準備されているが，次に示す関数 var2 を使用すると，通常の分散が計算できる。

```
######var2###############
var2 <- function(x)
{
    if(is.vector(x)) n <- length(x)
    if(is.matrix(x)) n <- nrow(x)
    var2 <- var(x)*(n-1)/n
    var2
}
##########################
```

使い方は var の場合と同じで，var2(x) を実行することによって，x の分散を計算する。

7. 標準得点を計算する関数　scale2

R 言語では，標準得点を計算する関数として，scale が準備されているが，scale は，不偏標準偏差をもとにして，標準化を行う。これに対して以下に示す scale2 は，通常の標準偏差をもとにして標準化を行う。

```
##########scale2#########
scale2 <- function(x)
{
    if(is.matrix(x)) {
        n <- nrow(x)
        meanx <- apply(x, 2, mean)
        var2 <- apply(x, 2, var)*(n-1)/n
        z <- matrix (0, ncol = ncol(x), nrow = nrow(x))
        for( j in 1:ncol(x)) z[, j] <- (x[, j]-meanx[j])/sqrt(var2[j])
    }
        if(!is.matrix(x)) {
            n <- length(x)
            meanx <- mean(x)
```

```
        var2 <- var(x)*(n-1)/n
        z <- (x-meanx)/sqrt(var2)
    }
    z
}
##########################
```

使い方は，標準化したい変数を x としたとき，scale2(x) を実行すればよい．x は，ベクトルでも行列でも可能である．行列の場合は，列の標準化を行う．

8. 並べ替えを行う関数　sort.list2

以下に示す関数 sort.list2 は，1 つの変数の並べ換えをもとにして他の変数の並べ換えを行う関数である．

```
#####sort.list2##########
sort.list2 <- function(x, y)
{
    n <- length(x)
    outx <- sort(x)
    outseq <- sort.list(x)
    outy <- y
    if(is.vector(y))  outy <- y[outseq]
    if(is.matrix(y)) {
        nc <- ncol(y)
        for (j in 1:nc)  outy[,j] <- y[outseq, j]
    }
    outy
}
##########################
```

例えば，
> x <- c(1, 5, 3)
> y <- c(1, 9, 4)
> sort.list2(x, y)

を実行すると，

  [1] 1 4 9

を得る．これは，x を大きさの順 (1, 3, 5) に並べ換えたときに，それに基づいて，x の各値に対応する y の値が並べ替えられることを意味する．y が行列の場合であれば，x の並べ替えの結果に基づいて，y のすべての列が並べ替えられる．

9. 単回帰分析のための関数　sreg

R 言語では，回帰分析用に lsfit という関数が準備されているが，その関数を使用して，lsfit では計算されない結果も出力することができる．それが sreg で，以下のような関数である．

##########sreg###########
```
sreg <- function(x, y)
{
    coef <- lsfit(x, y)$coef
    yh <- coef[1] + coef[2]*x
    RR <- cor(y, yh)^2
    plot(x, y)
    abline(coef)
    list(coef = coef, yh = yh, RR = RR)
}
```
###########################

sregは，
> sreg(x, y)

とするだけで，定数項（coef[1]），回帰係数（coef[2]），予測値（yh），説明率（RR）を出力するだけでなく，xとyの散布図および，回帰式をプロットしてくれる。sregをテキストファイルにsreg.txtというプログラムファイル名で保存し，それを読み込んで実行してみよう。ただし，x, yには，すでにデータが入っていなければならない。sregを読み込んだのち，以下のことを実行してみよう。

> x <- c(4, 2, 8, 7)
> y <- c(1, 3, 5, 7)
> sreg(x, y)

すると，

$coef
Intercept   X
0.5384615   0.6593407
$yh
[1] 3.175824   1.857143   5.813187   5.153846
$RR
[1] 0.4945055

が出力され，次に示す散布図がプロットされるであろう。

図19-1　*x*と*y*の散布図

10. エラーメッセージについて

(1)
　　＞ x ＜－ c(4.2.8.7)
と入力すると，
　　Error: syntax error
という表示が出る。syntax error とは文法のエラーで，この場合は，数値は「,」で区切るべきであるのに，「.」で区切ったために生じたエラーを表している。

(2)
　　＞ x ＜－ c(4, 2, 8, 7
と入力した後，リターンキーを押すと，
　　＋
と表示される。右括弧が足りないことによるエラーである。）を付け加えればよい。
　うまくゆかなければ，ESC キーを押して，プロンプト ＞に再びもどり，やり直す。

(3)
　z というオブジェクトが前もって定義されていないのに，
　　＞ mean(z)
を実行すると，
　　Error in mean(z) : Object "z" not found
というエラーが表示される。z ＜－ c(1, 2, 5) のように z を定義してから再び実行すればよい。

(4)
　plot(x, y) と書くところを
　　＞ prot(x, y)
と書くと，
　　Error: couldn't find function "prot"
というエラーが表示される。関数 prot が見つけられないというメッセージなので，
　正しく書き直して再び実行すればよい。

(5)

　　> 1x < − c (1, 2, 3) を実行すると，

　　Error: syntax error

というエラーが表示される。オブジェクトを定義するときは，数字から始まるオブジェクトを定義してはいけないからである。x1 < − c (1, 2, 3) とすればよい。

(6)

　　プログラムファイルを実行すると，

Error in file (file, "r") : unable to open connection

In addition: Warning message:

cannot open file 'lda2-data1.txt'

というエラーが表示される。これは，lda2-data1.txt というデータファイルが開けないというメッセージである。これは，プログラムファイルのあるディレクトリとデータファイルがあるディレクトリが異なる場合に生じる。データファイルをホームディレクトリではなく，プログラムファイルと同じディレクトリにおいてある場合は，R 画面の左上のファイルメニューの中から Change Directory を選び，表示されたディレクトリがプログラムファイルのあるディレクトリであることを確認して，OK をクリックしてもう一度プログラムファイルを実行すればよい。

20　R言語による検定

1. 正規分布に関する関数

1）dnorm(x, m, s)

関数 dnorm は，横座標値が x のときの，平均 m，標準偏差 s の正規分布の確率密度を計算する。

```
x <-- 3 + 0.06 * c(1:101)
y <- dnorm(x, 0, 1)
par(pty ="s", las = 1, lwd = 2, tck = 0.02)
plot(x, y, type ="l")
```

を実行すると，図20－1に示される正規分布を描くことができる。ただし，las, lwd, type="l" の l は，数字の1ではなく，アルファベットのLの小文字 l（エル）であることに注意する。横座標値 x は図の横軸，確率密度は縦軸 y に対応する。pty, las, tck については24章を参照。

図20-1　正規分布

2）pnorm(x, m, s)

関数 pnorm は，横座標値が x のときの，平均 m，標準偏差 s の正規分布の下側確率 p を計算する。下側確率は，図20－1において p の部分の面積に対応する。

3）qnorm(p, m, s)

関数 qnorm は，下側確率が p のときの平均 m，標準偏差 s の正規分布の横座標値 x を計算する。

4）rnorm(n, m, s)

関数 rnorm は，平均 m，標準偏差 s の正規分布から n 個の乱数を発生する。

2. χ^2 分布に関する関数

1）dchisq(x, df)

関数 dchisq は，横座標値が x のときの自由度 df の χ^2 分布の確率密度を計算する。

x <− 0.1*c(1:200)
y1 <− dchisq(x, 1)
y2 <− dchisq(x, 3)
y3 <− dchisq(x, 5)
y4 <− dchisq(x, 10)
par(mfrow = c(2, 2), pty = "s", las = 1, lwd = 2, tck = 0.02)
plot(x, y1, type = "l")
plot(x, y2, type = "l")
plot(x, y3, type = "l")
plot(x, y4, type = "l")

を実行すると，図 20−2 に示す χ^2 分布が得られる。y1, y2, y3, y4 の順に，自由度が 1, 3, 5, 10 の χ^2 分布を示す。

図20−2　χ^2分布

2) pchisq(x, df)

関数 pchisq は，横座標値が x，自由度が df の χ^2 分布の下側確率 p を示す。

3) qchisq(p, df)

関数 qchisq は，下側確率が p，自由度が df の χ^2 分布の横座標値を計算する。

4) rchisq(n, df)

関数 rchisq は，自由度が df のときの χ^2 分布から n 個の乱数を発生する。

5) chisq.test(x, correct)

関数 chisq.test は，χ^2 検定をするための関数で，引数は x, correct である。出力として，χ^2 値，自由度，p 値が得られる。この関数は，stats というライブラリーにあるので，chisq.test を実行するまえに，library(stats) を実行する必要がある。

x	データ。
correct	イエーツの修正をする場合は T，そうでなければ F を指定する。指定がなければ，T とする。

＜実行例＞

```
x <- c(72, 23, 16, 49)
library(stats)
out <- chisq.test(x)
print(out)
```

＜出力例＞

Chi-squared test for given probabilities

data: x
X-squared = 49.25, df = 3, p-value = 1.154e-10

＜実行例 2＞

```
x <- matrix(c(52, 8, 48, 42), ncol = 2, byrow = T)
chisq.test(x, T)
```

＜出力例 2＞

Pearson's Chi-squared test with Yates' continuity correction

data: x
X-squared = 16.5312, df = 1, p-value = 4.785e-05

3. t分布に関する関数

1) dt (x, df)

関数dtは，横座標値がx，自由度がdfのt分布の確率密度を計算する。

```
x <- -3 + 0.06 * c(1:101)
y1 <- dt(x, 1)
y2 <- dt(x, 20)
par(mfrow = c(2, 2), pty = "s", las = 1, lwd = 2, tck = 0.02)
plot(x, y1, type = "l")
plot(x, y2, type = "l")
```

を実行すると，図20-3に示すt分布が得られる。左図，右図の順に，自由度が1, 20のt分布を示す。自由度が大きくなるにつれ，図20-1に示す標準正規分布に近づいてゆく。

図20-3　t分布

2) pt (x, df)

関数ptは，横座標値がx，自由度dfのt分布の下側確率pを計算する。関数ptは，t分布において，t値(x)がデータから与えられているとき，その値をもとに下側確率pを計算するための関数である。pt(abs(x), df) > 0.975であれば，両側検定で有意水準が5％の場合，帰無仮説は棄却される。

3) qt (p, df)

関数qtは，下側確率がp，自由度がdfのt分布の横座標値を計算する。関数qtは，t分布において，下側確率pが与えられているときに，そのときのt値（臨界値）を計算するための関数である。例えば，5％の有意水準で両側検定の場合，上側の棄却域の確率は0.025となるので，下側確率p = 0.975となる。このときの臨界値tcは，tc <- qt(0.975, df)で計算される。ただし，dfのところには，そのときの自由度の値を入れる。データより得られたt値の絶対値が，tcより大きければ，帰無仮説は棄却される。

4) rt (n, df)

関数rtは，自由度dfのt分布からn個の乱数を発生する。

5) t.test(x, y, alternative, paired, var.equal, conf.level)

関数 t.test は，t 検定のためのシステム関数で，引数は以下のことを意味する。

x	データ。
y	データ。y を指定しない場合は，1 標本となる。
alternative	two-sided（両側検定），less（片側検定），greater（片側検定）のいずれか，alternative = "two - sided" のように指定する。
paired	x と y の間に対応がなければ F，対応があれば，T とする。
var.equal	母分散が等しければ T，等しくなければ F とする。
conf.level	信頼水準を表し，95％ の信頼水準であれば，0.95 と指定する

この関数は，stats というライブラリーにあるので，t.test を実行するまえに，library(stats) を実行する必要がある。出力としては，t 値，自由度，p 値，信頼区間，x と y の平均値が得られる。以下に実行例とその出力を示す。

＜実行例＞
```
x <- c(2.5, 3, 4.2, 5.4, 2.8, 3.3, 4, 2.5)
y <- c(2.5, 2.2, 2, 1.8, 3.3, 3)
library(stats)
out <- t.test(x, y, alternative = "two.sided", paired = F, var.equal = T, conf.level = .95)
print(out)
```

＜出力例＞

Two Sample t-test

data: x and y
t = 2.1493, df = 12, p-value = 0.05271
alternative hypothesis: true difference in means is not equal to 0
95 percent confidence interval:
 - 0.01366191 2.00532858
sample estimates:
mean of x mean of y
 3.462500 2.466667

4. F 分布に関する関数

1) df (f, df$_1$, df$_2$)

関数 df は，横座標値が f, 自由度 df$_1$, df$_2$ の F 分布の確率密度 y を計算する。

```
f <- 0.1 * c(1:50)
y1 <- df (f, 1, 2)
y2 <- df (f, 10, 10)
```

```
par(mfrow = c(2, 2), pty = "s", las = 1, lwd = 2, tck = 0.02)
plot(f, y1, type = "l")
plot(f, y2, type = "l")
```
を実行すると，図20 - 4に示すF分布が得られる。左図，右図の順に，自由度1, 2そして，自由度10, 10のF分布を示す。

図20 - 4　F分布

2）pf (f, df$_1$, df$_2$)

関数pfは，横座標値がf, 自由度df$_1$, df$_2$のF分布の下側確率pを計算する。

3）qf (p, df$_1$, df$_2$)

関数qfは，下側確率がp, 自由度df$_1$, df$_2$のF分布の横座標値を計算する。

4）rf (n, df$_1$, df$_2$)

関数rfは，自由度がdf$_1$, df$_2$のF分布からn個の乱数を発生する。

5）var.test(x, y, alternative , conf.level)

関数var.testは，F分布を利用して，分散の同質性を検定するテストである。引数は，以下のことを意味する。

x	データ。
y	データ。
alternative	two-sided（両側検定），less（片側検定），greater（片側検定）のいずれか，alternative ="two-sided"のように指定する。
conf.level	信頼水準を表し，95％の信頼水準であれば，0.95と指定する

出力として，F値，自由度，p値，信頼区間，分散比等が得られる。

＜実行例＞
```
x <- c(2.5, 3, 4.2, 5.4, 2.8, 3.3, 4, 2.5)
y <- c(2.5, 2.2, 2, 1.8, 3.3, 3)
library(stats)
```

```
out <- var.test(x, y, alternative = "two-sided", conf.level = .95)
print(out)
```

<出力例>

F test to compare two variances

data: x and y
F = 2.9678, num df = 7, denom df = 5, p-value = 0.2491
alternative hypothesis: true ratio of variances is not equal to 1
95 percent confidence interval:
0.4330602 15.6854974
sample estimates:
ratio of variances
       2.967795

21 R言語による分散分析

1. 分散分析のための関数

1) 対応のない1元配置法の場合

　R言語のシステム関数の中に，分散分析用の関数としてanovが準備されている。それは分散分析表を出力するが，各水準の平均や分散等の統計量に関しては出力されない。そこで，分散分析にあたり，いろいろな統計量の出力を可能にする関数を説明する。関数manova2 (data, ma, mb, mc, n, rep) は，対応の有無にかかわらず，3元配置法までの分析が可能である（http://web.sfc.keio.ac.jp/~watanabe/rfunction.htm を参照）。引数および出力の意味は，表21－1に示すとおりである。表21－1において，「対応の有無」の欄に「有のみ」と記されている場合は，該当する変数が対応のある場合にのみ出力されることを意味する。そして，「要因数」の欄に1, 2, 3と記されている場合は，該当する変数が，1, 2, 3のすべての要因において出力されることを意味する。対応のない1元配置法の場合は，ma = 1, mb = 1, rep = 0とする。以下に，実行例およびその出力を示す。実行文中のanova-data3.txtには，表5－1で示されるデータが保存されているとする。また，manova2を実行すると，分散分析表がaov-table.xlsというエクセルファイルにも同時に出力される。

```
＜実行例＞
ma <- 1
mb <- 1
mc <- 3
n <- 10                                              (21－1)
na2 <- ma * mb * mc
rep <- 0
data <- matrix(scan("anova-data3.txt"), ncol = na2, byrow = T)
print(manova2(data, ma, mb, mc, n, rep))
```

＜出力例＞

```
Read 30 items
[1] "data"
       [,1]  [,2]  [,3]
[1,]    9     8     6
[2,]    9     7     7
```

```
      [3,]   7    6    6
      [4,]   8    4    5
      [5,]   8    5    7
      [6,]   7    7    6
      [7,]   6    6    5
      [8,]   5    7    3
      [9,]   6    5    4
     [10,]   5    8    5
[1] "meanxk"
[1]  7.0  6.3  5.4
[1] "gmean"
[1] 6.233333
          SSc     dfc   MSc       Fc         Pc
    [1,]  12.86667  2   6.433333  3.439604   0.04669947
          SSe     dfe   MSe
    [1,]  50.5    27    1.870370
          SSt       dft
    [1,]  63.36667  29
```

表21－1 manova2の引数およびその出力の変数

引数および出力の変数	引数および出力の変数の説明	対応の有無	要因数
data	データ行列で，行は個人，列は要因		
ma	要因Aの水準数		1, 2, 3
mb	要因Bの水準数		1, 2, 3
mc	要因Cの水準数		1, 2, 3
n	標本の大きさ（すべての要因において標本の大きさは等しい）		1, 2, 3
rep	対応の数（0, 1, 2, 3）。対応がない場合は0とする。		1, 2, 3
meanxijk	要因Cの水準kごとに，x_{ij}の各平均		3
meanxij	要因Cをこみにしたときの，x_{ij}の各平均		2, 3
meanxik	要因Bをこみにしたときの，x_{ik}の各平均		2, 3
meanxjk	要因Aをこみにしたときの，x_{jk}の各平均		2, 3
meanxi	要因B, Cをこみにしたときの，x_iの各平均		1, 2, 3
meanxj	要因A, Cをこみにしたときの，x_jの各平均		2, 3
meanxk	要因A, Bをこみにしたときの，x_kの各平均		2, 3
gmean	全平均		1, 2, 3
SSa, dfa, MSa, Fa, Pa	要因Aの平方和，自由度，不偏分散，F値，P値		1, 2, 3
SSb, dfb, MSb, Fb, Pb	要因Bの平方和，自由度，不偏分散，F値，P値		2, 3
SSc, dfc, MSc, Fc, Pc	要因Cの平方和，自由度，不偏分散，F値，P値		3
SSab, dfab, MSab, Fab, Pab	要因ABの交互作用の平方和，自由度，不偏分散，F値，P値		2, 3
SSac, dfac, MSac, Fac, Pac	要因ACの交互作用の平方和，自由度，不偏分散，F値，P値		2, 3
SSbc, dfbc, MSbc, Fbc, Pbc	要因BCの交互作用の平方和，自由度，不偏分散，F値，P値		2, 3
SSabc, dfabc, MSabc, Fabc, Pabc	要因ABCの交互作用の平方和，自由度，不偏分散，F値，P値		3
SSe, dfe, MSe	誤差の平方和，自由度，不偏分散		
SSe.a, dfe.a, MSe.a	要因Aの誤差の平方和，自由度，不偏分散	有のみ	
SSe.b, dfe.b, MSe.b	要因Bの誤差の平方和，自由度，不偏分散	有のみ	2, 3
SSe.c, dfe.c, MSe.c	要因Cの誤差の平方和，自由度，不偏分散	有のみ	3
SSe.ab, dfe.ab, MSe.ab	要因ABの交互作用誤差の平方和，自由度，不偏分散	有のみ	2, 3
SSe.ac, dfe.ac, MSe.ac	要因ACの交互作用誤差の平方和，自由度，不偏分散	有のみ	2, 3
SSe.bc, dfe.bc, MSe.bc	要因BCの交互作用誤差の平方和，自由度，不偏分散	有のみ	2, 3
SSe.abc, dfe.abc, MSe.abc	要因ABCの交互作用誤差の平方和，自由度，不偏分散	有のみ	3
SSe.bet, dfe.bet, MSe.bet	被験者間誤差の平方和，自由度，不偏分散	有のみ	
SSe.w, dfe.w, MSe.w	被験者内誤差の平方和，自由度，不偏分散	有のみ	
SSt, dft	全平方和，自由度		1, 2, 3

上の出力例において，data は，入力データ（表5－1のデータを参照）を意味し，meanxk は，条件 C_j の平均値（表5－1の $\bar{x}_{.j}$ を参照）を意味する。gmean は，すべての水準をこみにしたときの全平均（表5－1の $\bar{x}_{..}$ を参照）である。そして，残りの出力は，分散分析表（表5－3の分散分析表を参照）の各値を意味する。結果として，$P_c = 0.04669947$ は 0.05 より小さいので，5％の有意水準で主効果 C は有意差があることを意味する。

2）1要因（要因 C）において対応のある1元配置法の場合

以下に，要因 C において対応のある1元配置法の場合の実行例およびその出力を示す。ただし，data, meanxijk, meanxij, meanxik, meanxjk, meanxi, meanxj, meanxk, gmean の出力は，対応のない場合と同じであるので，省略する。また，manova2 を実行すると，分散分析表が aov-table.xls というエクセルファイルにも同時に出力される。

＜実行例＞

要因 C において対応があるので，式（21－1）の rep <－0 を rep <－1 に変えて実行する。次に示す出力例は，表5－7の分散分析表に対応する。

＜出力例＞

	SSc	dfc	MSc	Fc	Pc
[1,]	12.86667	2	6.433333	4.488372	0.02621481

	SSe.between	dfe.between
[1,]	24.7	9

	SSe.c	dfe.c	MSe.c
[1,]	25.8	18	1.433333

	SSt	dft
[1,]	63.36667	29

3）水準によって標本の大きさが異なる場合

水準によって標本の大きさが異なる場合は，標本の大きさの最大値を n として，そして，欠損値には，－1を代入して manova2 を実行すればよい。ただし，データとしてすでに－1が存在する場合は，データとして存在しない数値を manova2 のプログラム中の value の値として定義し，それを欠損値に代入して manova2 を実行すればよい。以下に表5－4をデータとして使用した場合の実行例と出力例を示す。実行文中の n には，標本の大きさの最大値を入れる。そして，実行文中の data-anova-dif.txt には，表5－4で示されるデータが保存されているとする。

＜実行例＞

$$\left.\begin{array}{l} \text{ma} <－ 1 \\ \text{mb} <－ 1 \\ \text{mc} <－ 3 \\ \text{n} <－ 10 \\ \text{na2} <－ \text{ma} * \text{mb} * \text{mc} \end{array}\right\} \quad (21－2)$$

```
rep <- 0
data <- matrix(scan("data-anova-dif.txt"), ncol = na2, byrow = T)
print(manova2(data, ma, mb, mc, n, rep))
```

＜出力例＞

```
[1] "data"
       [, 1]  [, 2]  [, 3]
 [1, ]    9     8     5
 [2, ]    9     7     6
 [3, ]    7     6     5
 [4, ]    8     4     4
 [5, ]    8     5     6
 [6, ]    7     7     5
 [7, ]    6     6     4
 [8, ]    5     7    -1
 [9, ]    6    -1    -1
[10, ]    5    -1    -1
[1] "meanxk"
[1]  7.0   6.25  5.00
[1] "gmean"
[1] 6.2
         SSc   dfc    MSc        Fc          Pc
[1, ]   16.5    2    8.25    5.112676   0.01501326
         SSe   dfe    MSe
[1, ]   35.5   22   1.613636
         SSt   dft
[1, ]    52    24
```

4）ノンパラメトリック分散分析

　分散分析を行う場合，いくつかの前提条件がある。データが間隔尺度以上であることはいうまでもないが，さらに，母集団の分布が正規分布であること，そして，母分散の同質性が挙げられる。母集団の正規性も母分散の同質性も分散分析の頑健性の性質によりそれが満たされていなくともある程度までは問題がないとされている。しかしながら，明らかにこれらの条件が満たされていない場合，もう1つの選択肢として，ノンパラメトリック分散分析がある。ノンパラメトリック分散分析は，順位データに基づく分散分析で，関数 nonparametric.anova（http://web.sfc.keio.ac.jp/~watanabe/rfunction.htm を参照）は，クラスカル・ウォリス検定，ヨンクヒール・テルプストラ検定，フリードマン検定，ページ検定を行う。nonparametric.anova（data, m, n, opt, cvalue）は，4つの引数からなり，各引数の意味は，表21－2に示されている。

1. 分散分析のための関数

表21-2 nonparametric.anova の引数およびその出力の変数

data		行を被験者，列を要因とする間隔尺度以上のデータあるいは，順位データ。間隔尺度以上のデータの場合は，順位データに自動的に変換される。欠損値がある場合は，欠損値は−1とする。
m		要因の水準数。要因は1要因のみである。
n		標本の大きさ。水準によって標本の大きさが異なるときは，標本の大きさの最大値
opt		opt＝1のときは，クラスカル・ウォリス検定，opt＝2のときは，ヨンクヒール・テルプストラ検定，opt＝3のときは，フリードマン検定，opt＝4のときは，ページ検定を行う。
cvalue		cvalue は，ヨンクヒール・テルプストラ検定およびページ検定の際に使用される，片側検定5％水準のときの臨界値で，別表をみて，その値を代入する。別表の値を使わず，正規近似を使用する場合，クラスカル・ウォリス検定およびフリードマン検定の場合は，cvalue＝0とする。
rank data		ノンパラメトリック分散分析で使用される順位データ。同順位がある場合は，平均順位が計算される。欠損値がある場合，その順位は，0として表示されるが，統計量の計算においては，一切使用されない。
sumr		水準ごとの平均順位の合計
mr		水準ごとの平均順位の平均
クラスカル・ウォリス検定の出力	n	水準ごとの被験者数
	H	H 統計量
	pvalue	H をもとにしたときの確率値
ヨンクヒール・テルプストラ検定の出力	u	ヨンクヒール・テルプストラ検定における U 統計量
	j	ヨンクヒール・テルプストラ検定における J 統計量
	zvalue	J 統計量の z 値（標準得点）
	pvalue	z 値に対する確率値
フリードマン検定の出力	n	各水準の被験者数
	Q	フリードマン検定における Q 統計量
	pvalue	Q に対する確率値
ページ検定の出力	lvalue	ページ検定における L 統計量
	zvalue	L 統計量の z 値
	pvalue	z 値に対する確率値
多重比較の出力	mr	各水準における平均順位の平均
	mrj	各水準間の平均順位を多重比較する際の，2つの平均順位のうちの一方。
	mrk	各水準間の平均順位を多重比較する際の，2つの平均順位のうちのもう1つの平均順位。
	cd	多重比較の1つであるボンフェローニ・ダン法における CD 統計量
	sig005	sig005 が1ならば，該当する2つの水準の平均順位間に5％の有意水準で有意あり。sig005＝0ならば，有意差がないことを意味する。

例えば，表5−1の1元配置法のデータをクラスカル・ウォリス検定する場合を考えてみよう。表5−1のデータは，anova-data3.txt というファイルに保存されているので，それを呼び出して，以下のようにして，クラスカル・ウォリス検定を行う。

<実行例>

```
m <- 3
n <- 10
data <- matrix(scan("anova-data3.txt"), ncol = m, byrow = T)
opt <- 1
cvalue <- 0
print(nonparametric.anova(data, m, n, opt, cvalue))
```

(21−3)

＜出力例＞

```
Read 30 items
[1] "Kruskal-Wallis Test Result"
[1] "rank data"
         [,1]   [,2]   [,3]
 [1,]   29.5   26.5   14.0
 [2,]   29.5   21.0   21.0
 [3,]   21.0   14.0   14.0
 [4,]   26.5    2.5    7.0
 [5,]   26.5    7.0   21.0
 [6,]   21.0   21.0   14.0
 [7,]   14.0   14.0    7.0
 [8,]    7.0   21.0    1.0
 [9,]   14.0    7.0    2.5
[10,]    7.0   26.5    7.0
      sumr     mr
[1,] 196.0   19.60
[2,] 160.5   16.05
[3,] 108.5   10.85
       n
[1,]  10
[2,]  10
[3,]  10
         H        pvalue
[1,] 5.206559  0.07403041
```

　出力として，表5－1のデータをこみにしたときの平均順位が，rank data としてまず出力される。行が被験者，列が要因を表す。rank data の各数値は，表5－1の各ローデータの平均順位を表す。このランクデータをもとにして，水準ごとの平均順位の合計（sumr），水準ごとの平均順位の平均（mr），そして，H統計量が計算される。出力の中のnは，各水準の被験者数，Hは，H統計量，そして，pvalue は，Hに対する確率値を意味する。pvalue が 0.025 より小さければ，両側検定，5％の有意水準で有意差があることになる。そして，有意差がある場合，水準間の中央値の多重比較（ボンフェローニ・ダン法）が行われる。

　次に，水準によって，標本の大きさが異なる場合のクラスカル・ウォリス検定の例を示す。表5－4のデータを使用し，クラスカル・ウォリス検定を行うと以下の出力を得る。

＜実行例＞
```
m <- 3
n <- 10
data <- matrix(scan("data-anova-dif.txt"), ncol = m, byrow = T)    (21-4)
opt <- 1
```

cvalue <- 0
print(nonparametric.anova(data, m, n, opt, cvalue))

＜出力例＞

```
Read 30 items
[1] "Kruskal-Wallis Test Result"
[1] "rank data"
        [,1]  [,2]  [,3]
 [1,]  24.5  22.0   6.5
 [2,]  24.5  18.0  12.5
 [3,]  18.0  12.5   6.5
 [4,]  22.0   2.0   2.0
 [5,]  22.0   6.5  12.5
 [6,]  18.0  18.0   6.5
 [7,]  12.5  12.5   2.0
 [8,]   6.5  18.0   0.0
 [9,]  12.5   0.0   0.0
[10,]   6.5   0.0   0.0
       sumr        mr
[1,]  167.0  16.700000
[2,]  109.5  13.687500
[3,]   48.5   6.928571
       n
[1,]  10
[2,]   8
[3,]   7
          H      pvalue
[1,] 7.713992  0.02113138
[1] "Multiple Comparison (Bonferroni-Dunn method)"
        mrj       mrk       cd      sig005
[1,] 16.7000  13.687500  8.357527    0
[2,] 16.7000   6.928571  8.682844    1
[3,] 13.6875   6.928571  9.118810    0
```

標本の大きさが異なる場合，欠損値には−1を使用するが，平均順位を計算する際は，欠損値は無視されて平均順位が計算される。そして，欠損値に対応するランクデータは，出力のrank dataに示されるように，0として表示される。そして，nにおいて，各水準の被験者数が表示される。さらに，上の例の場合，pvalueが0.025より小さいので，3つの水準の各水準の平均順位である16.7, 13.687500, 6.928571の間の多重比較が実行される。mrjとmrkは，比較の対象となった2つの平均順位を示し，cdは，そのときのCD値，そして，sig005が1の2つの平均順位間に両側検定5％の有意水準で有意差があることになる。sig005が0のとき

は，有意差が認められないことを意味する。

　母集団の中央値の間に，前もって順序関係が仮定されるとき，クラスカル・ウォリス検定の代わりにヨンクヒール・テルプストラ検定を行う。例えば，3つの水準の母集団の中央値を θ_1，θ_2，θ_3 としたとき，$\theta_1 > \theta_2 > \theta_3$ のような順序関係が仮定されるとき，ヨンクヒール・テルプストラ検定を行う。この場合，帰無仮説 $\theta_1 \neq \theta_3 \neq \theta_2$ に対して，対立仮説が $\theta_1 \geqq \theta_2 \geqq \theta_3$ となる。よって，片側検定である。帰無仮説が棄却されたとき，$\theta_1 \geqq \theta_2 \geqq \theta_3$ のうちの少なくとも1つの不等号が成り立つことを意味する。以下に表5－4をデータとして使用した例を示す。

＜実行例＞
```
  m <- 3
  n <- 10
  x <- matrix(scan("data-anova-dif.txt"), ncol = m, byrow = T)
  opt <- 2
  cvalue <- 0
  print(nonparametric.anova(x, m, n, opt, cvalue))
```
(21－5)

＜出力例＞

```
Read 30 items
[1] "Jonckheere-Terpstra Test Result"
[1] "rank data"
       [,1]  [,2]  [,3]
 [1,]   5    -1    -1
 [2,]   5    -1    -1
 [3,]   6     4    -1
 [4,]   6     5     4
 [5,]   7     6     4
 [6,]   7     6     5
 [7,]   8     7     5
 [8,]   8     7     5
 [9,]   9     7     6
[10,]   9     8     6
      uvalue
[1,]  29.0
[2,]   9.0
[3,]  11.5
      jvalue   zvalue    pvalue
[1,]  49.5    2.676115  0.003724051
[1] "Multiple Comparison (Bonferroni-Dunn method)"
         mr
[1,] 16.700000
```

```
       [2,] 13.687500
       [3,]  6.928571
            mrj      mrk        cd       sig005
       [1,] 16.7000  13.687500  7.429134  0
       [2,] 16.7000   6.928571  7.718312  1
       [3,] 13.6875   6.928571  8.105849  0
```

　5％の有意水準において，pvalueが0.05より小さいので（片側検定），帰無仮説が棄却された。そこで，多重比較を行った。その結果，2つの中央値16.7と6.928571の間に有意差があることが見出された。すなわち，$\theta_1 > \theta_3$である。

　フリードマン検定は，水準間に対応のある場合のノンパラメトリック分散分析である。
　以下に表5－1をデータとして使用した場合の実行例を示す。

＜実行例＞
```
m <- 3
n <- 10
data <- matrix (scan ("anova-data3.txt"), ncol = m, byrow = T)        (21-6)
opt <- 3
cvalue <- 0
print (nonparametric.anova (data, m, n, opt, cvalue))
```

＜出力例＞
```
Read 30 items
[1] "Friedman Test Result"
[1] "rank data"
       [,1] [,2] [,3]
 [1,]  3.0  2.0  1.0
 [2,]  3.0  1.5  1.5
 [3,]  3.0  1.5  1.5
 [4,]  3.0  1.0  2.0
 [5,]  3.0  1.0  2.0
 [6,]  2.5  2.5  1.0
 [7,]  2.5  2.5  1.0
 [8,]  2.0  3.0  1.0
 [9,]  3.0  2.0  1.0
[10,]  1.5  3.0  1.5
       sumr    mr
 [1,]  26.5   2.65
 [2,]  20.0   2.00
 [3,]  13.5   1.35
       n    fr     fr2       pvalue
 [1,] 10   8.45   9.657143  0.007997939
```

```
[1] "Multiple Comparison (Bonferroni-Dunn method)"
       mrj     mrk     cd         sig005
[1,]   2.65    2.00    1.070620   0
[2,]   2.65    1.35    1.070620   1
[3,]   2.00    1.35    1.070620   0
```

　pvalue が 0.025 より小さいので，両側検定 5％の有意水準で 3 つの中央値間に有意差が認められた。そこで，多重比較を実行し，2 つの平均順位 2.65, 1.35 の間に有意差が認められた。よって，$\theta_1 \neq \theta_3$。

　最後にページ検定の実行例を示す。ページ検定は，水準間に対応があり，かつ，各水準の中央値間に何らかの順序関係が仮定されるときに使用する。例えば，3 つの水準の母集団の中央値を $\theta_1, \theta_2, \theta_3$ としたとき，$\theta_1 > \theta_2 > \theta_3$ のような順序関係が仮定されるとき，ページ検定を行う。この場合，帰無仮説 $\theta_1 \neq \theta_2 \neq \theta_3$ に対して，対立仮説が $\theta_1 \geq \theta_2 \geq \theta_3$ となる。よって，片側検定である。帰無仮説が棄却されたとき，$\theta_1 \geq \theta_2 \geq \theta_3$ のうちの少なくとも 1 つの不等号が成り立つことを意味する。以下に表 5 − 1 をデータとして使用した例を示す。

＜実行例＞
```
m <− 3
n <− 10
data <− matrix (scan ("anova − data3.txt"), ncol = m, byrow = T)
opt <− 4
cvalue <− 0
print (nonparametric.anova (data, m, n, opt, cvalue))
```
(21 − 7)

＜出力例＞
```
Read 30 items
[1] "Page Test Result"
       lvalue
[1,]   133
       zvalue      pvalue
[1,]   2.906888    0.001825217
[1] "Multiple Comparison (Bonferroni-Dunn method)"
       mr
[1,]   2.65
[2,]   2.00
[3,]   1.35
       mrj     mrk     cd         sig005
[1,]   2.65    2.00    0.9516908  0
[2,]   2.65    1.35    0.9516908  1
[3,]   2.00    1.35    0.9516908  0
```

　pvalue ＜ 0.05（片側検定）であるので，帰無仮説が棄却された。そこで，多重比較を行っ

た．その結果，2.65 と 1.35 の間にのみ有意差あり．よって，$\theta_1 > \theta_3$ となる．

2. 2元配置法の関数

1）対応のない2元配置法の場合

2元配置法の場合は，ma = 1 とする．すなわち，manova2 における要因 B, C を該当する2要因とし，要因 A の水準を1として使用する．以下に，実行例およびその出力を示す．実行文中の manova2-data3.txt には，表6－1で示されるデータが保存されているとする．また，manova2 を実行すると，分散分析表が aov-table.xls というエクセルファイルにも同時に出力される．

＜実行例＞

```
ma <- 1
mb <- 3
mc <- 2
n <- 5
na2 <- ma * mb * mc
rep <- 0
data <- matrix(scan("manova2-data3.txt"), ncol = na2, byrow = T)
print(manova2(data, ma, mb, mc, n, rep))
```
(21 － 8)

＜出力例＞

```
Read 30 items
[1] "data"
      [,1]  [,2]  [,3]  [,4]  [,5]  [,6]
[1,]   9     7     8     7     6     6
[2,]   9     6     7     6     7     5
[3,]   7     5     6     7     6     3
[4,]   8     6     4     5     5     4
[5,]   8     5     5     8     7     5
[1] "meanxjk"
      [,1]  [,2]
[1,]  8.2   5.8
[2,]  6.0   6.6
[3,]  6.2   4.6
[1] "meanxj"
[1]   7.0   6.3   5.4
[1] "meanxk"
[1] 6.800000   5.666667
[1] "gmean"
[1] 6.233333
```

	SSb	dfb	MSb	Fb	Pb
[1,]	12.86667	2	6.433333	5.361111	0.01189172

	SSc	dfc	MSc	Fc	Pc
[1,]	9.633333	1	9.633333	8.027778	0.009187997

	SSbc	dfbc	MSbc	Fbc	Pbc
[1,]	12.06667	2	6.033333	5.027778	0.01500649

	SSe	dfe	MSe
[1,]	28.8	24	1.2

	SSt	dft
[1,]	63.36667	29

上の出力例のdataは，入力データ（表6-1を参照）を意味し，meanxjkは，条件B_jC_kの平均（表6-1の$\bar{x}_{ij.}$を参照），meanxjは，要因Cをこみにしたときの要因Bの平均（表6-1の$\bar{x}_{i..}$に対応），meanxkは，要因Aをこみにしたときの要因Cの平均（表6-1には示されていない）を意味する。そして，gmeanは全平均を意味し，残りの出力は分散分析表（表6-2を参照）の各値を意味する。表6-2の分散分析表と対応させる際には，本例の要因Bを表6-2の要因A（主効果A），本例の要因Cを表6-2の要因B（主効果B）に置き換えて対応させる。

2）1要因（要因C）において対応のある2元配置法の場合

以下に，1要因（要因C）において対応のある2元配置法の場合の実行例およびその出力を示す。ただし，data, meanxijk, meanxij, meanxik, meanxjk, meanxi, meanxj, meanxk, gmeanの出力は，対応のない場合と同じであるので，省略する。また，manova2を実行すると，分散分析表がaov-table.xlsというエクセルファイルにも同時に出力される。

＜実行例＞

要因Cにおいて対応があるので式（21-1）のrep＜-0をrep＜-1に変えて実行する。次に示す出力例は，表6-3の分散分析表に対応する。

＜出力例＞

	SSb	dfb	MSb	Fb	Pb
[1,]	12.86667	2	6.433333	3.86	0.0134213

	SSc	dfc	MSc	Fc	Pc
[1,]	9.633333	1	9.633333	13.13636	0.003486249

	SSbc	dfbc	MSbc	Fbc	Pbc
[1,]	12.06667	2	6.033333	8.227273	0.005625713

	SSe.b	dfe.b	MSe.b
[1,]	20	12	1.666667

	SSe.c	dfe.c	MSe.c
[1,]	8.8	12	0.7333333

	SSt	dft

| | [1,] | 63.36667 | 29 |

3）2要因（要因 B, C）において対応のある2元配置法の場合

以下に，実行例およびその出力を示す。ただし，data, meanxijk, meanxij, meanxik, meanxjk, meanxi, meanxj, meanxk, gmean の出力は，対応のない場合と同じであるので，省略する。また，manova2 を実行すると，分散分析表が aov-table.xls というエクセルファイルにも同時に出力される。

＜実行例＞

式（21-8）の rep＜-0 を rep＜-2 に変えて実行する。次に示す出力例は，表6-4の分散分析表に対応する。ただし，本例の要因 B を表6-4の要因 A（主効果 A）に，本例の要因 C を表6-4の要因 B（主効果 B）に置き換えて対応させる。

＜出力例＞

	SSb	dfb	MSb	Fb	Pb
[1,]	12.86667	2	6.433333	7.568627	0.01429265
	SSc	dfc	MSc	Fc	Pc
[1,]	9.633333	1	9.633333	20.64286	0.01046967
	SSbc	dfbc	MSbc	Fbc	Pbc
[1,]	12.06667	2	6.033333	6.961538	0.01773184
	SSe.b	dfe.b	MSe.b		
[1,]	6.8	8	0.85		
	SSe.c	dfe.c	MSe.c		
[1,]	1.866667	4	0.4666667		
	SSe.bc	dfe.bc	MSe.bc		
[1,]	6.933333	8	0.8666667		
	SSt	dft			
[1,]	63.36667	29			

4）要因あるいは水準によって標本の大きさが異なる場合

要因あるいは水準によって標本の大きさが異なる場合は，標本の大きさの最大値を n として，そして，欠損値には，-1 を代入して manova2 を実行すればよい。ただし，データとしてすでに-1 が存在する場合は，データとして存在しない数値を manova2 のプログラム中の value の値として定義し，それを欠損値に代入して manova2 を実行すればよい。以下に対応のない2元配置法の場合を示す。データとして，表6-1の A_2B_2, A_3B_1, A_3B_2 の5番目の値が欠損値の場合を使用する。下記の実行例の data が示すように欠損値の箇所には，-1 を代入して manova2 を実行する。欠損値が存在するときは，分散分析の計算過程において，各標本の調和平均が n の値として使用されるので，各要因の平方和の総和（$SSb + SSc + SSbc + SSe$）と全体の平方和（SSt）は一致しない。一般に標本の大きさが異なるときは，全平方和（SSt）を表記し

ないようであるので，ここでも省略されている．3元配置法においても，要因あるいは水準によって標本の大きさが異なるときも，同様にして欠損値に−1を代入してmanova2を実行すればよい．ただし，1元配置法においては，標本の大きさが異なってもnの調和平均は使用されないので，各要因の平方和の総和と全平方和は一致する．また，manova2を実行すると，分散分析表がaov-table.xlsというエクセルファイルにも同時に出力される．

<実行例>
```
ma <- 1
mb <- 3
mc <- 2
n <- 5
na2 <- ma * mb * mc
rep <- 0
data <- matrix(scan("manova2-data3-2.txt"), ncol=na2, byrow=T)
print(manova2(data, ma, mb, mc, n, rep))
```
(21 − 9)

<出力例>

```
Read 30 items
[1] "data"
      [,1]  [,2]  [,3]  [,4]  [,5]  [,6]
[1,]   9    7     8     7     6     6
[2,]   9    6     7     6     7     5
[3,]   7    5     6     7     6     3
[4,]   8    6     4     5     5     4
[5,]   8    5     5    -1    -1    -1
[1] "meanxjk"
      [,1]   [,2]
[1,]  8.2    5.80
[2,]  6.0    6.25
[3,]  6.0    4.50
[1] "meanxj"
[1]  7.000  6.125  5.250
[1] "meanxk"
[1]  6.733333  5.516667
[1] "gmean"
[1]  6.185185
```

	SSb	dfb	MSb	Fb	Pb
[1,]	13.61111	2	6.805556	5.637738	0.01096831

	SSc	dfc	MSc	Fc	Pc
[1,]	9.868519	1	9.868519	8.175104	0.009391827

	SSbc	dfbc	MSbc	Fbc	Pbc

	[1,]	8.07037	2	4.035185	3.342757	0.05490987
		SSe	dfe	MSe		
	[1,]	25.35	21	1.207143		

3. 3元配置法の関数

1）対応のない3元配置法の場合

以下に，実行例および出力例を示す．実行文中のmanova3-data3.txtには，表7－1で示されるデータが保存されているとする．また，manova2を実行すると，分散分析表がaov-table.xlsというエクセルファイルにも同時に出力される．

＜実行例＞
ma <- 3
mb <- 2
mc <- 4
n <- 5
na2 <- ma * mb * mc
rep <- 0
data <- matrix(scan("manova3-data3.txt"), ncol = na2, byrow = T)
print(manova2(data, ma, mb, mc, n, rep))

(21－10)

Read 120 items

	[,1]	[,2]	[,3]	[,4]	[,5]	[,6]	[,7]	[,8]	[,9]	[,10]	[,11]	[,12]	[,13]	[,14]
[1,]	8	8	7	8	5	6	5	7	9	9	8	7	9	6
[2,]	7	7	5	8	5	6	5	5	7	7	8	9	7	5
[3,]	7	8	6	7	7	7	6	5	8	8	6	7	8	6
[4,]	6	6	5	8	6	5	5	4	9	7	7	7	5	5
[5,]	7	7	6	5	6	5	7	4	8	9	6	9	7	6

	[,15]	[,16]	[,17]	[,18]	[,19]	[,20]	[,21]	[,22]	[,23]	[,24]
[1,]	7	6	7	6	9	8	5	6	8	7
[2,]	6	4	7	7	8	7	4	7	8	8
[3,]	7	6	8	6	9	8	4	6	7	7
[4,]	8	4	6	6	8	6	3	6	6	6
[5,]	5	5	8	7	7	7	3	5	7	6

[1] "meanxijk"

, , 1

```
     [,1] [,2]
[1,]  7.0  5.8
[2,]  8.2  7.2
[3,]  7.2  3.8
```

, , 2

```
     [,1] [,2]
[1,]  7.2  5.8
[2,]  8.0  5.6
[3,]  6.4  6.0
```

, , 3

```
     [,1] [,2]
[1,]  5.8  5.6
[2,]  7.0  6.6
[3,]  8.2  7.2
```

, , 4

```
     [,1] [,2]
[1,]  7.2  5.0
[2,]  7.8  5.0
[3,]  7.2  6.8
```

```
[1] "meanxij"
      [,1] [,2]
[1,]  6.80 5.55
[2,]  7.75 6.10
[3,]  7.25 5.95
[1] "meanxik"
     [,1] [,2] [,3] [,4]
[1,]  6.4  6.5  5.7  6.1
[2,]  7.7  6.8  6.8  6.4
[3,]  5.5  6.2  7.7  7.0
[1] "meanxjk"
```

```
            [ ,1]       [ ,2]       [ ,3]       [ ,4]
[1, ] 7.466667      7.2      7.000000      7.4
[2, ] 5.600000      5.8      6.466667      5.6
[1] "meanxi"
[1]   6.175      6.925       6.600
[1] "meanxj"
[1] 7.266667  5.866667
[1] "meanxk"
[1] 6.533333  6.500000  6.733333  6.500000
[1] "gmean"
[1]   6.566667
         SSa       dfa       MSa         Fa            Pa
[1, ] 11.31667      2    5.658333    6.466667    0.002319002
         SSb       dfb       MSb         Fb            Pb
[1, ]   58.8       1       58.8        67.2      1.083134e - 12
         SSc       dfc       MSc         Fc            Pc
[1, ] 1.133333     3    0.3777778   0.431746    0.7307383
        SSab      dfab      MSab        Fab           Pab
[1, ]   0.95       2       0.475      0.5428571    0.5828588
        SSac      dfac      MSac        Fac           Pac
[1, ] 39.21667     6    6.536111    7.469841    1.396058e - 06
        SSbc      dfbc      MSbc        Fbc           Pbc
[1, ] 8.466667     3    2.822222    3.225397    0.02595035
       SSabc     dfabc    MSabc       Fabc          Pabc
[1, ] 21.58333     6    3.597222    4.111111    0.001024821
         SSe       dfe       MSe
[1, ]    84        96      0.875
         SSt       dft
[1, ] 225.4667    119
```

上の出力例において，data は，入力データ（表7－1を参照）を意味し，meanxijk は，条件 $A_iB_jC_k$ における平均（表7－1の $\bar{x}_{ijk}.$ ）を意味する。出力例においては，meanxijk の値が，条件 C_k ごとに出力されている。meanxij は，要因 C をこみにしたときの条件 A_iB_j の平均（表7－1の $\bar{x}_{ij.}.$ ），meanxik は，要因 B をこみにしたときの条件 A_iC_k の平均（表7－2を参照），meanxjk は，要因 A をこみにしたときの条件 B_jC_k の平均（表7－3を参照），meanxi は，要因 B, C をこみにしたときの条件 A_i の平均（表7－1の $\bar{x}_{i...}$ ），meanxj は，要因 A, C をこみにしたときの条件 B_j の平均（表7－3の $\bar{x}_{.j..}$ ），meanxk は，要因 A, B をこみにしたときの条件 C_k の平均（表7－2の $\bar{x}_{..k.}$ ）を意味する。そして，gmean は全平均を意味し，残りの出力は分散分析表（表7－4に対応）の数値を意味する。

2) 1要因（要因 C）において対応のある3元配置法の場合

以下に，1要因（要因 C）において対応のある3元配置法の場合の実行例およびその出力を

示す．ただし，data, meanxijk, meanxij, meanxik, meanxjk, meanxi, meanxj, meanxk, gmean の出力は，対応のない場合と同じであるので，省略する．また，manova2 を実行すると，分散分析表が aov-table.xls というエクセルファイルにも同時に出力される．

＜実行例＞

式（21－10）の rep＜－0 を rep＜－1 に変えて実行する．次に示す出力は，表7－5 に対応する．

＜出力例＞

	SSa	dfa	MSa	Fa	Pa
[1,]	11.31667	2	5.658333	4.257053	0.02616212
	SSb	dfb	MSb	Fb	Pb
[1,]	58.8	1	58.8	44.23824	0
	SSc	dfc	MSc	Fc	Pc
[1,]	1.133333	3	0.3777778	0.5220729	0.668469
	SSab	dfab	MSab	Fab	Pab
[1,]	0.95	2	0.475	0.3573668	0.7031755
	SSac	dfac	MSac	Fac	Pac
[1,]	39.21667	6	6.536111	9.03263	0
	SSbc	dfbc	MSbc	Fbc	Pbc
[1,]	8.466667	3	2.822222	3.900192	0.01219082
	SSabc	dfabc	MSabc	Fabc	Pabc
[1,]	21.58333	6	3.597222	4.971209	0.0002616702
	SSe.between	dfe.between	MSe.between		
[1,]	31.9	24	1.329167		
	SSe.c	dfe.c	MSe.c		
[1,]	52.1	72	0.7236111		
	SSt	dft			
[1,]	225.4667	119			

3）2要因（要因 B, C）において対応のある3元配置法の場合

以下に，2要因（要因 B, C）において対応のある3元配置法の場合の実行例およびその出力を示す．ただし，data, meanxijk, meanxij, meanxik, meanxjk, meanxi, meanxj, meanxk, gmean の出力は，対応のない場合と同じであるので，省略する．また，manova2 を実行すると，分散分析表が aov-table.xls というエクセルファイルにも同時に出力される．

＜実行例＞

式（21－10）の rep＜－0 を rep＜－2 に変えて実行する．次に示す出力は，表7－6 に対応する．

＜出力例＞

	SSa	dfa	MSa	Fa	Pa
[1,]	11.31667	2	5.658333	3.065463	0.08405579
	SSb	dfb	MSb	Fb	Pb
[1,]	58.8	1	58.8	72.36923	1.993381e−06
	SSc	dfc	MSc	Fc	Pc
[1,]	1.133333	3	0.3777778	0.4918626	0.690154
	SSab	dfab	MSab	Fab	Pab
[1,]	0.95	2	0.475	0.5846154	0.5625235
	SSac	dfac	MSac	Fac	Pac
[1,]	39.21667	6	6.536111	8.509946	8.79351e−06
	SSbc	dfbc	MSbc	Fbc	Pbc
[1,]	8.466667	3	2.822222	4.155419	0.01257766
	SSabc	dfabc	MSabc	Fabc	Pabc
[1,]	21.58333	6	3.597222	5.296524	0.00053223
	SSe.a	dfe.a	MSe.a		
[1,]	22.15	12	1.845833		
	SSe.b	dfe.b	MSe.b		
[1,]	9.75	12	0.8125		
	SSe.c	dfe.c	MSe.c		
[1,]	27.65	36	0.7680556		
	SSe.bc	dfe.bc	MSe.bc		
[1,]	24.45	36	0.6791667		
	SSt	dft			
[1,]	225.4667	119			

4）3要因（要因 *A, B, C*）において対応のある3元配置法の場合

以下に，3要因（要因 *A, B, C*）において対応のある3元配置法の場合の実行例およびその出力を示す。ただし，data, meanxijk, meanxij, meanxik, meanxjk, meanxi, meanxj, meanxk, gmean の出力は，対応のない場合と同じであるので省略する。また，manova2 を実行すると，分散分析表がaov-table.xls というエクセルファイルにも同時に出力される。

＜実行例＞

式（21−10）の rep＜−0 を rep＜−3 に変えて実行する。次に示す出力は，表7−7に対応する。

＜出力例＞

	SSa	dfa	MSa	Fa	Pa
[1,]	11.31667	2	5.658333	11.50847	0.004425513

	SSb	dfb	MSb	Fb	Pb
[1,]	58.8	1	58.8	162.2069	0.0002189630
	SSc	dfc	MSc	Fc	Pc
[1,]	1.133333	3	0.3777778	1.018727	0.4185674
	SSab	dfab	MSab	Fab	Pab
[1,]	0.95	2	0.475	0.4578313	0.6482543
	SSac	dfac	MSac	Fac	Pac
[1,]	39.21667	6	6.536111	6.761494	0.0002735198
	SSbc	dfbc	MSbc	Fbc	Pbc
[1,]	8.466667	3	2.822222	6.029674	0.0095668
	SSabc	dfabc	MSabc	Fabc	Pabc
[1,]	21.58333	6	3.597222	4.584071	0.003107824
	SSe.a	dfe.a	MSe.a		
[1,]	3.933333	8	0.4916667		
	SSe.b	dfe.b	MSe.b		
[1,]	1.45	4	0.3625		
	SSe.c	dfe.c	MSe.c		
[1,]	4.45	12	0.3708333		
	SSe.ab	dfe.ab	MSe.ab		
[1,]	8.3	8	1.0375		
	SSe.ac	dfe.ac	MSe.ac		
[1,]	23.2	24	0.9666667		
	SSe.bc	dfe.bc	MSe.bc		
[1,]	5.616667	12	0.4680556		
	SSe.abc	dfe.abc	MSe.abc		
[1,]	18.83333	24	0.7847222		
	SSt	dft			
[1,]	225.4667	119			

4. 多重比較におけるWSD検定およびHSD検定の関数

　付録に示す関数Tukey.test（data, ma, mb, mc, n, rep, opt）は，2つの平均間のWSD検定（あるいはHSD検定）のための関数で，manova2と同じデータを入力することにより，2つの平均値間のWSD検定あるいはHSD検定が実行される．引数および出力の意味は，表21-3に示すとおりである．表5-1のデータをもとに，実行例とその出力を示す．

　以下に示す実行例1は，対応のない1元配置法の場合である．要因Cが有意で，かつ，要因Cの水準が3以上である場合のみ，多重比較が実行される．ただし，anova-data3.txtは，表5-1のデータが入っているファイル名とする．1元配置法の場合は，要因A, Bの水準数を1とし，要因Cを当該の分析の対象の要因として，Tukey.testを使用する．

4. 多重比較におけるWSD検定およびHSD検定の関数

表21－3　Tukey.testの引数および1元配置法後のTukey.testの出力の変数

data	行を個人，列を水準とするローデータ行列
ma	要因Aの水準数
mb	要因Bの水準数
mc	要因Cの水準数
n	標本の大きさ（標本の大きさが異なるときには，標本の大きさの最大値）
rep	対応の数（0, 1, 2, 3）。対応がない場合は，0とする
opt	opt＝1ならばWSD検定，opt＝2ならばHSD検定を行う
meanxk	要因Cの平均値
meanj, meank	多重比較の対象となる2つの平均値
d	meanj － meank の絶対値
wsd	WSD値
hsd	HSD値
m	水準数（多重比較の対象となっている標本平均値の総数）
h	ステップ数で，標本平均を大きさの順に並べたときの，比較する2つの平均の間にある平均の数＋2
qvalue	5％の有意水準における水準数m, ステップ数hの時のq値の平均
MSw	WSD検定（あるいはHSD検定）で使用された誤差
nj	水準jの標本の大きさ
nk	水準kの標本の大きさ
nhm2	2つの標本の大きさの調和平均
dfw	不偏分散の自由度
sig005	sig005＝1ならば，2つの平均値間に5％の有意水準で有意差があり，sig005＝0ならば有意差がないことを意味する。

<実行例1＞

$$\left.\begin{array}{l}\text{opt} <- 1 \\ \text{ma} <- 1 \\ \text{mb} <- 1 \\ \text{mc} <- 3 \\ \text{n} <- 10 \\ \text{na2} <- \text{ma} * \text{mb} * \text{mc} \\ \text{rep} <- 0 \\ \text{data} <- \text{matrix(scan("anova-data3.txt"), ncol = na2, byrow = F)} \\ \text{print}（\text{Tukey.test}（\text{data, ma, mb, mc, n, rep, opt}））\end{array}\right\} \quad (21-11)$$

<出力例＞

```
[1] "data"
     [,1] [,2] [,3]
[1,]   9    8    6
[2,]   9    7    7
[3,]   7    6    6
[4,]   8    4    5
[5,]   8    5    7
[6,]   7    7    6
[7,]   6    6    5
[8,]   5    7    3
[9,]   6    5    4
```

```
[10,]    5    8    5
[1] "meanxk"
         [,1]  [,2]  [,3]
[1,]     7    6.3   5.4
[1] Factor C is significant at 5% level
[1] Multiple Comparison (WSD Test) of factor C
  meanj  meank   d     WSD       m  h  qvalue    MSw       nj  nk  nhm2  dfw  sig005
1  5.4    6.3   0.9  1.385692   3  2  3.204076  1.870370  10  10  10    27    0
2  5.4    7.0   1.6  1.516451   3  3  3.506426  1.870370  10  10  10    27    1
3  6.3    7.0   0.7  1.385692   3  2  3.204076  1.870370  10  10  10    27    0
```

上の出力例において，data は入力データを意味し，meanxk は，条件 C_k の平均を意味する。要因 C の主効果が 5 ％の有意水準で有意であるので，meanxk で示される 3 つの平均 7.0, 6.3, 5.4 間の多重比較が行われる。多重比較の出力欄において，meanj, meank の欄の数値は多重比較の対象となる 2 つの平均を意味し，d の欄の数値は，2 つの平均の差の絶対値を意味する。WSD 欄の数値は WSD 値を意味し，$d > WSD$ ならば 2 つの平均の間に 5 ％の有意水準で有意差があることを意味する。有意差がある場合は，最右欄の sig005 の数値が 1 となり，有意差がなければ，sig005 = 0 となる。残りの欄は，WSD 値を算出する際に使用された値で，表 21 − 3 に示すとおりである。結果として，2 つの平均 7.0 と 5.4 の間に 5 ％の有意水準で有意差があることになる。他の平均値間には有意差がない。

次に，標本の大きさが異なる場合の 1 元配置法の多重比較を示す。ただし，data-anova-dif.txt は，表 5 − 4 のデータが入っているファイル名とする。多重比較の出力における nhm2 欄には，2 つの標本の大きさの調和平均が示されている。

<実行例 2>
```
  ma <- 1
  mb <- 1
  mc <- 3
  n <- 10
  na2 <- ma * mb * mc
  rep <- 0
  data <- matrix(scan("data-anova-dif.txt"), ncol = na2, byrow = T)
  print("f1-rep0-dif")
  print(Tukey.test(data, ma, mb, mc, n, rep, opt))
```
(21 − 12)

<出力例 2>

```
[1] "data"
        [,1]  [,2]  [,3]
[1,]     9    8    5
[2,]     9    7    6
[3,]     7    6    5
```

```
  [4,]   8    4    4
  [5,]   8    5    6
  [6,]   7    7    5
  [7,]   6    6    4
  [8,]   5    7   -1
  [9,]   6   -1   -1
 [10,]   5   -1   -1
```
[1] "meanxk"
```
      [,1]  [,2]  [,3]
[1,]   7   6.25   5
```
[1] Factor C is significant at 5% level
[1] Multiple Comparison (WSD Test) of factor C

	meanj	meank	d	WSD	m	h	qvalue	MSw	nj	nk	nhm2	dfw	sig005
1	5.00	6.25	1.25	1.507483	3	2	3.242747	1.613636	7	8	7.466667	22	0
2	5.00	7.00	2.00	1.572566	3	3	3.552594	1.613636	7	10	8.235294	22	1
3	6.25	7.00	0.75	1.381631	3	2	3.242747	1.613636	8	10	8.888889	22	0

以下に示す実行例3は，2要因において対応のない2元配置法の場合の多重比較の例である．ただし，manova2-data3.txt は，表6-1の2元配置法のデータが入っているテキストファイルとする．また，Tukey.test においては，要因 B あるいは，要因 C の主効果が有意で，かつ，水準数が3以上であるときのみ，該当する要因の多重比較が実行される．そして，交互作用が有意のときのみ，要因 B, C の単純主効果の検定が実行され，それらが有意で，かつ，水準数が3以上である場合のみ，単純主効果に関する多重比較が実行される．実行例3においては，要因 C が5％の有意水準で有意でなかったため，要因 C に関する多重比較は実施されていない．

<実行例3>

$$\left.\begin{array}{l}
\text{opt} <- 1 \\
\text{ma} <- 1 \\
\text{mb} <- 3 \\
\text{mc} <- 2 \\
\text{n} <- 5 \\
\text{na2} <- \text{ma} * \text{mb} * \text{mc} \\
\text{rep} <- 0 \\
\text{data} <- \text{matrix}(\text{scan}("manova2-data3.txt"), \text{ncol} = \text{na2}, \text{byrow} = T) \\
\text{print}(\text{Tukey.test}(\text{data, ma, mb, mc, n, rep, opt}))
\end{array}\right\} \quad (21-13)$$

表21 − 4　Tukey.test の引数および2元配置法後の Tukey.test の出力の変数

data	行を個人，列を水準とするローデータ行列
ma	要因 A の水準数
mb	要因 B の水準数
mc	要因 C の水準数
n	標本の大きさ（標本の大きさが異なるときには，標本の大きさの最大値）
rep	対応の数（0, 1, 2, 3）。対応がない場合は，0とする。
opt	opt ＝ 1 ならば WSD 検定，opt ＝ 2 ならば HSD 検定を行う
meanxj	条件 B_j の平均値
meanxk	条件 C_k の平均値
meanxjk	条件 $B_j C_k$ の平均値
meanj, meank	多重比較の対象となる2つの平均値
SSb.ck	交互作用 BC が有意であるときの，条件 $C[k]$ における要因 B の平方和（単純主効果検定用）
dfb.ck	SSb.ck の自由度
MSb.ck	SSb.ck/dfb.ck
Fb.ck	MSb.ck/MSe
Pb.ck	Fb.ck に対する P 値
SSc.bj	交互作用 BC が有意であるときの，条件 $B[j]$ における要因 C の平方和（単純主効果検定用）
dfc.bj	SSc.bj の自由度
MSc.bj	SSc.bj/dfc.bj
Fc.bj	MSc.bj/MSe
Pc.bj	Fc.bj に対する P 値
meanCu, meanCv	単純主効果の多重比較における2つの平均値
nCu, nCv	meanCu, meanCv の標本の大きさ
d	meanj − meank の絶対値
WSD	WSD 値
HSD	HSD 値
m	水準数（標本平均値の総数）
h	ステップ数で，標本平均を大きさの順に並べたときの，比較する2つの平均の間にある平均の数＋2
qvalue	5％の有意水準における水準数 m，ステップ数 h の時の q 値の平均
MSw	WSD 検定（あるいは HSD 検定）で使用された誤差
nj	水準 j の標本の大きさ
nk	水準 k の標本の大きさ
nhm2	2つの標本の大きさの調和平均
dfw	不偏分散の自由度
sig005	sig005 ＝ 1 ならば，2つの平均値間に5％の有意水準で有意差があり，sig005 ＝ 0 ならば有意差がないことを意味する。

＜出力例3＞

```
[1] "data"
     [,1] [,2] [,3] [,4] [,5] [,6]
[1,]   9    7    8    7    6    6
[2,]   9    6    7    6    7    5
[3,]   7    5    6    7    6    3
[4,]   8    6    4    5    5    4
[5,]   8    5    5    8    7    5
[1] "meanxj"
     [,1] [,2] [,3]
[1,]   7   6.3  5.4
[1] "meanxk"
     [,1]    [,2]
[1,]  6.8  5.666667
[1] "meanxjk"
```

```
          [, 1]   [, 2]
[1, ]     8.2     5.8
[2, ]     6.0     6.6
[3, ]     6.2     4.6
```
[1] Factor B is significant at 5% level

[1] Multiple Comparison (WSD Test) of factor B

	meanj	meank	d	WSD	m	h	qvalue	MSw	nj	nk	nhm2	dfw	sig005
1	5.4	6.3	0.9	1.117258	3	2	3.225245	1.2	10	10	10	24	0
2	5.4	7.0	1.6	1.223416	3	3	3.531697	1.2	10	10	10	24	1
3	6.3	7.0	0.7	1.117258	3	2	3.225245	1.2	10	10	10	24	0

[1] Interaction BC is significant at 5% level

[1] Simple Main Effect of BC Interaction

	SSb.ck	dfb.ck	MSb.ck	Fb.ck	Pb.ck
1	14.80000	2	7.400000	6.166667	0.00690036
2	10.13333	2	5.066667	4.222222	0.02684422

	dfe	MSe
1	24	1.2

	SSc.bj	dfc.bj	MSc.bj	Fc.bj	Pc.bj
1	14.4	1	14.4	12.000000	0.00201325
2	0.9	1	0.9	0.750000	0.39505152
3	6.4	1	6.4	5.333333	0.02983971

	dfe	MSe
1	24	1.2

[1] Multiple Comparison (WSD Test) of factor B [Ck]

	Ck	meanCu	meanCv	d	WSD	m	h	qvalue	MSw	nCu	nCv	nhm2	dfw	sig005
1	1	6.0	6.2	0.2	1.580041	3	2	3.225245	1.2	5	5	5	24	0
2	1	6.0	8.2	2.2	1.730171	3	3	3.531697	1.2	5	5	5	24	1
3	1	6.2	8.2	2.0	1.580041	3	2	3.225245	1.2	5	5	5	24	1

[1] Multiple Comparison (WSD Test) of factor B [Ck]

	Ck	meanCu	meanCv	d	WSD	m	h	qvalue	MSw	nCu	nCv	nhm2	dfw	sig005
1	2	4.6	5.8	1.2	1.580041	3	2	3.225245	1.2	5	5	5	24	0
2	2	4.6	6.6	2.0	1.730171	3	3	3.531697	1.2	5	5	5	24	1
3	2	5.8	6.6	0.8	1.580041	3	2	3.225245	1.2	5	5	5	24	0

　上の出力例において，meanxj は条件 B_j の平均，meanxk は，条件 C_k の平均，そして，meanxjk は，条件 $B_j C_k$ の平均を意味する．まず，主効果 B が有意であるので，主効果 B の多重比較を行う．主効果 B の平均は，meanxj で示される 7.0, 6.3, 5.4 の 3 つの平均である．多重比較（WSD 検定）の結果，有意差が生じたのは，7.0 と 5.4 の平均値の対のみである．次に，交互作用 BC が有意であるので，単純主効果 $B[C_k]$, $C[B_j]$ の検定を行う．単純主効果 $B[C_k]$ において，表中の数値 14.8 は，条件 $B[C_1]$ の平方和を意味し（$SS_{b.c_1}$ で表す），この確率値は，0.00690036（$P_{b.c_1}$ で表す）であるので，5% の有意水準で有意である．よって，単純主効果 $B[C_1]$ の多重比較を行う．このときの平均値は，meanxjk に示されている．$B[C_1]$ より $k=1$ で

表 21 – 5　Tukey.test の引数および 3 元配置法後の Tukey.test の出力の変数

data	行を個人，列を水準とするローデータ行列
ma	要因 A の水準数
mb	要因 B の水準数
mc	要因 C の水準数
n	標本の大きさ（標本の大きさが異なるときには，標本の大きさの最大値）
rep	対応の数（0, 1, 2, 3）．対応がない場合は，0 とする．
opt	opt＝1 ならば WSD 検定，opt＝2 ならば HSD 検定を行う
meanxijk	条件 $A_iB_jC_k$ の平均値
meanxij	条件 A_iB_j の平均値
meanxik	条件 A_iC_k の平均値
meanxjk	条件 B_jC_k の平均値
meanxj	要因 B の平均値
meanxk	要因 C の平均値
meanj, meank	多重比較の対象となる 2 つの平均値
SSa.ck	交互作用 AC が有意であるときの，条件 $C[k]$ における要因 A の平方和（単純主効果検定用）
dfa.ck	SSa.ck の自由度
MSa.ck	SSa.ck/dfa.ck
Fa.ck	MSa.ck/MSe
Pa.ck	Fa.ck に対する P 値
SSc.ai	交互作用 AC が有意であるときの，条件 $A[i]$ における要因 C の平方和（単純主効果検定用）
dfc.ai	SSc.ai の自由度
MSc.ai	SSc.ai/dfc.ai
Fc.ai	MSc.ai/MSe
Pc.ai	Fc.ai に対する P 値
SSb.ck	交互作用 BC が有意であるときの，条件 $C[k]$ における要因 B の平方和（単純主効果検定用）
dfb.ck	SSb.ck の自由度
MSb.ck	SSb.ck/dfb.ck
Fb.ck	MSb.ck/MSe
Pb.ck	Fb.ck に対する P 値
SSc.bj	交互作用 BC が有意であるときの，条件 $B[j]$ における要因 C の平方和（単純主効果検定用）
dfc.bj	SSc.bj の自由度
MSc.bj	SSc.bj/dfc.bj
Fc.bj	MSc.bj/MSe
Pc.bj	Fc.bj に対する P 値
SSab.ck	交互作用 ABC が有意であるときの，条件 $C[k]$ における単純交互作用 AB の平方和
dfab.ck	SSab.ck の自由度
MSab.ck	SSab.ck/dfab.ck
Fab.ck	MSab.ck/MSe
Pab.ck	Fab.ck に対する P 値
SSac.bj	交互作用 ABC が有意であるときの，条件 $B[j]$ における単純交互作用 AC の平方和
dfac.bj	SSac.bj の自由度
MSac.bj	SSac.bj/dfac.bj
Fac.bj	MSac.bj/MSe
Pac.bj	Fac.bj に対する P 値
SSbc.ai	交互作用 ABC が有意であるときの，条件 $A[i]$ における単純交互作用 BC の平方和
dfbc.ai	Sbc.ai の自由度
MSbc.ai	SSbc.ai/dfbc.ai
Fbc.ai	MSbc.ai/MSe
Pbc.ai	Fbc.ai に対する P 値
SSa.bjck	条件 B_jC_k における要因 A の平方和（単純・単純主効果検定用）
dfa.bjck	SSa.bjck の自由度
MSa.bjck	SSa.bjck/dfa.bjck
Fa.bjck	MSa.bjck/MSe
Pa.bjck	Fa.bjck に対する P 値
SSb.aick	条件 A_iC_k における要因 B の平方和（単純・単純主効果検定用）
dfb.aick	SSb.aick の自由度
MSb.aick	SSb.aick/dfb.aick
Fb.aick	MSb.aick/MSe
Pb.aick	Fb.aick に対する P 値
SSc.aibj	条件 A_iB_j における要因 C の平方和（単純・単純主効果検定用）
dfc.aibj	SSc.aibj の自由度
MSc.aibj	SSc.aibj/dfc.aibj
Fc.aibj	MSc.aibj/MSe
Pc.aibj	Fc.aibj に対する P 値
meanAu, meanAv あるいは，meanCu, meanCv	単純主効果の多重比較における 2 つの平均値
nAu, nAv あるいは，nCu, nCv	meanAu, meanAv あるいは，meanCu, meanCv の標本の大きさ
d	meanj − meank の絶対値
WSD	WSD 値
HSD	HSD 値
m	水準数（標本平均値の総数）
h	ステップ数で，標本平均を大きさの順に並べたときの，比較する 2 つの平均の間にある平均の数＋2
qvalue	5％の有意水準における水準数 m，ステップ数 h の時の q 値の平均
MSw	WSD 検定（あるいは HSD 検定）で使用された誤差
nj	水準 j の標本の大きさ
nk	水準 k の標本の大きさ
nhm2	2 つの標本の大きさの調和平均
dfw	不偏分散の自由度
sig005	sig005＝1 ならば，2 つの平均値間に 5％の有意水準で有意差があり，sig005＝0 ならば有意差がないことを意味する

あるので，meanxjk の 1 列目の平均である 8.2, 6.0, 6.2 が多重比較の対象となる。

同様にして，$P_{b.c_2}$ = 0.02684422, $P_{c.b_1}$ = 0.00201325 であるので，単純主効果 $B[C_2]$, $C[B_1]$ も有意である。よって，これらの単純主効果の多重比較を行うことになる。しかしながら，単純主効果 $C[B_1]$ の場合，2 つの平均値（8.2 と 5.8）のみから構成されるので，この時点で，この 2 つの平均値間には，5％の有意水準で有意差があることになる。単純主効果 $B[C_1]$ の多重比較の結果，sig005 = 1 となるのは，6.0 と 8.2 および 6.2 と 8.2 の平均値の対のみである。よって，これらの平均値間に 5％の有意水準で有意差があることになる。単純主効果 $B[C_2]$ の場合は，sig005 = 1 となるのは，4.6 と 6.6 の平均値の対のみである。よって，この平均値の対の間にのみ，5％の有意水準で有意差があることになる。

以下に示す実行例 3 は，3 要因において対応のない 3 元配置法における多重比較の場合である。主効果 A, B, C のいずれかが有意であれば，有意であった要因に関してのみ多重比較を実行する。交互作用 AB, AC, BC が有意であるとき，有意である交互作用に関する単純主効果の検定を行い，単純主効果が有意で，かつ，その要因の水準数が 3 以上であれば，多重比較を実行する。交互作用 ABC が有意であるとき，条件 $C[k]$ における単純交互作用 AB（これを $AB[C_k]$ で表す），条件 $B[k]$ における単純交互作用 AC（これを $AC[B_j]$ で表す），条件 $A[i]$ における単純交互作用 BC（これを $BC[A_i]$ で表す）の検定を実行し，それが有意であれば，有意である要因に関して単純・単純主効果の検定を実行し，さらに，単純・単純主効果が有意であるとき，その要因に関する多重比較を実行する。

<実行例 4＞
$$\left.\begin{array}{l}\text{opt <- 1} \\ \text{ma <- 3} \\ \text{mb <- 2} \\ \text{mc <- 4} \\ \text{n <- 5} \\ \text{na2 <- ma * mb * mc} \\ \text{rep <- 0} \\ \text{data <- matrix(scan("manova3-data3.txt"), ncol = na2, byrow = T)} \\ \text{print(Tukey.test(data, ma, mb, mc, n, rep, opt))}\end{array}\right\} \quad (21-14)$$

<出力例 4＞
[1] "data"

	[,1]	[,2]	[,3]	[,4]	[,5]	[,6]	[,7]	[,8]	[,9]	[,10]	[,11]	[,12]	[,13]	[,14]
[1,]	8	8	7	8	5	6	5	7	9	9	8	7	9	6
[2,]	7	7	5	8	5	6	5	5	7	7	8	9	7	5
[3,]	7	8	6	7	7	7	6	5	8	8	6	7	8	6
[4,]	6	6	5	8	6	5	4	9	7	7	5	5		
[5,]	7	7	6	5	6	5	7	4	8	9	6	9	7	6

	[,15]	[,16]	[,17]	[,18]	[,19]	[,20]	[,21]	[,22]	[,23]	[,24]
[1,]	7	6	7	6	9	9	8	5	6	8	7
[2,]	6	4	7	7	8	7	4	7	8	8
[3,]	7	6	8	6	9	8	4	6	7	7

```
[4,]   8   4   6   6   8   6   3   6   6   6
[5,]   5   5   8   7   7   7   3   5   7   6
```
[1] "meanxijk"
, , 1

```
      [,1] [,2]
[1,]  7.0  5.8
[2,]  8.2  7.2
[3,]  7.2  3.8
```

, , 2

```
      [,1] [,2]
[1,]  7.2  5.8
[2,]  8.0  5.6
[3,]  6.4  6.0
```

, , 3

```
      [,1] [,2]
[1,]  5.8  5.6
[2,]  7.0  6.6
[3,]  8.2  7.2
```

, , 4

```
      [,1] [,2]
[1,]  7.2  5.0
[2,]  7.8  5.0
[3,]  7.2  6.8
```

[1] "meanxij"
```
       [,1] [,2]
[1,]  6.80 5.55
[2,]  7.75 6.10
[3,]  7.25 5.95
```
[1] "meanxik"
```
       [,1] [,2] [,3] [,4]
[1,]   6.4  6.5  5.7  6.1
[2,]   7.7  6.8  6.8  6.4
```

```
[3, ]  5.5  6.2  7.7  7.0
[1] "meanxjk"
         [,1]       [,2]       [,3]       [,4]
[1,] 7.466667    7.2    7.000000    7.4
[2,] 5.600000    5.8    6.466667    5.6
[1] "meanxi"
[1] 6.175    6.925    6.600
[1] "meanxj"
[1] 7.266667 5.866667
[1] Factor A is significant at 5% level
[1] Multiple Comparison （WSD Test) of factor A
   meanj meank    d     WSD      m h  qvalue    MSw  nj  nk nhm2 dfw sig005
1  6.175 6.600 0.425 0.4565644  3 2 3.086939  0.875  40  40   40  96   0
2  6.175 6.925 0.750 0.4979396  3 3 3.366686  0.875  40  40   40  96   1
3  6.600 6.925 0.325 0.4565644  3 2 3.086939  0.875  40  40   40  96   0
[1] Factor C is not significant at 5% level
[1] Interaction AB is not significant at 5% level
[1] Interaction AC is significant at 5% level
[1] Simple Main Effect of AC Interaction
     SSa.ck   dfa.ck   MSa.ck     Fa.ck      Pa.ck
1  24.46667      2  12.23333  13.980952  0.00000469
2   1.80000      2   0.90000   1.028571  0.36142311
3  20.06667      2  10.03333  11.466667  0.00003423
4   4.20000      2   2.10000   2.400000  0.09614211
     dfe     MSe
1    96    0.875
     SSc.ai   dfc.ai   MSc.ai     Fc.ai     Pc.ai
1   3.875      3   1.291667  1.476190  0.22589382
2   9.075      3   3.025000  3.457143  0.01944304
3  27.400      3   9.133333 10.438095  0.00000525
     dfe     MSe
1    96    0.875
[1] Multiple Comparison (WSD Test) of factor A [Ck]
   Ck meanCu meanCv   d     WSD      m h  qvalue   MSw nCu nCv nhm2 dfw sig005
1   1   5.5    6.4  0.9 0.9131288  3 2 3.086939 0.875  10  10   10  96   0
2   1   5.5    7.7  2.2 0.9958792  3 3 3.366686 0.875  10  10   10  96   1
3   1   6.4    7.7  1.3 0.9131288  3 2 3.086939 0.875  10  10   10  96   1
[1] Multiple Comparison (WSD Test) of factor A [Ck]
   Ck meanCu meanCv   d     WSD      m h  qvalue   MSw nCu nCv nhm2 dfw sig005
1   3   5.7    6.8  1.1 0.9131288  3 2 3.086939 0.875  10  10   10  96   1
2   3   5.7    7.7  2.0 0.9958792  3 3 3.366686 0.875  10  10   10  96   1
3   3   6.8    7.7  0.9 0.9131288  3 2 3.086939 0.875  10  10   10  96   0
```

[1] Multiple Comparison (WSD Test) of factor C [Ai]

	Ai	meanAu	meanAv	d	WSD	m	h	qvalue	MSw	nAu	nAv	nhm2	dfw	sig005
1	2	6.4	6.8	0.4	0.9620735	4	2	3.252402	0.875	10	10	10	96	0
2	2	6.4	6.8	0.4	1.0448238	4	3	3.532149	0.875	10	10	10	96	0
3	2	6.4	7.7	1.3	1.0937685	4	4	3.697612	0.875	10	10	10	96	1
4	2	6.8	6.8	0.0	0.9620735	4	2	3.252402	0.875	10	10	10	96	0
5	2	6.8	7.7	0.9	1.0448238	4	3	3.532149	0.875	10	10	10	96	0
6	2	6.8	7.7	0.9	0.9620735	4	2	3.252402	0.875	10	10	10	96	0

[1] Multiple Comparison (WSD Test) of factor C [Ai]

	Ai	meanAu	meanAv	d	WSD	m	h	qvalue	MSw	nAu	nAv	nhm2	dfw	sig005
1	3	5.5	6.2	0.7	0.9620735	4	2	3.252402	0.875	10	10	10	96	0
2	3	5.5	7.0	1.5	1.0448238	4	3	3.532149	0.875	10	10	10	96	1
3	3	5.5	7.7	2.2	1.0937685	4	4	3.697612	0.875	10	10	10	96	1
4	3	6.2	7.0	0.8	0.9620735	4	2	3.252402	0.875	10	10	10	96	0
5	3	6.2	7.7	1.5	1.0448238	4	3	3.532149	0.875	10	10	10	96	1
6	3	7.0	7.7	0.7	0.9620735	4	2	3.252402	0.875	10	10	10	96	0

[1] Interaction BC is significant at 5% level

[1] Simple Main Effect of BC Interaction

	SSb.ck	dfb.ck	MSb.ck	Fb.ck	Pb.ck
1	26.133333	1	26.133333	29.866667	0.00000036
2	14.700000	1	14.700000	16.800000	0.00008688
3	2.133333	1	2.133333	2.438095	0.12171060
4	24.300000	1	24.300000	27.771429	0.00000084

	dfe	MSe
1	96	0.875

	SSc.bj	dfc.bj	MSc.bj	Fc.bj	Pc.bj
1	2.0	3	0.6666667	0.7619048	0.5181729
2	7.6	3	2.5333333	2.8952381	0.0391679

	dfe	MSe
1	96	0.875

[1] Multiple Comparison (WSD Test) of factor C [Bj]

	Bj	meanCu	meanCv	d	WSD	m	h	qvalue	MSw	nCu	nCv	nhm2	dfw	sig005
1	2	5.6	5.600000	0.0000000	0.7855297	4	2	3.252402	0.875	15	15	15	96	0
2	2	5.6	5.800000	0.2000000	0.8530951	4	3	3.532149	0.875	15	15	15	96	0
3	2	5.6	6.466667	0.8666667	0.8930582	4	4	3.697612	0.875	15	15	15	96	0
4	2	5.6	5.800000	0.2000000	0.7855297	4	2	3.252402	0.875	15	15	15	96	0
5	2	5.6	6.466667	0.8666667	0.8530951	4	3	3.532149	0.875	15	15	15	96	1
6	2	5.8	6.466667	0.6666667	0.7855297	4	2	3.252402	0.875	15	15	15	96	0

[1] Interaction ABC is significant at 5％ level

[1] Test of Interaction AB [Ck]

	SSab.ck	dfab.ck	MSab.ck	dfe	MSe	Fab.ck	Pab.ck
[1,]	8.8666667	2	4.4333333	96	0.875	5.0666667	0.00809343

[2,]	5.0000000	2	2.5000000	96	0.875	2.8571429	0.06232832
[3,]	0.8666667	2	0.4333333	96	0.875	0.4952381	0.61097409
[4,]	7.8000000	2	3.9000000	96	0.875	4.4571429	0.01409149

[1] Test of Interaction AC [Bj]

	SSac.bj	dfac.bj	MSac.bj	dfe	MSe	Fac.bj	Pac.bj
[1,]	17.1	6	2.850000	96	0.875	3.257143	0.00586688
[2,]	43.7	6	7.283333	96	0.875	8.323810	0.00000029

[1] Test of Interaction BC [Ai]

	SSbc.ai	dfbc.ai	MSbc.ai	dfe	MSe	Fbc.ai	Pbc.ai
[1,]	5.075	3	1.691667	96	0.875	1.933333	0.12934209
[2,]	9.675	3	3.225000	96	0.875	3.685714	0.01463140
[3,]	15.300	3	5.100000	96	0.875	5.828571	0.00105859

[1] Simple Simple Main Effect of Factor A [BjCk]

	Bj	Ck	SSa.bjck	dfa.bjck	MSa.bjck	Fa.bjck	Pa.bjck
1	1	1	4.133333	2	2.066667	2.361905	0.09969568
	Bj	Ck	SSa.bjck	dfa.bjck	MSa.bjck	Fa.bjck	Pa.bjck
1	1	2	6.4	2	3.2	3.657143	0.02946599
	Bj	Ck	SSa.bjck	dfa.bjck	MSa.bjck	Fa.bjck	Pa.bjck
1	1	3	14.4	2	7.2	8.228571	0.00050308
	Bj	Ck	SSa.bjck	dfa.bjck	MSa.bjck	Fa.bjck	Pa.bjck
1	1	4	1.2	2	0.6	0.6857143	0.5061802
	Bj	Ck	SSa.bjck	dfa.bjck	MSa.bjck	Fa.bjck	Pa.bjck
1	2	1	29.2	2	14.6	16.68571	6e − 07
	Bj	Ck	SSa.bjck	dfa.bjck	MSa.bjck	Fa.bjck	Pa.bjck
1	2	2	0.4	2	0.2	0.2285714	0.7961012
	Bj	Ck	SSa.bjck	dfa.bjck	MSa.bjck	Fa.bjck	Pa.bjck
1	2	3	6.533333	2	3.266667	3.733333	0.02745347
	Bj	Ck	SSa.bjck	dfa.bjck	MSa.bjck	Fa.bjck	Pa.bjck
1	2	4	10.8	2	5.4	6.171429	0.00301027
	dfe	MSe					
1	96	0.875					

[1] Simple Simple Main Effect of Factor B [AiCk]

	Ai	Ck	SSb.aick	dfb.aick	MSb.aick	Fb.aick	Pb.aick
1	1	1	3.6	1	3.6	4.114286	0.04529265
	Ai	Ck	SSb.aick	dfb.aick	MSb.aick	Fb.aick	Pb.aick
1	1	2	4.9	1	4.9	5.6	0.01996887
	Ai	Ck	SSb.aick	dfb.aick	MSb.aick	Fb.aick	Pb.aick
1	1	3	0.1	1	0.1	0.1142857	0.7360549
	Ai	Ck	SSb.aick	dfb.aick	MSb.aick	Fb.aick	Pb.aick
1	1	4	12.1	1	12.1	13.82857	0.00033701
	Ai	Ck	SSb.aick	dfb.aick	MSb.aick	Fb.aick	Pb.aick
1	2	1	2.5	1	2.5	2.857143	0.09421367

	Ai	Ck	SSb.aick	dfb.aick	MSb.aick	Fb.aick	Pb.aick
1	2	2	14.4	1	14.4	16.45714	0.00010134

	Ai	Ck	SSb.aick	dfb.aick	MSb.aick	Fb.aick	Pb.aick
1	2	3	0.4	1	0.4	0.4571429	0.500588

	Ai	Ck	SSb.aick	dfb.aick	MSb.aick	Fb.aick	Pb.aick
1	2	4	19.6	1	19.6	22.4	7.62e − 06

	Ai	Ck	SSb.aick	dfb.aick	MSb.aick	Fb.aick	Pb.aick
1	3	1	28.9	1	28.9	33.02857	1.1e − 07

	Ai	Ck	SSb.aick	dfb.aick	MSb.aick	Fb.aick	Pb.aick
1	3	2	0.4	1	0.4	0.4571429	0.500588

	Ai	Ck	SSb.aick	dfb.aick	MSb.aick	Fb.aick	Pb.aick
1	3	3	2.5	1	2.5	2.857143	0.09421367

	Ai	Ck	SSb.aick	dfb.aick	MSb.aick	Fb.aick	Pb.aick
1	3	4	0.4	1	0.4	0.4571429	0.500588

	dfe	MSe
1	96	0.875

[1] Simple Simple Main Effect of Factor C [AiBj]

	Ai	Bj	SSc.aibj	dfc.aibj	MSc.aibj	Fc.aibj	Pc.aibj
1	1	1	6.8	3	2.266667	2.590476	0.05726678

	Ai	Bj	SSc.aibj	dfc.aibj	MSc.aibj	Fc.aibj	Pc.aibj
1	1	2	2.15	3	0.7166667	0.8190476	0.4864567

	Ai	Bj	SSc.aibj	dfc.aibj	MSc.aibj	Fc.aibj	Pc.aibj
1	2	1	4.15	3	1.383333	1.580952	0.1990147

	Ai	Bj	SSc.aibj	dfc.aibj	MSc.aibj	Fc.aibj	Pc.aibj
1	2	2	14.6	3	4.866667	5.561905	0.00146074

	Ai	Bj	SSc.aibj	dfc.aibj	MSc.aibj	Fc.aibj	Pc.aibj
1	3	1	8.15	3	2.716667	3.104762	0.03016184

	Ai	Bj	SSc.aibj	dfc.aibj	MSc.aibj	Fc.aibj	Pc.aibj
1	3	2	34.55	3	11.51667	13.16190	2.9e − 07

	dfe	MSe
1	96	0.875

[1] Test of Multiple Comparison of Factor A [BjCk]

	Bj	Ck	meanAu	meanAv	d	WSD	m	h	qvalue	MSw	nAu	nAv	nhm	dfw	sig005
1	1	1	7.0	7.2	0.2	1.291359	3	2	3.086939	0.875	5	5	5	96	0
2	1	1	7.0	8.2	1.2	1.408386	3	3	3.366686	0.875	5	5	5	96	0
3	1	1	7.2	8.2	1.0	1.291359	3	2	3.086939	0.875	5	5	5	96	0

	Bj	Ck	meanAu	meanAv	d	WSD	m	h	qvalue	MSw	nAu	nAv	nhm	dfw	sig005
1	1	2	6.4	7.2	0.8	1.291359	3	2	3.086939	0.875	5	5	5	96	0
2	1	2	6.4	8.0	1.6	1.408386	3	3	3.366686	0.875	5	5	5	96	1
3	1	2	7.2	8.0	0.8	1.291359	3	2	3.086939	0.875	5	5	5	96	0

	Bj	Ck	meanAu	meanAv	d	WSD	m	h	qvalue	MSw	nAu	nAv	nhm	dfw	sig005
1	1	3	5.8	7.0	1.2	1.291359	3	2	3.086939	0.875	5	5	5	96	0

2	1	3	5.8	8.2	2.4	1.408386	3	3	3.366686	0.875	5	5	5	96	1
3	1	3	7.0	8.2	1.2	1.291359	3	2	3.086939	0.875	5	5	5	96	0
	Bj	Ck	meanAu	meanAv	d	WSD	m	h	qvalue	MSw	nAu	nAv	nhm	dfw	sig005
1	1	4	7.2	7.2	0.0	1.291359	3	2	3.086939	0.875	5	5	5	96	0
2	1	4	7.2	7.8	0.6	1.408386	3	3	3.366686	0.875	5	5	5	96	0
3	1	4	7.2	7.8	0.6	1.291359	3	2	3.086939	0.875	5	5	5	96	0
	Bj	Ck	meanAu	meanAv	d	WSD	m	h	qvalue	MSw	nAu	nAv	nhm	dfw	sig005
1	2	1	3.8	5.8	2.0	1.291359	3	2	3.086939	0.875	5	5	5	96	1
2	2	1	3.8	7.2	3.4	1.408386	3	3	3.366686	0.875	5	5	5	96	1
3	2	1	5.8	7.2	1.4	1.291359	3	2	3.086939	0.875	5	5	5	96	1
	Bj	Ck	meanAu	meanAv	d	WSD	m	h	qvalue	MSw	nAu	nAv	nhm	dfw	sig005
1	2	2	5.6	5.8	0.2	1.291359	3	2	3.086939	0.875	5	5	5	96	0
2	2	2	5.6	6.0	0.4	1.408386	3	3	3.366686	0.875	5	5	5	96	0
3	2	2	5.8	6.0	0.2	1.291359	3	2	3.086939	0.875	5	5	5	96	0
	Bj	Ck	meanAu	meanAv	d	WSD	m	h	qvalue	MSw	nAu	nAv	nhm	dfw	sig005
1	2	3	5.6	6.6	1.0	1.291359	3	2	3.086939	0.875	5	5	5	96	0
2	2	3	5.6	7.2	1.6	1.408386	3	3	3.366686	0.875	5	5	5	96	1
3	2	3	6.6	7.2	0.6	1.291359	3	2	3.086939	0.875	5	5	5	96	0
	Bj	Ck	meanAu	meanAv	d	WSD	m	h	qvalue	MSw	nAu	nAv	nhm	dfw	sig005
1	2	4	5	5.0	0.0	1.291359	3	2	3.086939	0.875	5	5	5	96	0
2	2	4	5	6.8	1.8	1.408386	3	3	3.366686	0.875	5	5	5	96	1
3	2	4	5	6.8	1.8	1.291359	3	2	3.086939	0.875	5	5	5	96	1

[1] Test of Multiple Comparison of Factor C [AiBj]

	Ai	Bj	meanCu	meanCv	d	WSD	m	h	qvalue	MSw	nCu	nCv	nhm	dfw	sig005
1	1	1	5.8	7.0	1.2	1.360577	4	2	3.252402	0.875	5	5	5	96	0
2	1	1	5.8	7.2	1.4	1.477604	4	3	3.532149	0.875	5	5	5	96	0
3	1	1	5.8	7.2	1.4	1.546822	4	4	3.697612	0.875	5	5	5	96	0
4	1	1	7.0	7.2	0.2	1.360577	4	2	3.252402	0.875	5	5	5	96	0
5	1	1	7.0	7.2	0.2	1.477604	4	3	3.532149	0.875	5	5	5	96	0
6	1	1	7.2	7.2	0.0	1.360577	4	2	3.252402	0.875	5	5	5	96	0
	Ai	Bj	meanCu	meanCv	d	WSD	m	h	qvalue	MSw	nCu	nCv	nhm	dfw	sig005
1	1	2	5.0	5.6	0.6	1.360577	4	2	3.252402	0.875	5	5	5	96	0
2	1	2	5.0	5.8	0.8	1.477604	4	3	3.532149	0.875	5	5	5	96	0
3	1	2	5.0	5.8	0.8	1.546822	4	4	3.697612	0.875	5	5	5	96	0
4	1	2	5.6	5.8	0.2	1.360577	4	2	3.252402	0.875	5	5	5	96	0
5	1	2	5.6	5.8	0.2	1.477604	4	3	3.532149	0.875	5	5	5	96	0
6	1	2	5.8	5.8	0.0	1.360577	4	2	3.252402	0.875	5	5	5	96	0
	Ai	Bj	meanCu	meanCv	d	WSD	m	h	qvalue	MSw	nCu	nCv	nhm	dfw	sig005
1	2	1	7.0	7.8	0.8	1.360577	4	2	3.252402	0.875	5	5	5	96	0
2	2	1	7.0	8.0	1.0	1.477604	4	3	3.532149	0.875	5	5	5	96	0
3	2	1	7.0	8.2	1.2	1.546822	4	4	3.697612	0.875	5	5	5	96	0
4	2	1	7.8	8.0	0.2	1.360577	4	2	3.252402	0.875	5	5	5	96	0

		Ai	Bj	meanCu	meanCv	d	WSD	m	h	qvalue	MSw	nCu	nCv	nhm	dfw	sig005
5		2	1	7.8	8.2	0.4	1.477604	4	3	3.532149	0.875	5	5	5	96	0
6		2	1	8.0	8.2	0.2	1.360577	4	2	3.252402	0.875	5	5	5	96	0
		Ai	Bj	meanCu	meanCv	d	WSD	m	h	qvalue	MSw	nCu	nCv	nhm	dfw	sig005
1		2	2	5.0	5.6	0.6	1.360577	4	2	3.252402	0.875	5	5	5	96	0
2		2	2	5.0	6.6	1.6	1.477604	4	3	3.532149	0.875	5	5	5	96	1
3		2	2	5.0	7.2	2.2	1.546822	4	4	3.697612	0.875	5	5	5	96	1
4		2	2	5.6	6.6	1.0	1.360577	4	2	3.252402	0.875	5	5	5	96	0
5		2	2	5.6	7.2	1.6	1.477604	4	3	3.532149	0.875	5	5	5	96	1
6		2	2	6.6	7.2	0.6	1.360577	4	2	3.252402	0.875	5	5	5	96	0
		Ai	Bj	meanCu	meanCv	d	WSD	m	h	qvalue	MSw	nCu	nCv	nhm	dfw	sig005
1		3	1	6.4	7.2	0.8	1.360577	4	2	3.252402	0.875	5	5	5	96	0
2		3	1	6.4	7.2	0.8	1.477604	4	3	3.532149	0.875	5	5	5	96	0
3		3	1	6.4	8.2	1.8	1.546822	4	4	3.697612	0.875	5	5	5	96	1
4		3	1	7.2	7.2	0.0	1.360577	4	2	3.252402	0.875	5	5	5	96	0
5		3	1	7.2	8.2	1.0	1.477604	4	3	3.532149	0.875	5	5	5	96	0
6		3	1	7.2	8.2	1.0	1.360577	4	2	3.252402	0.875	5	5	5	96	0
		Ai	Bj	meanCu	meanCv	d	WSD	m	h	qvalue	MSw	nCu	nCv	nhm	dfw	sig005
1		3	2	3.8	6.0	2.2	1.360577	4	2	3.252402	0.875	5	5	5	96	1
2		3	2	3.8	6.8	3.0	1.477604	4	3	3.532149	0.875	5	5	5	96	1
3		3	2	3.8	7.2	3.4	1.546822	4	4	3.697612	0.875	5	5	5	96	1
4		3	2	6.0	6.8	0.8	1.360577	4	2	3.252402	0.875	5	5	5	96	0
5		3	2	6.0	7.2	1.2	1.477604	4	3	3.532149	0.875	5	5	5	96	0
6		3	2	6.8	7.2	0.4	1.360577	4	2	3.252402	0.875	5	5	5	96	0

上の出力において，meanxijk は条件 $A_iB_jC_k$ の平均，meanxij は，要因 C をこみにしたときの条件 A_iB_j の平均，meanxik は，要因 B をこみにしたときの条件 A_iC_k の平均，meanxjk は要因 A をこみにしたときの条件 B_jC_k の平均，meanxi は，要因 B, C をこみにしたときの条件 A_i の平均，meanxj は，要因 A, C をこみにしたときの条件 B_j の平均を意味する．上の実行例においては，主効果 A と主効果 B が有意である．そこで，主効果 A に関する多重比較を実行する．主効果 B に関しては，水準数が 2 であるので，多重比較する必要がない．

[1] Multiple Comparison（WSD Test）of factor A

	meanj	meank	d	WSD	m	h	qvalue	MSw	nj	nk	nhm2	dfw	sig005
1	6.175	6.600	0.425	0.4565644	3	2	3.086939	0.875	40	40	40	96	0
2	6.175	6.925	0.750	0.4979396	3	3	3.366686	0.875	40	40	40	96	1
3	6.600	6.925	0.325	0.4565644	3	2	3.086939	0.875	40	40	40	96	0

上に示す主効果 A の多重比較の結果より，meanxi に示される要因 A の 3 つの平均，6.175, 6.925, 6.600 のうち，平均 6.175 と 6.925 の間にのみ 5％の有意水準で有意差がある．

交互作用に関しては，交互作用 AC, BC, ABC が有意である．そこで，まず，条件 $C[k]$ における要因 A の単純主効果 $A[C_k]$，条件 $A[i]$ における要因 C の単純主効果 $C[A_i]$ の検定を行う．

[1] Simple Main Effect of AC Interaction

	SSa.ck	dfa.ck	MSa.ck	Fa.ck	Pa.ck
1	24.46667	2	12.23333	13.980952	0.00000469
2	1.80000	2	0.90000	1.028571	0.36142311
3	20.06667	2	10.03333	11.466667	0.00003423
4	4.20000	2	2.10000	2.400000	0.09614211

	dfe	MSe
1	96	0.875

	SSc.ai	dfc.ai	MSc.ai	Fc.ai	Pc.ai
1	3.875	3	1.291667	1.476190	0.22589382
2	9.075	3	3.025000	3.457143	0.01944304
3	27.400	3	9.133333	10.438095	0.00000525

	dfe	MSe
1	96	0.875

上の表より，$P_{a.c_1} = 0.00000469$, $P_{a.c_3} = 0.00003423$, $P_{c.a_2} = 0.01944304$, $P_{c.a_3} = 0.00000525$ で，0.05 より小さい．よって，条件 C_1 における要因 A の単純主効果 $A[C_1]$，条件 C_3 における要因 A の単純主効果 $A[C_3]$，条件 A_2 における要因 C の単純主効果 $C[A_2]$，条件 A_3 における要因 C の単純主効果 $C[A_3]$ が有意であるので，これらの単純主効果の多重比較を行う．

[1] Multiple Comparison (WSD Test) of factor A [Ck]

	Ck	meanCu	meanCv	d	WSD	m	h	qvalue	MSw	nCu	nCv	nhm2	dfw	sig005
1	1	5.5	6.4	0.9	0.9131288	3	2	3.086939	0.875	10	10	10	96	0
2	1	5.5	7.7	2.2	0.9958792	3	3	3.366686	0.875	10	10	10	96	1
3	1	6.4	7.7	1.3	0.9131288	3	2	3.086939	0.875	10	10	10	96	1

[1] Multiple Comparison (WSD Test) of factor A [Ck]

	Ck	meanCu	meanCv	d	WSD	m	h	qvalue	MSw	nCu	nCv	nhm2	dfw	sig005
1	3	5.7	6.8	1.1	0.9131288	3	2	3.086939	0.875	10	10	10	96	1
2	3	5.7	7.7	2.0	0.9958792	3	3	3.366686	0.875	10	10	10	96	1
3	3	6.8	7.7	0.9	0.9131288	3	2	3.086939	0.875	10	10	10	96	0

[1] Multiple Comparison (WSD Test) of factor C [Ai]

	Ai	meanAu	meanAv	d	WSD	m	h	qvalue	MSw	nAu	nAv	nhm2	dfw	sig005
1	2	6.4	6.8	0.4	0.9620735	4	2	3.252402	0.875	10	10	10	96	0
2	2	6.4	6.8	0.4	1.0448238	4	3	3.532149	0.875	10	10	10	96	0
3	2	6.4	7.7	1.3	1.0937685	4	4	3.697612	0.875	10	10	10	96	1
4	2	6.8	6.8	0.0	0.9620735	4	2	3.252402	0.875	10	10	10	96	0
5	2	6.8	7.7	0.9	1.0448238	4	3	3.532149	0.875	10	10	10	96	0
6	2	6.8	7.7	0.9	0.9620735	4	2	3.252402	0.875	10	10	10	96	0

[1] Multiple Comparison (WSD Test) of factor C [Ai]

	Ai	meanAu	meanAv	d	WSD	m	h	qvalue	MSw	nAu	nAv	nhm2	dfw	sig005
1	3	5.5	6.2	0.7	0.9620735	4	2	3.252402	0.875	10	10	10	96	0
2	3	5.5	7.0	1.5	1.0448238	4	3	3.532149	0.875	10	10	10	96	1

3	3	5.5	7.7	2.2	1.0937685	4	4	3.697612	0.875	10	10	10	96	1
4	3	6.2	7.0	0.8	0.9620735	4	2	3.252402	0.875	10	10	10	96	0
5	3	6.2	7.7	1.5	1.0448238	4	3	3.532149	0.875	10	10	10	96	1
6	3	7.0	7.7	0.7	0.9620735	4	2	3.252402	0.875	10	10	10	96	0

　上の表において，C_k欄の数値は，kの値を示す．よって，$C_k = 1$のときは，単純主効果A[C_1]の多重比較を意味する．meanxikより，$k = 1$のときの平均値は，3つで，それらは6.4, 7.7, 5.5である．meanCu, meanCvは，これらのうちの2つの平均を意味する．上の表より，条件C_1における要因Aの2つの平均値6.4と7.7および7.7と5.5がWSD検定により5％の有意水準で有意ということになる．同様に，条件C_3における要因Aの2つの平均値5.7と6.8，および5.7と7.7がWSD検定により5％の有意水準で有意ということになる．条件A[i]における要因Cの多重比較についても同様に分析してゆく．同様にして，条件C[k]における要因Bの単純主効果B[C_k]の検定，条件B[j]における要因Cの単純主効果C[B_j]の検定を行う．それらが有意であれば，多重比較を行う．

　交互作用ABCが有意であるので，単純交互作用AB[C_k], AC[B_j], BC[A_i]の検定を行う．有意な単純交互作用に関しては，単純・単純主効果の検定を行う．単純・単純主効果が有意であれば，さらに多重比較を行う．

[1]　Test of Interaction AB [Ck]

	SSab.ck	dfab.ck	MSab.ck	dfe	MSe	Fab.ck	Pab.ck
[1,]	8.8666667	2	4.4333333	96	0.875	5.0666667	0.00809343
[2,]	5.0000000	2	2.5000000	96	0.875	2.8571429	0.06232832
[3,]	0.8666667	2	0.4333333	96	0.875	0.4952381	0.61097409
[4,]	7.8000000	2	3.9000000	96	0.875	4.4571429	0.01409149

　上の表は，単純交互作用AB[C_k]の検定結果を意味する．$P_{ab.c1} = 0.00809343$, $P_{ab.c4} = 0.01409149$であるので，単純交互作用AB[C_1], AB[C_4]は，5％の有意水準で有意である．よって，これらの単純・単純主効果A[B_jC_1], A[B_jC_4], B[A_iC_1], B[A_iC_4]の検定を行うことになる．同様にして単純交互作用AC[B_j], BC[A_i]の検定結果より，単純交互作用AC[B_1], AC[B_2], BC[A_2], BC[A_3]が5％の有意水準で有意である．よって，これらの単純・単純主効果A[C_kB_1], A[C_kB_2], C[A_iB_1], C[A_iB_2], B[C_kA_2], B[C_kA_3], C[B_jA_2], C[B_jA_3]の検定を行うことになる．単純・単純主効果の検定結果は以下のとおりである．

[1]　Simple Simple Main Effect of Factor A [BjCk]

	Bj	Ck	SSa.bjck	dfa.bjck	MSa.bjck	Fa.bjck	Pa.bjck
1	1	1	4.133333	2	2.066667	2.361905	0.09969568
	Bj	Ck	SSa.bjck	dfa.bjck	MSa.bjck	Fa.bjck	Pa.bjck
1	1	2	6.4	2	3.2	3.657143	0.02946599
	Bj	Ck	SSa.bjck	dfa.bjck	MSa.bjck	Fa.bjck	Pa.bjck
1	1	3	14.4	2	7.2	8.228571	0.00050308
	Bj	Ck	SSa.bjck	dfa.bjck	MSa.bjck	Fa.bjck	Pa.bjck
1	1	4	1.2	2	0.6	0.6857143	0.5061802

	Bj	Ck	SSa.bjck	dfa.bjck	MSa.bjck	Fa.bjck	Pa.bjck
1	2	1	29.2	2	14.6	16.68571	6e − 07
	Bj	Ck	SSa.bjck	dfa.bjck	MSa.bjck	Fa.bjck	Pa.bjck
1	2	2	0.4	2	0.2	0.2285714	0.7961012
	Bj	Ck	SSa.bjck	dfa.bjck	MSa.bjck	Fa.bjck	Pa.bjck
1	2	3	6.533333	2	3.266667	3.733333	0.02745347
	Bj	Ck	SSa.bjck	dfa.bjck	MSa.bjck	Fa.bjck	Pa.bjck
1	2	4	10.8	2	5.4	6.171429	0.00301027
	dfe	MSe					
1	96	0.875					

[1] Simple Simple Main Effect of Factor B [AiCk]

	Ai	Ck	SSb.aick	dfb.aick	MSb.aick	Fb.aick	Pb.aick
1	1	1	3.6	1	3.6	4.114286	0.04529265
	Ai	Ck	SSb.aick	dfb.aick	MSb.aick	Fb.aick	Pb.aick
1	1	2	4.9	1	4.9	5.6	0.01996887
	Ai	Ck	SSb.aick	dfb.aick	MSb.aick	Fb.aick	Pb.aick
1	1	3	0.1	1	0.1	0.1142857	0.7360549
	Ai	Ck	SSb.aick	dfb.aick	MSb.aick	Fb.aick	Pb.aick
1	1	4	12.1	1	12.1	13.82857	0.00033701
	Ai	Ck	SSb.aick	dfb.aick	MSb.aick	Fb.aick	Pb.aick
1	2	1	2.5	1	2.5	2.857143	0.09421367
	Ai	Ck	SSb.aick	dfb.aick	MSb.aick	Fb.aick	Pb.aick
1	2	2	14.4	1	14.4	16.45714	0.00010134
	Ai	Ck	SSb.aick	dfb.aick	MSb.aick	Fb.aick	Pb.aick
1	2	3	0.4	1	0.4	0.4571429	0.500588
	Ai	Ck	SSb.aick	dfb.aick	MSb.aick	Fb.aick	Pb.aick
1	2	4	19.6	1	19.6	22.4	7.62e − 06
	Ai	Ck	SSb.aick	dfb.aick	MSb.aick	Fb.aick	Pb.aick
1	3	1	28.9	1	28.9	33.02857	1.1e − 07
	Ai	Ck	SSb.aick	dfb.aick	MSb.aick	Fb.aick	Pb.aick
1	3	2	0.4	1	0.4	0.4571429	0.500588
	Ai	Ck	SSb.aick	dfb.aick	MSb.aick	Fb.aick	Pb.aick
1	3	3	2.5	1	2.5	2.857143	0.09421367
	Ai	Ck	SSb.aick	dfb.aick	MSb.aick	Fb.aick	Pb.aick
1	3	4	0.4	1	0.4	0.4571429	0.500588
	dfe	MSe					
1	96	0.875					

これらのうち，$B[A_1C_2]$, $B[A_1C_3]$ は，単純交互作用が有意でないので，対象外である．残りの単純・単純主効果の検定結果より，5％の有意水準で有意である場合を列挙すると，$A[B_1C_2]$, $A[B_1C_3]$, $A[B_2C_1]$, $A[B_2C_3]$, $A[B_2C_4]$, $B[A_1C_1]$, $B[A_1C_4]$, $B[A_2C_2]$, $B[A_2C_4]$, $B[A_3C_1]$, $C[A_2B_2]$, $C[A_3B_1]$, $C[A_3B_2]$ となる．これらのうち，$B[A_1C_1]$, $B[A_1C_4]$, $B[A_2C_2]$, $B[A_2C_4]$, $B[A_3C_1]$ は，

要因 B の水準数が 2 であるため，多重比較する必要がない．そこで，残りの単純・単純主効果について多重比較を行うと次に示す表を得る．

[1] Simple Simple Main Effect of Factor A [BjCk]

	Bj	Ck	meanAu	meanAv	d	WSD	m	h	qvalue	MSw	nAu	nAv	nhm	dfw	sig005
1	1	1	7.0	7.2	0.2	1.291359	3	2	3.086939	0.875	5	5	5	96	0
2	1	1	7.0	8.2	1.2	1.408386	3	3	3.366686	0.875	5	5	5	96	0
3	1	1	7.2	8.2	1.0	1.291359	3	2	3.086939	0.875	5	5	5	96	0

	Bj	Ck	meanAu	meanAv	d	WSD	m	h	qvalue	MSw	nAu	nAv	nhm	dfw	sig005
1	1	2	6.4	7.2	0.8	1.291359	3	2	3.086939	0.875	5	5	5	96	0
2	1	2	6.4	8.0	1.6	1.408386	3	3	3.366686	0.875	5	5	5	96	1
3	1	2	7.2	8.0	0.8	1.291359	3	2	3.086939	0.875	5	5	5	96	0

	Bj	Ck	meanAu	meanAv	d	WSD	m	h	qvalue	MSw	nAu	nAv	nhm	dfw	sig005
1	1	3	5.8	7.0	1.2	1.291359	3	2	3.086939	0.875	5	5	5	96	0
2	1	3	5.8	8.2	2.4	1.408386	3	3	3.366686	0.875	5	5	5	96	1
3	1	3	7.0	8.2	1.2	1.291359	3	2	3.086939	0.875	5	5	5	96	0

	Bj	Ck	meanAu	meanAv	d	WSD	m	h	qvalue	MSw	nAu	nAv	nhm	dfw	sig005
1	1	4	7.2	7.2	0.0	1.291359	3	2	3.086939	0.875	5	5	5	96	0
2	1	4	7.2	7.8	0.6	1.408386	3	3	3.366686	0.875	5	5	5	96	0
3	1	4	7.2	7.8	0.6	1.291359	3	2	3.086939	0.875	5	5	5	96	0

	Bj	Ck	meanAu	meanAv	d	WSD	m	h	qvalue	MSw	nAu	nAv	nhm	dfw	sig005
1	2	1	3.8	5.8	2.0	1.291359	3	2	3.086939	0.875	5	5	5	96	1
2	2	1	3.8	7.2	3.4	1.408386	3	3	3.366686	0.875	5	5	5	96	1
3	2	1	5.8	7.2	1.4	1.291359	3	2	3.086939	0.875	5	5	5	96	1

	Bj	Ck	meanAu	meanAv	d	WSD	m	h	qvalue	MSw	nAu	nAv	nhm	dfw	sig005
1	2	2	5.6	5.8	0.2	1.291359	3	2	3.086939	0.875	5	5	5	96	0
2	2	2	5.6	6.0	0.4	1.408386	3	3	3.366686	0.875	5	5	5	96	0
3	2	2	5.8	6.0	0.2	1.291359	3	2	3.086939	0.875	5	5	5	96	0

	Bj	Ck	meanAu	meanAv	d	WSD	m	h	qvalue	MSw	nAu	nAv	nhm	dfw	sig005
1	2	3	5.6	6.6	1.0	1.291359	3	2	3.086939	0.875	5	5	5	96	0
2	2	3	5.6	7.2	1.6	1.408386	3	3	3.366686	0.875	5	5	5	96	1
3	2	3	6.6	7.2	0.6	1.291359	3	2	3.086939	0.875	5	5	5	96	0

	Bj	Ck	meanAu	meanAv	d	WSD	m	h	qvalue	MSw	nAu	nAv	nhm	dfw	sig005
1	2	4	5	5.0	0.0	1.291359	3	2	3.086939	0.875	5	5	5	96	0
2	2	4	5	6.8	1.8	1.408386	3	3	3.366686	0.875	5	5	5	96	1
3	2	4	5	6.8	1.8	1.291359	3	2	3.086939	0.875	5	5	5	96	1

[1] Test of Multiple Comparison of Factor C [AiBj]

	Ai	Bj	meanCu	meanCv	d	WSD	m	h	qvalue	MSw	nCu	nCv	nhm	dfw	sig005
1	1	1	5.8	7.0	1.2	1.360577	4	2	3.252402	0.875	5	5	5	96	0
2	1	1	5.8	7.2	1.4	1.477604	4	3	3.532149	0.875	5	5	5	96	0
3	1	1	5.8	7.2	1.4	1.546822	4	4	3.697612	0.875	5	5	5	96	0

4	1	1	7.0	7.2	0.2	1.360577	4	2	3.252402	0.875	5	5	5	96	0
5	1	1	7.0	7.2	0.2	1.477604	4	3	3.532149	0.875	5	5	5	96	0
6	1	1	7.2	7.2	0.0	1.360577	4	2	3.252402	0.875	5	5	5	96	0
	Ai	Bj	meanCu	meanCv	d	WSD	m	h	qvalue	MSw	nCu	nCv	nhm	dfw	sig005
1	1	2	5.0	5.6	0.6	1.360577	4	2	3.252402	0.875	5	5	5	96	0
2	1	2	5.0	5.8	0.8	1.477604	4	3	3.532149	0.875	5	5	5	96	0
3	1	2	5.0	5.8	0.8	1.546822	4	4	3.697612	0.875	5	5	5	96	0
4	1	2	5.6	5.8	0.2	1.360577	4	2	3.252402	0.875	5	5	5	96	0
5	1	2	5.6	5.8	0.2	1.477604	4	3	3.532149	0.875	5	5	5	96	0
6	1	2	5.8	5.8	0.0	1.360577	4	2	3.252402	0.875	5	5	5	96	0
	Ai	Bj	meanCu	meanCv	d	WSD	m	h	qvalue	MSw	nCu	nCv	nhm	dfw	sig005
1	2	1	7.0	7.8	0.8	1.360577	4	2	3.252402	0.875	5	5	5	96	0
2	2	1	7.0	8.0	1.0	1.477604	4	3	3.532149	0.875	5	5	5	96	0
3	2	1	7.0	8.2	1.2	1.546822	4	4	3.697612	0.875	5	5	5	96	0
4	2	1	7.8	8.0	0.2	1.360577	4	2	3.252402	0.875	5	5	5	96	0
5	2	1	7.8	8.2	0.4	1.477604	4	3	3.532149	0.875	5	5	5	96	0
6	2	1	8.0	8.2	0.2	1.360577	4	2	3.252402	0.875	5	5	5	96	0
	Ai	Bj	meanCu	meanCv	d	WSD	m	h	qvalue	MSw	nCu	nCv	nhm	dfw	sig005
1	2	2	5.0	5.6	0.6	1.360577	4	2	3.252402	0.875	5	5	5	96	0
2	2	2	5.0	6.6	1.6	1.477604	4	3	3.532149	0.875	5	5	5	96	1
3	2	2	5.0	7.2	2.2	1.546822	4	4	3.697612	0.875	5	5	5	96	1
4	2	2	5.6	6.6	1.0	1.360577	4	2	3.252402	0.875	5	5	5	96	0
5	2	2	5.6	7.2	1.6	1.477604	4	3	3.532149	0.875	5	5	5	96	1
6	2	2	6.6	7.2	0.6	1.360577	4	2	3.252402	0.875	5	5	5	96	0
	Ai	Bj	meanCu	meanCv	d	WSD	m	h	qvalue	MSw	nCu	nCv	nhm	dfw	sig005
1	3	1	6.4	7.2	0.8	1.360577	4	2	3.252402	0.875	5	5	5	96	0
2	3	1	6.4	7.2	0.8	1.477604	4	3	3.532149	0.875	5	5	5	96	0
3	3	1	6.4	8.2	1.8	1.546822	4	4	3.697612	0.875	5	5	5	96	1
4	3	1	7.2	7.2	0.0	1.360577	4	2	3.252402	0.875	5	5	5	96	0
5	3	1	7.2	8.2	1.0	1.477604	4	3	3.532149	0.875	5	5	5	96	0
6	3	1	7.2	8.2	1.0	1.360577	4	2	3.252402	0.875	5	5	5	96	0
	Ai	Bj	meanCu	meanCv	d	WSD	m	h	qvalue	MSw	nCu	nCv	nhm	dfw	sig005
1	3	2	3.8	6.0	2.2	1.360577	4	2	3.252402	0.875	5	5	5	96	1
2	3	2	3.8	6.8	3.0	1.477604	4	3	3.532149	0.875	5	5	5	96	1
3	3	2	3.8	7.2	3.4	1.546822	4	4	3.697612	0.875	5	5	5	96	1
4	3	2	6.0	6.8	0.8	1.360577	4	2	3.252402	0.875	5	5	5	96	0
5	3	2	6.0	7.2	1.2	1.477604	4	3	3.532149	0.875	5	5	5	96	0
6	3	2	6.8	7.2	0.4	1.360577	4	2	3.252402	0.875	5	5	5	96	0

　上の表において，$A[B_1C_1]$, $A[B_1C_4]$, $A[B_2C_2]$, $C[A_1B_1]$, $C[A_1B_2]$, $C[A_2B_1]$ は単純・単純主効果が有意でないので対象外である．残りの多重比較（WSD 検定）の結果より，$A[B_1C_2]$ の3つの平均値 6.4, 7.2, 8.0（meanxijk で $j = 1$, $k = 2$ の場合）のうち，6.4 と 8.0 の間に5％の有意水準で

有意差がある．同様にして，単純・単純主効果 $A[B_2C_1]$ の 3 つの平均値 5.8, 7.2, 3.8（meanxijk で $k = 1, j = 2$ の場合）の間にはいずれの対に関しても 5％の有意水準で有意差があることになる．他の平均値の対に関しても sig005 = 1 となっている平均値の対は，すべて 5％の有意水準で有意ということになる．ところで，単純・単純主効果 $A[B_2C_4]$ の 3 つの平均値 5.0, 5.0, 6.8（meanxijk で $k = 4, j = 2$ の場合）の場合，平均値が同じ場合が生じている．このとき，同じ平均の対の比較であってもステップ数が異なってしまう．本例の場合であれば，2 種類の 5.0 と 6.8 の比較が行われている．そして，その際のステップ数は一方は 2 で，他方は 3 である．ステップ数が異なると，WSD 値も異なるので検定結果が異なる場合も生じることになる．

22 R言語による多変量解析 I

1. 重回帰分析の関数

重回帰分析の関数としては，lsfit が R 言語のシステム関数として既に準備されているが，ここでは，新たに次のような関数 lsfit2 を準備する (http://web.sfc.keio.ac.jp/~watanabe/rfunction.htm を参照)。lsfit2 は，回帰係数の他に，lsfit では出力されない予測値，重相関係数，調整済み重相関係数，被説明変数と各説明変数間の偏相関係数，重相関係数の検定結果，回帰係数の検定結果，偏相関係数の検定結果も出力する。lsfit2 には，2 つの引数 x, y があり，x は説明変数で，行に個人，列に変数が定義されている行列である。y は，被説明変数で，ベクトルである。出力は，以下のことを意味する。

$x	説明変数 (入力データ)
$y	被説明変数 (入力データ)
$meanx	説明変数 x の平均
$meany	被説明変数 y の平均
$coef	定数項および偏回帰係数
$yh	y の予測値
$R	重相関係数
$pvaluer	重相関係数の検定における確率値
$Rh	調整済み重相関係数
$tvaluea	定数項および偏回帰係数の検定における t 値
$df	t 値の自由度
$pvaluea	定数項および偏回帰係数の検定における確率値
$pcor	被説明変数と各説明変数間の偏相関係数
$tvaluepcor	各偏相関係数の検定における t 値
$dfpcor	各偏相関係数の検定における t 値の自由度
$pvaluepcor	各偏相関係数の検定における t 値の確率値

以下に，lsfit の実行例と出力例を示す。ただし，lsfit2-data1.txt には，表 10-1 の身長，ウエスト，体重のデータが保存されているとする。

<実行例>
```
nc <- 3
data <- matrix(scan("lsfit2-data1.txt"), ncol = nc, byrow = T)
```

x <- data [, 1:2] ; y <- data [, 3] ; out <- lsfit2(x, y); print(out)

＜出力例＞

Read 60 items
$x
```
      [,1]  [,2]  [,3]  [,4]  [,5]  [,6]  [,7]  [,8]  [,9]  [,10] [,11] [,12] [,13] [,14]
[1,]  175   169   167   174   178   180   164   169   172   169   169   151   177   161
[2,]  76    58    82    60    65    54    99    74    76    95    69    64    60    72
      [,15] [,16] [,17] [,18] [,19] [,20]
[1,]  177   162   181   180   178   170
[2,]  74    84    75    80    84    72
```

$y
```
[1]  73 54 60 63 60 52 92 65 62 79 56 50 56 53 61 70 66 84 72 64
```

$yh
```
       [,1]   [,2]   [,3]   [,4]   [,5]  [,6]   [,7]   [,8]   [,9]   [,10]  [,11]
[1,]  68.201 50.848 69.63  54.663 60.5  52.363 82.245 63.95  66.895 81.147 59.856
       [,12]  [,13] [,14]  [,15]  [,16]  [,17]  [,18]  [,19]  [,20]
[1,]  47.922 55.97 58.828 67.434 69.091 69.995 73.654 76.059 62.748
```

$meanx
[1] 171.15 73.65

$meany
[1] 64.6

$coef
[1] -70.248   0.436   0.819

$R
```
      [,1]
[1,] 0.872
```

$Rh
```
      [,1]
[1,] 0.856
```

$pvaluer
```
     [,1]
[1,]  0
```

$tvaluea
[1] − 2.178   2.508   7.232

$pvaluea
[1]   0.022   0.011   0.000

$df
[1,]   17

$pcor
[1]   0.520   0.869

$tvaluepcor
[1]   2.356   6.793

$dfpcor
[1]   15

$pvaluepcor
[1]   0.016   0.000

2. 主成分分析の関数

　主成分分析の関数として，R言語では，prcompが準備されている。しかしながら，prcompは，主成分係数のみを出力するので，ここでは，prcomp2（http://web.sfc.keio.ac.jp/~watanabe/rfunction.htm を参照）を説明する。prcomp2は，主成分係数だけでなく，主成分得点，因子負荷量も出力する。prcomp2の引数xは，ローデータで，行は個人，列は変数を表す。出力は以下のとおりである。また，固有値の変化および，第1軸，2軸の主成分得点をもとにしたグラフィックス出力も得られる。さらに，主成分係数，因子負荷量，主成分得点，標準化された主成分得点は，prcomp2-table.xls という名前のエクセルファイルにも出力される。

$data	データ行列（行が個人，列が変数）
$cov	変数間分散共分散行列
$cor	変数間相関行列
$coef	主成分係数
$loading	因子負荷量
$evalue	分散共分散行列の固有値
$cum.cont	寄与率
$prcompscore1	主成分得点
$prcompscore2	標準化された主成分得点

以下に，prcomp2 の実行例と出力例を示す．ただし，prcomp2-data1.txt には，表 11 − 1 の 8 科目の得点のデータが保存されているとする．

＜実行例＞
nc <- 8
data <- matrix(scan("prcomp2-data1.txt"), ncol = nc, byrow = T)
out <- prcomp2(data);print(out)

＜出力例＞

Read 80 items
$data

	[,1]	[,2]	[,3]	[,4]	[,5]	[,6]	[,7]	[,8]
[1,]	9	9	9	9	2	3	2	4
[2,]	6	7	7	6	7	4	4	2
[3,]	7	7	5	6	1	5	2	3
[4,]	1	4	7	4	8	7	9	9
[5,]	2	4	3	7	8	9	8	9
[6,]	2	3	4	2	8	8	7	9
[7,]	5	2	9	9	2	8	9	9
[8,]	4	5	7	6	4	4	6	5
[9,]	9	8	3	3	7	6	2	1
[10,]	8	8	1	4	9	9	7	2

$cov

	[,1]	[,2]	[,3]	[,4]	[,5]	[,6]	[,7]	[,8]
[1,]	8.01	5.39	−0.45	1.22	−2.88	−2.49	−5.88	−7.69
[2,]	5.39	5.21	−1.15	−0.02	−0.52	−2.51	−5.02	−6.51
[3,]	−0.45	−1.15	6.65	3.80	−4.80	−3.15	−0.10	2.05
[4,]	1.22	−0.02	3.80	5.04	−4.46	−1.48	−0.26	0.82
[5,]	−2.88	−0.52	−4.80	−4.46	8.24	3.32	3.14	0.72
[6,]	−2.49	−2.51	−3.15	−1.48	3.32	4.41	4.12	3.31
[7,]	−5.88	−5.02	−0.10	−0.26	3.14	4.12	7.44	6.82
[8,]	−7.69	−6.51	2.05	0.82	0.72	3.31	6.82	10.21

$cor

	[,1]	[,2]	[,3]	[,4]	[,5]	[,6]	[,7]	[,8]
[1,]	1.000	0.834	−0.062	0.192	−0.354	−0.419	−0.762	−0.850
[2,]	0.834	1.000	−0.195	−0.004	−0.079	−0.524	−0.806	−0.893
[3,]	−0.062	−0.195	1.000	0.656	−0.648	−0.582	−0.014	0.249
[4,]	0.192	−0.004	0.656	1.000	−0.692	−0.314	−0.042	0.114
[5,]	−0.354	−0.079	−0.648	−0.692	1.000	0.551	0.401	0.078

	[,1]	[,2]	[,3]	[,4]	[,5]	[,6]	[,7]	[,8]
[6,]	−0.419	−0.524	−0.582	−0.314	0.551	1.000	0.719	0.493
[7,]	−0.762	−0.806	−0.014	−0.042	0.401	0.719	1.000	0.783
[8,]	−0.850	−0.893	0.249	0.114	0.078	0.493	0.783	1.000

$coef

	[,1]	[,2]	[,3]	[,4]	[,5]	[,6]	[,7]	[,8]
[1,]	0.479	0.054	0.461	0.102	0.323	0.513	0.104	0.407
[2,]	0.378	0.159	−0.018	0.266	−0.382	0.173	−0.726	−0.242
[3,]	0.022	−0.571	−0.339	0.402	0.356	0.337	0.064	−0.391
[4,]	0.071	−0.437	0.454	0.413	−0.526	−0.256	0.290	0.021
[5,]	−0.223	0.573	−0.247	0.585	−0.177	0.238	0.356	0.069
[6,]	−0.269	0.230	0.570	−0.118	0.088	0.212	0.087	−0.690
[7,]	−0.463	−0.005	0.282	0.432	0.415	−0.273	−0.458	0.249
[8,]	−0.534	−0.272	0.019	−0.209	−0.367	0.593	−0.175	0.283

$loading

	[,1]	[,2]	[,3]	[,4]	[,5]	[,6]	[,7]	[,8]
[1,]	0.881	0.198	0.352	0.011	0.211	−0.108	−0.040	−0.053
[2,]	0.867	0.393	0.045	−0.213	−0.110	−0.092	0.160	0.023
[3,]	0.174	−0.909	−0.244	−0.172	0.203	−0.104	−0.016	0.045
[4,]	0.267	−0.793	0.450	−0.238	−0.184	0.054	−0.062	−0.001
[5,]	−0.505	0.738	−0.164	−0.396	−0.025	−0.063	−0.107	−0.009
[6,]	−0.775	0.368	0.491	0.091	0.057	−0.082	−0.011	0.064
[7,]	−0.920	−0.139	0.163	−0.226	0.173	0.105	0.123	−0.030
[8,]	−0.849	−0.454	−0.024	0.080	−0.135	−0.212	0.040	−0.043

$evalue

| [1] | 29.420 | 16.982 | 3.882 | 2.445 | 1.233 | 0.801 | 0.372 | 0.075 |

$cum.cont

| [1] | 0.533 | 0.840 | 0.911 | 0.955 | 0.977 | 0.992 | 0.999 | 1.000 |

$prcompscore1

	[,1]	[,2]	[,3]	[,4]	[,5]	[,6]	[,7]	[,8]
[1,]	4.233	−6.421	6.884	11.491	−2.785	9.839	−3.051	−2.135
[2,]	0.537	−0.821	4.714	12.699	−1.355	7.716	−1.611	−2.565
[3,]	2.437	−3.092	7.359	7.295	−1.794	7.482	−2.941	−2.698
[4,]	−10.219	−1.358	4.561	11.492	−1.178	8.804	−3.427	−2.687
[5,]	−9.688	0.133	8.598	10.557	−4.098	7.901	−2.079	−2.280
[6,]	−9.668	1.365	5.154	8.314	−1.232	9.405	−2.367	−2.096
[7,]	−7.588	−7.996	10.084	10.610	0.106	8.691	−2.027	−2.357
[8,]	−3.035	−3.790	5.189	10.445	−0.978	6.864	−2.873	−1.756

[9,]	2.974	3.837	6.631	9.533	−0.901	9.228	−1.887	−2.248
[10,]	−1.582	6.025	9.948	11.807	−0.842	8.125	−3.321	−2.251

$prcompscore2

	[,1]	[,2]	[,3]	[,4]	[,5]	[,6]	[,7]	[,8]
[1,]	1.363	−1.264	−0.014	0.682	−1.152	1.602	−0.808	0.628
[2,]	0.682	0.095	−1.116	1.455	0.136	−0.771	1.553	−0.941
[3,]	1.032	−0.456	0.227	−2.001	−0.260	−1.032	−0.627	−1.426
[4,]	−1.302	−0.035	−1.193	0.683	0.295	0.445	−1.424	−1.383
[5,]	−1.204	0.326	0.856	0.085	−2.335	−0.564	0.786	0.100
[6,]	−1.200	0.625	−0.892	−1.349	0.247	1.117	0.314	0.770
[7,]	−0.816	−1.646	1.610	0.119	1.452	0.319	0.871	−0.183
[8,]	0.023	−0.626	−0.874	0.013	0.475	−1.723	−0.516	2.012
[9,]	1.131	1.225	−0.143	−0.570	0.545	0.919	1.101	0.217
[10,]	0.291	1.756	1.541	0.884	0.598	−0.313	−1.249	0.206

図22−1　prcomp2のグラフィックス出力

3. 主因子法の関数

因子分析の関数として，R言語では，factanal が準備されているが，ここでは，主因子法に基づく因子分析を行う pfa (http://web.sfc.keio.ac.jp/~watanabe/rfunction.htm を参照) を説明する。pfa の引数は，対角要素を 1 とする変数間の相関行列である。そして，相関行列の各行の最大値の絶対値を共通性として，分析を始める。出力は以下のとおりである。また，グラフィックス出力もなされ，さらに，因子負荷量は pfa-table.xls というエクセルファイルにも出力される。

$r.org	相関行列の初期値，対角線要素は，各行の絶対値の最大値
$r.final	最終的相関行列
$iter	繰り返し数
$evalue	固有値
$cont	寄与率
$cum	累積寄与率
$loading	因子負荷量
$communality	共通性

以下に，prcomp2 の実行例と出力例を示す。ただし，prcomp2-data1.txt には，表 11 − 1 の 8 科目の得点のデータが保存されているとする。

＜実行例＞
nc <− 8
data <− matrix(scan("prcomp2-data1.txt"), ncol = nc, byrow = T)
r <− cor(data); out <− pfa(r); print(out)

＜出力例＞

Read 80 items
$r.org

	[, 1]	[, 2]	[, 3]	[, 4]	[, 5]	[, 6]	[, 7]	[, 8]
[1,]	0.850	0.834	− 0.062	0.192	− 0.354	− 0.419	− 0.762	− 0.850
[2,]	0.834	0.893	− 0.195	− 0.004	− 0.079	− 0.524	− 0.806	− 0.893
[3,]	− 0.062	− 0.195	0.656	0.656	− 0.648	− 0.582	− 0.014	0.249
[4,]	0.192	− 0.004	0.656	0.692	− 0.692	− 0.314	− 0.042	0.114
[5,]	− 0.354	− 0.079	− 0.648	− 0.692	0.692	0.551	0.401	0.078
[6,]	− 0.419	− 0.524	− 0.582	− 0.314	0.551	0.719	0.719	0.493
[7,]	− 0.762	− 0.806	− 0.014	− 0.042	0.401	0.719	0.806	0.783
[8,]	− 0.850	− 0.893	0.249	0.114	0.078	0.493	0.783	0.893

$r.final

	[,1]	[,2]	[,3]	[,4]	[,5]	[,6]	[,7]	[,8]
[1,]	0.948	0.834	−0.062	0.192	−0.354	−0.419	−0.762	−0.850
[2,]	0.834	0.988	−0.195	−0.004	−0.079	−0.524	−0.806	−0.893
[3,]	−0.062	−0.195	0.887	0.656	−0.648	−0.582	−0.014	0.249
[4,]	0.192	−0.004	0.656	0.792	−0.692	−0.314	−0.042	0.114
[5,]	−0.354	−0.079	−0.648	−0.692	0.849	0.551	0.401	0.078
[6,]	−0.419	−0.524	−0.582	−0.314	0.551	0.972	0.719	0.493
[7,]	−0.762	−0.806	−0.014	−0.042	0.401	0.719	0.961	0.783
[8,]	−0.850	−0.893	0.249	0.114	0.078	0.493	0.783	0.957

$iter
[1] 6

$dif
[1] 0.008255711

$evalue
[1]   4.007   2.429   0.590   0.251   0.110   0.031

$cont
[1]   0.501   0.304   0.074   0.031   0.014   0.004

$cum

	[,1]	[,2]	[,3]	[,4]	[,5]	[,6]
[1,]	0.501	0.805	0.878	0.91	0.923	0.927

$loading

	[,1]	[,2]	[,3]	[,4]	[,5]	[,6]
[1,]	0.877	0.183	0.361	0.002	0.118	0.093
[2,]	0.875	0.383	0.034	0.222	−0.179	0.020
[3,]	0.159	−0.897	−0.174	0.150	0.088	0.080
[4,]	0.244	−0.748	0.374	0.155	−0.101	−0.062
[5,]	−0.478	0.722	−0.185	0.266	−0.013	0.036
[6,]	−0.770	0.396	0.479	−0.071	−0.014	0.032
[7,]	−0.918	−0.117	0.156	0.271	0.114	−0.027
[8,]	−0.851	−0.438	−0.016	−0.075	−0.180	0.093

$communality
[1]   0.955   0.995   0.897   0.797   0.857   0.986   0.968   0.963

図22-2　pfaのグラフィックス出力

4. 因子得点を計算する関数

　R言語では，因子得点を計算する関数が準備されていない。そこで，ここでは，因子得点を計算する関数fscore（http://web.sfc.keio.ac.jp/~watanabe/rfunction.htm を参照）について説明する。fscoreの引数は，xとaで，xは，行を個人，列を変数とするローデータで，因子分析の相関行列を計算するときに使用されたローデータを使用する。aは，因子分析によって得られた因子負荷量行列，行は変数，列は因子軸を意味する。出力は以下のとおりである。また，因子得点は，fscore-table.xlsという名前のエクセルファイルにも出力される。

$rawdata　　ローデータx（入力データ）
$loading　　因子分析によって得られた因子負荷量（入力データ）
$fscore　　　因子得点

　以下に，fscoreの実行例と出力例を示す。ただし，prcomp2-data1.txtには，表11－1の8科目の得点のデータが保存されているとする。

<実行例>

nc <- 8
data <- matrix(scan("prcomp2-data1.txt"), ncol = nc, byrow = T)
x <- data; r <- cor(x); a <- pfa(r)$loading [, 1:2] ; out <- fscore(x, a); print(out)

<出力例>

Read 80 items
$rawdata
	[, 1]	[, 2]	[, 3]	[, 4]	[, 5]	[, 6]	[, 7]	[, 8]
[1,]	9	9	9	9	2	3	2	4
[2,]	6	7	7	6	7	4	4	2
[3,]	7	7	5	6	1	5	2	3
[4,]	1	4	7	4	8	7	9	9
[5,]	2	4	3	7	8	9	8	9
[6,]	2	3	4	2	8	8	7	9
[7,]	5	2	9	9	2	8	9	9
[8,]	4	5	7	6	4	4	6	5
[9,]	9	8	3	3	7	6	2	1
[10,]	8	8	1	4	9	9	7	2

$loading
	[, 1]	[, 2]
[1,]	0.877	0.183
[2,]	0.875	0.383
[3,]	0.159	-0.897
[4,]	0.244	-0.748
[5,]	-0.478	0.722
[6,]	-0.770	0.396
[7,]	-0.918	-0.117
[8,]	-0.851	-0.438

$fscore
	[, 1]	[, 2]
[1,]	1.588	-1.134
[2,]	0.718	0.019
[3,]	1.024	-0.232
[4,]	-1.210	-0.193
[5,]	-1.212	0.168
[6,]	-1.253	0.582
[7,]	-0.768	-1.741
[8,]	0.130	-0.687

[9,]	0.954	1.400
[10,]	0.029	1.819

図22－3　fscoreのグラフィックス出力

5. 因子軸回転の関数

　バリマックス回転の関数（varimax）がR言語のシステム関数として準備されているが，バリマックス回転後の因子負荷量がすべて出力されないので，ここでは，varimax2（http://web.sfc.keio.ac.jp/~watanabe/rfunction.htm を参照）について説明する。varimax2の引数はamで，因子分析によって得られた因子負荷量である。出力は，以下のとおりである。また，バリマックス回転後の因子負荷量は，varimax2-table.xlsという名前のエクセルファイルにも出力される。

　　$data　　　　主因子法等の因子分析による因子負荷量
　　$commu　　　共通性
　　$loading　　 バリマックス回転後の因子負荷量
　　$evalue　　　バリマックス回転後の固有値
　　$iter　　　　繰り返し数

　以下に，varimax2の実行例と出力例を示す。ただし，prcomp2-data1.txtには，表11－1の8科目の得点のデータが保存されているとする。

<実行例>
library(mva)
nc <- 8
data <- matrix(scan("prcomp2 - data1.txt"), ncol = nc, byrow = T)
x <- data

```
r <- cor(x)
am <- pfa(r)$loading[, 1:2]
out <- varimax2(am)
print(out)
```

<出力例>

Read 80 items
$loadings
          [, 1]   [, 2]
[1,]   0.877   0.183
[2,]   0.875   0.383
[3,]   0.159   -0.897
[4,]   0.244   -0.748
[5,]   -0.478   0.722
[6,]   -0.770   0.396
[7,]   -0.918   -0.117
[8,]   -0.851   -0.438

$commu
[1]   0.803   0.912   0.830   0.619   0.750   0.750   0.856   0.916

$loading
          [, 1]   [, 2]
[1,]   0.887   -0.124
[2,]   0.953   0.065
[3,]   -0.154   -0.898
[4,]   -0.023   -0.786
[5,]   -0.206   0.841
[6,]   -0.591   0.633
[7,]   -0.903   0.200
[8,]   -0.949   -0.124

$evalue
[1]   3.83   2.61

$iter
[1]   2

図22-4　varimax2のグラフィックス出力

23 R言語による多変量解析 II

1. MDSのための関数

　MDSのためのシステム関数として，R言語では，cmdscaleとisoMDSが準備されているが，ここでは，cmdscale2とisoMDS2（http://web.sfc.keio.ac.jp/~watanabe/rfunction.htmを参照）について説明する。cmdscale2はcmdscaleをもとにして作成されていて，計量MDSのための関数である。cmdscaleとの主な違いは，得られた座標値がグラフィックス出力されることと，cmdscale2.xlsという名前のエクセルファイルに出力されることである。そして，isoMDS2はisoMDSをもとにして作成されていて，非計量MDSのための関数である。isoMDSとの主な違いは，得られた座標値がグラフィックス出力されることと，isomds.xlsという名前のエクセルファイルに出力されること，そして，距離データとisoMDSによって得られた座標値から算出された距離との単調関係をプロットする。cmdscale2の引数は，d, kで，dは距離行列データ，kは次元数である。isoMDS2の引数は，d, y, kで，dは距離行列，yは初期座標値，kは次元数である。yは省略可能で，省略のときは，cmdscaleによって得られた座標値が使用される。以下に示す出力が得られる。

＜cmdscale2の場合＞
　　$evalue　　　　　固有値
　　$points　　　　　変数の座標値

＜isoMDS2の場合＞
　　$points　　　　　変数の座標値
　　$stress　　　　　ストレス値

　以下に，cmdscale2とisoMDS2の実行例と出力例を示す。ただし，cmdscale-data1.txtには，表14-2の10個の対象の対象間距離データが保存されているとする。

＜cmdscale2の実行例＞
```
nc <- 10
d <- matrix(scan("cmdscale-data1.txt"), ncol = nc, byrow = T)
out <- cmdscale2(d, k)
print(out)
```

＜isoMDS2 の実行例＞
```
nc <- 10
d <- matrix(scan("cmdscale-data1.txt"), ncol = nc, byrow = T)
k <- 2
out <- isoMDS2(d, k)
print(out)
```

＜出力例＞

Read 100 items

$evalue
[1]   53.620   20.265

$points
         [, 1]   [, 2]
[1,]   2.204   1.866
[2,]   1.173   2.346
[3,]   1.584   1.005
[4,]   2.801   -1.591
[5,]   1.351   -1.101
[6,]   1.821   -2.226
[7,]   -1.871   0.403
[8,]   -2.350   -0.625
[9,]   -2.959   0.673
[10,] -3.756   -0.749

図23－1　cmdscale2のグラフィックス出力

＜ isoMDS2 の出力例＞

Read 100 items
initial value 0.009037
final value 0.001095
converged

$points
	[, 1]	[, 2]
[1,]	2.202	1.866
[2,]	1.177	2.343
[3,]	1.588	1.006
[4,]	2.800	− 1.587
[5,]	1.351	− 1.101
[6,]	1.821	− 2.226
[7,]	− 1.871	0.406
[8,]	− 2.353	− 0.629
[9,]	− 2.959	0.673
[10,]	− 3.756	− 0.749

$stress
[1]   0.001

図23−2　isoMDS2のグラフィックス出力

2. クラスター分析のための関数

　R言語では，階層的クラスター分析用のシステム関数として，hclust，plclust，非階層的クラスター分析用のシステム関数として，kmeansが準備されている．hclustは，d，methodを引数とし，dは距離行列，methodは，クラスター間の距離を求める方法で，"ward"，"single"，"complete"，"average"，"median" あるいは "centroid" がある．plclustは，hclustの出力をもとにデンドログラムを作成する．kmeansの引数は，xとcenterで，xは，変数の座標値行列で，

行が変数，列が次元を示す．center は，シード点の初期座標値行列で，行が変数，列が次元を示す．以下に示す関数 hclust2（http://web.sfc.keio.ac.jp/~watanabe/rfunction.htm を参照）は，hclust および plclust を組み合わせて作成した階層的クラスター分析用の関数である．引数 d は，変数間の距離行列で，method は average である．デンドログラムが出力される．他の method 使用の際は，average の部分を他の method に変えればよい．同様に，kmeans2 は，kmeans をもとに作成した非階層的クラスター分析用の関数である．引数は，x と center である．以下に，hclust2 と kmeans2 の実行例と出力例を示す．ただし，cmdscale-data1.txt には，表 14 − 2 の 10 個の対象の対象間距離データ，kmeans-data1.txt には，表 14 − 1 の 10 個の対象の座標値が保存されているとする．

＜実行例＞
　nc <− 10
　d <− matrix(scan("cmdscale-data1.txt"), ncol = nc, byrow = T)
　out <− hclust2(d);print(out)

＜出力例＞

図23-3　hclust2のグラフィックス出力

＜実行例＞
　nc <− 2
　x <− matrix(scan("kmeans-data1.txt"), ncol = nc, byrow = T)
　center <− x［c(1, 4, 7),］
　out <− kmeans2(x, center)
　print(out)

＜出力例＞

　Read 20 items
　$center
　　　　　［, 1］　　　　　［, 2］
　1　　2.400000　　　7.133333
　2　　5.766667　　　6.700000

```
    3        3.175000           2.450000

$result
       [,1]  [,2]  [,3]  [,4]  [,5]  [,6]  [,7]  [,8]  [,9]  [,10]
[1,]    1     2     3     4     5     6     7     8     9    10
[2,]    1     1     1     2     2     2     3     3     3     3
```

図23-4　kmeans2のグラフィックス出力

3. 判別分析のための関数

　判別分析の関数として，lda, qdaがR言語のシステム関数として準備されているが，ここでは，以下に述べるlqda（http://web.sfc.keio.ac.jp/~watanabe/rfunction.htm を参照）について説明する。lqdaは，線形判別分析および非線形判別分析用の関数で，まず，2つのグループの分散共分散行列の等質性の検定を行い，その結果に基づいて，線形あるいは，非線形判別分析を行う。引数は，y_1, y_2である。y_1は，グループ1に属する変数で，行が個人，列が変数の行列である。y_2は，グループ2に属する変数で，行が個人，列が変数である。以下の内容が出力される。さらに，判別得点，標準化された判別得点は，lqda-table.xlsという名前のエクセルファイルにも出力される。

＜線形判別分析の場合＞
　　$group1　　　　グループ1のデータ
　　$group2　　　　グループ2のデータ
　　$cov　　　　　 分散共分散行列
　　$coef　　　　　判別係数
　　$score1　　　　判別得点
　　$score2　　　　標準化された判別得点

<非線形判別分析の場合>
　$group1　　　　　　グループ1のデータ
　$group2　　　　　　グループ2のデータ
　$cov1　　　　　　　グループ1の分散共分散行列
　$cov2　　　　　　　グループ2の分散共分散行列
　$dist1　　　　　　　グループ1の中心までのマハラノビスの距離
　$dist2　　　　　　　グループ2の中心までのマハラノビスの距離
　$result1　　　　　　dist2 − dist1
　$result2　　　　　　1ならばグループ1，2ならばグループ2に所属

以下に，lqdaの実行例と出力例を示す．ただし，lda2-data1.txtには，表16−1の2変数x_1，x_2のデータが，lda2-data2.txtには，非線形判別分析の出力例の中に示されるデータ（表16−1とは若干異なるデータ）が保存されているとする．

<実行例>
```
nc <- 2
data <- matrix(scan("lda2-data1.txt"), ncol = nc, byrow = T)
n <- nrow(data); n1 <- 10; n2 <- n1+1; y1 <- data [c(1:n1), ] ; y2 <- data [c(n2:n), ]
out <- lqda(y1, y2)
print(out)
```

<出力例>（線形判別分析の場合）

Read 36 items
```
        result
[1,]    same cov

        chisqvalue      df      pvalue
[1,]    0.2057826       3       0.9766504
```

$group1

	[,1]	[,2]
[1,]	3.2	8.0
[2,]	3.5	7.1
[3,]	3.0	7.1
[4,]	3.6	5.7
[5,]	4.9	7.0
[6,]	2.9	6.6
[7,]	1.8	5.5
[8,]	2.5	4.8
[9,]	1.7	4.6
[10,]	3.6	4.1

$group2

	[, 1]	[, 2]
[1,]	6.5	4.3
[2,]	7.5	2.6
[3,]	7.6	3.8
[4,]	8.5	4.7
[5,]	8.1	2.3
[6,]	6.9	2.5
[7,]	5.9	2.4
[8,]	6.8	1.3

$cov

	[, 1]	[, 2]
[1,]	0.821	0.434
[2,]	0.434	1.530

$coef

| [1] | 18.775 | −7.196 | 4.042 |

$score1

	[, 1]
[1,]	28.084
[2,]	22.288
[3,]	25.885
[4,]	15.909
[5,]	11.810
[6,]	24.584
[7,]	28.053
[8,]	20.187
[9,]	25.135
[10,]	9.443

$score2

	[, 1]
[1,]	−10.616
[2,]	−24.683
[3,]	−20.552
[4,]	−23.390
[5,]	−30.213
[6,]	−20.770
[7,]	−13.978
[8,]	−24.900

図23-5 lqdaのグラフィックス出力（線形判別分析の場合）

　出力において，resultは，分散共分散行列が等質かどうかの結果と，そのときのχ^2値を示す。resultがsame covであれば，2つのグループの分散共分散行列は等質であることを示し，different covであれば，等質ではないことを示す。分散共分散行列が等質であれば，その後，自動的に線形判別分析の結果が出力され，等質でなければ，非線形判別分析の結果が出力される。

＜出力例＞（非線形判別分析の場合）

```
Read 36 items
        result
[1,]    different cov
        chisqvalue    df      pvalue
[1,]    27.89073      3       3.828990e-06


$group1
          [,1]      [,2]
[1,]      3.2       8.0
[2,]      3.5       7.1
[3,]      3.0       7.1
[4,]      3.6       5.7
[5,]      4.9       7.0
[6,]      2.9       6.6
[7,]      1.8       5.5
[8,]      2.5       4.8
[9,]      1.7       4.6
[10,]     3.6       4.1
```

$group2
```
        [, 1]    [, 2]
[1, ]    6.5     4.3
[2, ]    7.5     2.6
[3, ]    7.6    28.8
[4, ]    8.5     4.7
[5, ]    8.1     2.3
[6, ]    6.9     9.5
[7, ]    5.9    17.4
[8, ]    6.8    18.3
```

$cov1
```
        [, 1]    [, 2]
[1, ]   0.885   0.495
[2, ]   0.495   1.678
```

$cov2
```
        [, 1]    [, 2]
[1, ]   0.739  -2.502
[2, ]  -2.502  92.024
```

$dist1
```
 [1]   2.534    0.677    0.852    0.616    3.790    0.330    1.842    0.986    2.455
[10]   3.919   22.909   47.272  314.812   47.077   59.357   17.802   77.119   89.430
```

$dist2
```
 [1]  25.217   22.026   28.106   21.465    8.995   29.636   46.618   36.088   48.825   22.168
[11]   1.711    0.768    4.548    2.245    1.428    0.223    2.419    0.657
```

$result1
```
 [1]  22.683   21.350   27.253   20.849    5.205   29.306   44.776   35.102
 [9]  46.370   18.248  -21.198  -46.504 -310.264  -44.832  -57.929  -17.579
[17] -74.700  -88.773
```

$result2
```
 [1]  1  1  1  1  1  1  1  1  1  2  2  2  2  2  2  2  2  2
```

4. 数量化理論のための関数

　数量化理論のためのシステム関数は，R言語では準備されていないので，ここでは，hqt1, hqt2, hqt3, hqt4（http://web.sfc.keio.ac.jp/~watanabe/rfunction.htm を参照）について説明す

る。hqt1 は，数量化Ⅰ類のための関数で，引数は x, y である。x は，説明変数で，行が個人，列が変数の行列である。データはすべて 0 または，1 である。そして，各変数のカテゴリー（例えば，最後のカテゴリー）のデータを省いた行列である。y は，被説明変数で，ベクトルである。以下の内容が出力される。

　　$a　　　　　　　偏回帰係数

以下に，hqt1 の実行例と出力例を示す。ただし，hqt1-data1.txt には，表 17－1 の性別，肉・野菜の好き嫌いと体重のデータが保存されているとする。

＜実行例＞
```
nc <- 7
data <- matrix(scan("hqt1-data1.txt"), ncol = nc, byrow = T)
y <- data[, 1]; x <- data[, c(2, 3, 4, 6)]; out <- hqt1(x, y); print(out)
```

＜出力例＞

Read 56 items
$a
```
        [, 1]
[1, ]  71.75
[2, ]  52.50
[3, ]  10.75
[4, ]   0.75
```

hqt2 は，数量化Ⅱ類のための関数で，引き数は，n, d で，各グループの人数で，ベクトルである。d は，行に個人，列に変数が定義されている行列である。以下の内容が出力される。各変数のカテゴリーを 1 つ除去したものである。

　　$d　　　　　　　判別変数のデータ(入力データ)
　　$evalue　　　　　固有値
　　$coef　　　　　　判別係数
　　$score　　　　　　判別得点

以下に，hqt2 の実行例と出力例を示す。ただし，hqt2-data1.txt には，表 17－2 の自家用車の購入とメーカーの好みおよび値段との関係のデータが保存されているとする。

＜実行例＞
```
nc <- 4
data <- matrix(scan("hqt2-data1.txt"), ncol = nc, byrow = T)
x <- data[, c(2, 4)]; n <- c(6, 5); out <- hqt2(n, x); print(out)
```

＜出力例＞

```
Read 44 items

$d
        [,1]    [,2]
 [1,]    0       0
 [2,]    0       1
 [3,]    0       0
 [4,]    0       0
 [5,]    0       0
 [6,]    1       0
 [7,]    1       0
 [8,]    0       1
 [9,]    1       1
[10,]    0       1
[11,]    1       0

$evalue
[1]    0.49

$coef
[1]    0.707    0.847

$score
         [,1]
 [1,]    0.000
 [2,]    0.847
 [3,]    0.000
 [4,]    0.000
 [5,]    0.000
 [6,]    0.707
 [7,]    0.707
 [8,]    0.847
 [9,]    1.554
[10,]    0.847
[11,]    0.707
```

hqt3は，数量化Ⅲ類のための関数で，引数はxで，行を個人，列を変数とする行列である。以下の内容が出力される。また，hqt3-table.xlsという名前のエクセルファイルにもサンプル数量とカテゴリー数量が出力される。

$data　　　　　　　ローデータ（入力データ）
$evalue　　　　　　固有値
$row　　　　　　　カテゴリー数量
$col　　　　　　　サンプル数量

以下に，hqt3 の実行例と出力例を示す。ただし，hqt3-data1.txt には，表 18－1 の結婚の条件のデータが保存されているとする。

＜実行例＞
nc <－ 9
data <－ matrix(scan("hqt3-data1.txt"), ncol = nc, byrow = T)
out <－ hqt3(data); print(out)

＜出力例＞

Read 144 items
$data

	[,1]	[,2]	[,3]	[,4]	[,5]	[,6]	[,7]	[,8]	[,9]
[1,]	1	1	0	0	0	0	1	1	0
[2,]	0	0	0	0	0	0	1	0	1
[3,]	1	1	1	0	0	0	1	1	1
[4,]	1	1	1	0	0	0	1	1	1
[5,]	1	1	1	0	1	1	1	1	1
[6,]	0	1	1	0	0	0	1	1	0
[7,]	1	0	1	0	0	0	1	1	1
[8,]	0	0	1	0	0	0	1	1	0
[9,]	1	0	1	0	1	0	1	1	1
[10,]	0	1	1	0	0	0	1	0	1
[11,]	0	0	1	0	1	0	1	1	1
[12,]	1	1	1	0	1	0	1	1	0
[13,]	1	1	1	0	1	0	1	1	1
[14,]	1	1	1	1	1	1	1	1	1
[15,]	1	1	1	0	0	1	1	1	1
[16,]	0	0	1	0	1	0	1	0	1

$evalue
[1]　1.000　　0.158　　0.130　　0.081　　0.057　　0.046　　0.043　　0.018　　0.005

$row

	[,1]	[,2]	[,3]	[,4]	[,5]	[,6]	[,7]	[,8]	[,9]
[1,]	1	−0.195	2.108	0.529	0.382	1.341	−0.667	−2.482	0.378
[2,]	1	−1.273	−1.709	−3.771	0.074	1.564	−0.012	−3.701	0.203
[3,]	1	−0.481	0.791	−0.469	0.126	0.674	−0.244	1.030	−0.609
[4,]	1	−0.481	0.791	−0.469	0.126	0.674	−0.244	1.030	−0.609
[5,]	1	0.808	−0.081	0.029	1.361	−1.385	0.230	−0.476	−0.126
[6,]	1	−0.680	1.329	0.276	−2.082	−1.498	−0.333	−0.477	−0.872
[7,]	1	−0.698	0.116	−0.386	0.335	1.462	1.721	1.292	0.745
[8,]	1	−1.108	0.382	0.663	−2.469	−0.908	2.912	−0.544	1.297
[9,]	1	−0.448	−0.866	0.927	0.782	0.867	0.554	0.312	0.217
[10,]	1	−0.771	0.042	−1.907	−1.029	−1.044	−2.031	1.227	0.657
[11,]	1	−0.697	−1.546	0.751	−0.364	−0.423	0.538	−0.539	−2.661
[12,]	1	−0.187	0.346	1.735	0.199	−0.130	−0.996	−0.321	1.448
[13,]	1	−0.298	−0.147	0.669	0.539	0.277	−0.963	0.228	−0.869
[14,]	1	2.429	−0.505	−0.068	−1.270	0.870	−0.131	0.080	0.006
[15,]	1	0.809	0.732	−1.038	1.124	−1.282	1.017	0.111	0.202
[16,]	1	−0.722	−2.444	0.188	−0.046	−0.754	−0.833	0.150	1.895

$col

	[,1]	[,2]	[,3]	[,4]	[,5]	[,6]	[,7]	[,8]	[,9]
[1,]	1	0.317	0.912	0.514	1.553	1.570	0.132	0.606	1.069
[2,]	1	0.240	1.501	−0.251	−0.219	−0.701	−2.096	−0.037	−0.540
[3,]	1	−0.454	−0.210	0.227	−0.798	−0.866	0.410	1.671	0.703
[4,]	1	6.116	−1.401	−0.239	−5.325	4.056	−0.627	0.601	0.078
[5,]	1	0.318	−2.080	2.128	0.719	−0.452	−1.099	−0.608	−0.178
[6,]	1	3.396	0.135	−1.264	1.697	−2.792	1.787	−0.718	0.371
[7,]	1	−0.628	−0.115	−0.515	−0.579	0.089	0.155	−1.450	1.110
[8,]	1	−0.238	0.737	0.853	−0.390	0.193	1.253	−0.437	−1.528
[9,]	1	−0.383	−1.116	−1.627	0.614	0.582	−0.160	0.467	−1.081

図23-6 hqt3のグラフィックス出力
(サンプル数量は細字の数字，カテゴリー数量は太字の数字)

　hqt4 は，数量化 IV 類のための関数で，引数は x で，行を個人，列を変数とする行列である。以下の内容が出力される。また，hqt4-table.xls という名前のエクセルファイルにも対象の座標値が出力される。

$data	ローデータ（入力データ）
$eij	類似度行列
$evalue	固有値
$points	対象の座標値行列（行が対象，列が軸）

　以下に，hqt4 の実行例と出力例を示す。ただし，hqt3-data1.txt には，表 18-1 の 結婚の条件のデータが保存されているとする。

＜実行例＞
　　nc <- 9
　　data <- matrix(scan("hqt3-data1.txt"), ncol = nc, byrow = T)
　　out <- hqt4(data); print(out)

＜出力例＞

　　Read 144 items

$data

	[,1]	[,2]	[,3]	[,4]	[,5]	[,6]	[,7]	[,8]	[,9]
[1,]	1	1	0	0	0	0	1	1	0
[2,]	0	0	0	0	0	0	1	0	1
[3,]	1	1	1	0	0	0	1	1	1
[4,]	1	1	1	0	0	0	1	1	1
[5,]	1	1	1	0	1	1	1	1	1
[6,]	0	1	1	0	0	0	1	1	0
[7,]	1	0	1	0	0	0	1	1	1
[8,]	0	0	1	0	0	0	1	1	0
[9,]	1	0	1	0	1	0	1	1	1
[10,]	0	1	1	0	0	0	1	0	1
[11,]	0	0	1	0	1	0	1	1	1
[12,]	1	1	1	0	1	0	1	1	0
[13,]	1	1	1	0	1	0	1	1	1
[14,]	1	1	1	1	1	1	1	1	1
[15,]	1	1	1	0	0	1	1	1	1
[16,]	0	0	1	0	1	0	1	0	1

$eij

	[,1]	[,2]	[,3]	[,4]	[,5]	[,6]	[,7]	[,8]	[,9]
[1,]	-80	12	10	7	9	9	10	13	10
[2,]	12	-74	10	7	7	9	10	11	8
[3,]	10	10	-76	3	9	5	14	13	12
[4,]	7	7	3	-51	10	14	1	4	5
[5,]	9	7	9	10	-69	10	7	8	9
[6,]	9	9	5	14	10	-63	3	6	7
[7,]	10	10	14	1	7	3	-70	13	12
[8,]	13	11	13	4	8	6	13	-77	9
[9,]	10	8	12	5	9	7	12	9	-72

$evalue

[1]   0.000 -48.857 -72.633 -76.941 -80.767 -84.372 -86.927 -88.803 -92.699

$points

	[,1]	[,2]	[,3]	[,4]	[,5]	[,6]	[,7]	[,8]	[,9]
[1,]	0.333	0.085	0.037	0.126	0.174	0.200	0.232	0.453	0.732
[2,]	0.333	0.082	0.052	0.404	0.414	0.450	−0.524	−0.203	−0.164
[3,]	0.333	0.259	−0.108	−0.031	−0.039	−0.078	0.353	−0.789	0.235
[4,]	0.333	−0.759	−0.544	0.092	−0.063	−0.061	0.021	−0.023	−0.013
[5,]	0.333	−0.077	0.123	−0.837	0.370	−0.027	−0.160	0.029	−0.052
[6,]	0.333	−0.351	0.784	0.188	−0.217	−0.253	0.023	−0.054	−0.036
[7,]	0.333	0.371	−0.229	0.101	−0.166	−0.652	−0.450	0.176	0.050
[8,]	0.333	0.214	−0.064	0.156	0.249	−0.080	0.562	0.285	−0.592
[9,]	0.333	0.175	−0.050	−0.200	−0.721	0.501	−0.057	0.126	−0.160

図23-7　hqt4のグラフィックス出力

24　R言語で独自のプログラミング

1. 独自のプログラミングを始める

1）部分抽出演算子［ ］を学ぶ

　R言語だけでなくすべてのコンピュータ言語で用意されている関数は，汎用関数であり，一般的に必要とされている頻度の高い関数である。それは，できるだけ多くの人が望む計算をし，計算結果を出力する関数であり，必要性の低い計算や出力はできるだけ省かれている。しかしながら，実際のデータを分析してみると，汎用関数だけでは十分な分析ができないことが多い。そのような場合，いくつかの汎用関数を組み合わせて特殊な分析にあった関数や独自のプログラムを作成することになる。本章は，そのような独自のプログラム作成に必要な関数について学ぶ。ここに示す機能を学ぶだけで，かなりの程度までオリジナルなプログラムを作成することが可能になる。まずは，部分抽出演算子［ ］の機能について学ぶ。

　部分抽出演算子［ ］は，オブジェクトの要素を指定するときに使用する。例えば，xがベクトルのとき，x[2]は，xの2番めの要素を意味する。y<-x[c(1, 4, 5)]とすると，xの1, 4, 5番目の要素を取り出してそれらをyとする。x[4]<-3とすると，xの4番目の要素の値を3とする。y2<-x[x>0]とすると，xが0より大きい要素を選んでそれらをy2とする。また，xとzが同じ要素数のとき，y3<-x[z==1]とすると，xに対応するzの要素が1のときのxの要素を取り出してそれをy3とする。

　xが行列のとき，x[1, 3]<-4とすると，行列xの1行3列目の値を4にする。y4<-x[c(1, 3), c(2, 4)]とすると，第1行，第3行，第2列，第4列の要素を取り出して，新たな行列y4を作成する。

2）apply を学ぶ

　applyは，行列に関して，行ごとあるいは列ごとの総和，平均，分散等を計算するときに使用する。例えば，apply(x, 1, sum)は，行列xの行ごとの総和を計算し，apply(x, 2, sum)は，行列xの列ごとの総和を計算する。2つめのパラメーターが1のときは，行計算，2のときは列計算を行う。sumの代わりに，meanを記入すると，行平均や列平均を計算し，varを記入すると，行の不偏分散や列の不偏分散を計算する。

3）for を学ぶ

　forは，繰り返し計算するときや，繰り返し判断をするときに必要な関数である。applyと似た機能であるが，後に述べるifと組み合わせて使用するような場合に有効である。例えば，オブジェクトxに1からn個のデータが保存されているとき，

　sumx <- 0

```
for(i in 1:n) {
    sumx <- sumx + x[i]
}
```
というプログラムは，{ } の中の命令を i が 1 から n まで繰り返すことを意味する．

sumx <- sumx + x[i] は，sumx + x[i] の値を新しく sumx にしなさいという命令である．

sumx は，はじめに sumx <- 0 として，for 文の前で定義されているので，i が 1 のときは，sumx <- 0 + x[1] となり，新しい sumx は x[1] に等しくなる．そして，i が 2 のとき，sumx <- sumx + x[2] となるが，すでに sumx には，x[1] の値がはいっているので，sumx <- x[1] + x[2] となる．これを i が n になるまで繰り返すと，最終的に

sumx <- x[1] + x[2] + ... + x[n]

となり，sumx は，x の総和を意味することになる．同様にして，

```
sumx <- 0
for(i in 1:n) {
    sumx <- sumx + x[i]^2
}
```

は，x の 2 乗和を計算することになる．また，

```
sumx <- 0
m <- mean(x)
for(i in 1:n) {
    sumx <- sumx + (x[i] - m)^2
}
```

は，x の平均からの偏差平方和を計算することになる．また，x が行列のときには，

```
sumr <- 0
sumc <- 0
for(i in 1:n1) {
    for(j in 1:n2) {
        sumr[i] <- sumr[i] + x[i,j]
        sumc[j] <- sumc[j] + x[i,j]
    }
}
```

というように，for を繰り返して使用する．

4）if を学ぶ

if は，何らかの判断を行い，その結果，ある処理を行うときに使用する．例えば，

if(pvalue < 0.025) print("significant")

という命令は，pvalue が 0.025 よりも小さければ，significant とプリントしなさいということを意味する．if 文と for 文を使用して，

```
pn <- 0
for(i in 1:n) {
    if(x[i] > 0)  pn <- pn + 1
}
```

という命令は，x[i] が 0 より大きいと，pn <- pn + 1 が実行されるので，最終的な pn は，0 より大きい x の個数を算出することになる。

5) function を学ぶ

function は，自分独自の関数を作成するときに，必要である。例えば，

  sumx <- functuon(x)
  {
    sum1 <- 0
    for(i in 1:n) {
      sum1 <- sum1 + x[i]
    }
  }

は，sumx という総和を計算する関数を作成する場合を示す。

  sumx <- function(x)
  {
  }

の形式で，{ } 内に関数を定義する式を記述してゆく。そして，

  sumx(x)

を実行すると，x の総和が出力される。

6) array を学ぶ

array は，3 次元以上の配列を作成するときに使用する。例えば，y <- array(x, c(2, 3, 4)) は，ベクトル形式のデータ x を第 1 次元が 2，第 2 次元が 3，第 3 次元が 4 の大きさの配列 y にする。apply を利用して，各次元ごとの総和，平均，分散等を計算することができる。

例えば，apply(y, c(1, 2), sum) は，第 3 次元の総和を計算し，apply(y, c(1, 3), mean) は，第 2 次元の平均を計算する。さらに，aperm を使用して，次元の入れ替えも可能である。例えば，aperm(y, c(2, 1, 3)) は，もとの第 2 次元を新しく第 1 次元に，もとの第 1 次元を新しく第 2 次元に入れ替えている。

2. R言語で準備されている関数（システム関数）

R言語では，数え切れないほどのシステム関数が定義されている。その一覧は，R言語を起動したときのコンソール画面のメニューバーの help の中から Html help をクリックし，Packages をクリックし，さらに，base をクリックすると，R言語の基本関数が出力される。試みに，回帰分析の関数 lsfit を探してみよう。同様にして，Packages の中の stats をクリックすると，多変量解析に関する関数の一覧が出力される。階層的クラスター分析の関数 plclust を探してみよう。これらの中から，取りあえず，必要な関数を選んでみると，以下のようなシステム関数が挙げられる。

<-	付値演算子。a <- c(1, 2, 3) は，数値 1, 2, 3 を a に格納。
+	スカラー，ベクトル，行列の足し算のための演算子。a + b は，a の要素と b の要素の足し算を行う。

－	スカラー，ベクトル，行列の引き算のための演算子。a － b は，a の要素と b の要素の引き算を行う。
*	スカラーの掛け算のための演算子。ベクトルや行列に使用すると，対応する要素の積を計算する。a * b は，a の要素と b の要素の掛け算を行う。
/	スカラーの割り算のための演算子。a/b は，a の要素と b の要素の割り算を行う。
^	スカラー，ベクトル，行列のべき乗計算のための演算子。2^3 は，2 の 3 乗を計算する。
%*%	行列の積の演算子。a%*%b は，行列 a と行列 b の積を計算する。
[ ]	要素抽出演算子。 y ＜ － x[2,3] は，行列 x の第 2 行第 3 列の要素を y に格納する。 x[2,3] ＜ － 5 は，行列 x の第 2 行第 3 列の要素を 5 に置き換える。
( )	式評価の優先順位。 a * (b + c) (a + b)*(c + d)
{ }	複合式の構成。 if(x ＞ 0) {y1 ＜ － x^2;y2 ＜ － x^3} は，x が 0 より大きければ，x^2 を y1 に，x^3 を y2 に格納する。この場合，x はスカラーである。
:	等差数列の生成。 c(1:10) は，1 から 10 までの整数を生成する。
＞	大小比較演算子。 y ＜ － x[x ＞ 5] は，ベクトル x の要素のうち，5 より大きい要素をすべて y に格納する。 if(x ＞ 5) y ＜ － 2 * x
＜	大小比較演算子。
＝＝	等号演算子。 x[x ＝＝ 0] ＜ － 5 は，ベクトル x の要素のうち，0 に等しい要素をすべて 5 に置き換える。 x.male ＜ － x[sex ＝＝ 1] は，ベクトル x の要素のうち，sex が 1 に対応する要素をすべて x.male に格納する。
＞＝	等号付き大小比較演算子。 y ＜ － x[x ＞＝ 5]
!=	非等号演算子で，等しくないことを示す。 y ＜ － x[x != 3] は，ベクトル x の要素のうち，3 に等しくない要素をすべて y に格納する。 if(x != 3) y ＜ － x
|	論理和演算子で，「または」を意味する。 x[x ＞ 5 | x ＜ －5]　x の要素のうちで，5 より大きい要素または，－5 より小さい要素を取り出す。
＜＝	等号付き大小比較演算子。
&	y ＜ － x[x ＞ 3 & x ＜ 10] は，ベクトル x の要素のうち，3 より大きく，かつ，10 より小さい要素を y に格納する。

2. R言語で準備されている関数（システム関数）

&&	等号演算子（if 文の中で使用）if(x > 0 && y > 0) z <− x + y
||	論理和演算子（if 文の中で使用）if(x > 0 || y > 0) z <− x − y
$	名前による要素抽出。出力の取り出し。 lsfit(x, y)$coef は，lsfit(x, y) の出力のうち，coef のみを出力する。
#	注釈を意味し，この後に書かれた命令は実行されない。コメントを書くために使用。
;	式の区切り。1 行に 2 つ以上の式を書くときには，; で式を区切る。 x <− c(1, 2, 3); y <− c(2, 4, 6)
"	文字列の開始および終了。name <− c("a", "b") は，文字 a, b を name に格納する。
abline	直線を描く。abline(0, 1) は，原点を通る，傾きが 1 の直線を描く。引数は，順に切片と傾きを意味する。abline(lsfit(x, y)$coef) は，回帰直線を描く。
abs	絶対値を算出する。abs(x) は，x の要素の絶対値を計算する。
acos	逆余弦関数。acos(x) は，x の要素の逆余弦を計算する。
apply	行列の行や列の平均，分散，総和等を計算する。 apply(x, 1, sum) は，行列 x の各行和を計算し，apply(x, 2, mean) は，各列の平均を計算する。
array	配列の作成。例えば，array(x, c(2, 3, 4)) は，x が第 1 次元が 2，第 2 次元が 3，第 3 次元が 4 の要素数からなることを意味する。
asin	逆正弦関数。asin(x) は，x の要素の逆正弦を計算する。
atan	逆正接関数。atan(x) は，x の要素の逆正接を計算する。
c	オブジェクトの結合。x <− c(1, 3, 6) は，1, 3, 6 の数値からなるオブジェクト x の作成。x <− c("a", "b") とすると，文字 a, b からなるオブジェクト x を作成する。
cbind	2 つ以上の列ベクトルあるいは行列の結合による行列の作成。cbind(x, y)。ただし，対応する要素数 x, y が行列であれば行数は等しくなければならない
cor	2 変数あるいは多変数間の相関係数を計算する。cor(x, y) は，2 変数 x, y の積率相関係数を計算する。cor(x) は，行列 x の列変数の変数間相関行列を計算する。cor(t(x)) は，行列 x の行変数の変数間相関行列を計算する。
cos	余弦関数。cos(x) は，x の要素の余弦を計算する。
data.frame	データフレームの作成。data.frame(a0 = x1, a1 = x2) は，変数 x1, x2 を列とするデータフレームを作成する。a0, a1 は，表示される変数名。
dchisq	χ^2 分布の確率密度の計算。dchisq(x, df) は，横座標値 x，自由度 df のときの，χ^2 分布の確率密度を計算する。
det	行列式の計算。
df	F 分布の確率密度の計算。df (f, df1, df2) は，横座標値 f，分子および分母の自由度が順に df1, df2 のときの，F 分布の確率密度を計算する。
diag	行列の対角要素。diag(x) は，行列 x の対角要素を意味する。
dim	行列の次元。dim(x) は，行列 x の行数と列数を出力する。

dnorm	正規分布の確率密度を計算。dnorm(x, m, s)は，横座標値xのときの，平均m，標準偏差sの正規分布の確率密度を計算する。
dt	t分布の確率密度の計算。dt(t, df)は，横座標値t，自由度dfのときの，t分布の確率密度を計算する。
eigen	行列の固有値，固有ベクトルの計算。
exp	指数関数。exp(x)は，e^xを計算する。
hist	ヒストグラムの作成。hist(x)は，xの要素のヒストグラムを作成する。
length	オブジェクトの要素数を数える。length(x)は，ベクトルxの要素数を出力する。
library	ライブラリーの呼び出し。 library(stats)は，多変量解析のライブラリーを呼び出す。
lines	2点を通る直線を描く。 lines(x, y)は，2点のx座標をxに，y座標をyに指定する。
locator	plot(c(1:10), c(1:10), type = "n") locator(2)とすると，クリックした2地点の座標値を返す。
log	自然対数の計算。log(x)は，xの要素の自然対数を計算する。ただし，x＞0である。
log10	常用対数の計算
ls	オブジェクトのリストアップ。objects( )と同じ。ls( )
lsfit	回帰分析を行う。 lsfit(x, y)は，xを説明変数，yを被説明変数とする線形回帰分析を行う。 lsfit(x, y)$coefは，回帰係数のみを出力する。
matrix	行列の作成。 matrix(x, ncol = 5, byrow = TRUE)は，ベクトルxの要素をもとに，5列の行列を作成する。byrow = TRUEは，行列を行単位で作成することを意味する。
max	最大値を算出。max(x)は，xの要素の最大値を出力する。
mean	平均を計算。mean(x)は，xの要素の平均を計算する。
mean.default	欠損値があるときの平均を計算する。欠損値をNAとしたとき，na.rm = TRUEとすると，欠損値を除いて平均を計算する。 mean.default(x, na.rm = TRUE)
median	メディアンを計算。median(x)は，xの要素のメディアンを計算する。
min	最小値を算出。min(x)は，xの要素の最小値を出力する。
ncol	行列の列数を算出。ncol(x)は，行列xの列数を出力する。
nrow	行列の行数を算出。nrow(x)は，行列xの行数を出力する。
objects	オブジェクトをリストアップする。objects( )とすると，現行のオブジェクトをリストアップする。objects(pat = "x *")とすると，xで始まるオブジェクトのみをリストアップする。
par	グラフィックスにおけるパラメータの定義。 par(pch = "+", pty = "s", col = 2, cex = 0.5, lwd = 2, lty = 2, mfrow = c(2, 2)) pchは，点をプロットするときに用いる文字等の指定。pch = "+"なら

2. R言語で準備されている関数（システム関数） *267*

ば，+を使用して点をプロットする。ptyは，sならば図形領域が正方形となる。colは，色番号の指定。cexは，文字の拡大率の指定。lwdは，線の幅の指定。ltyは，線分の形式。実線，点線，破線などが選べる。mfrowは，グラフィックス画面の分割。mfrow = c(2, 2)は画面を4分割する。

pchisq	pchisq(x, df)は，横座標値x，自由度dfのときのχ^2分布の下側確率を計算する。
pf	F分布の下側確率を算出。pf(f, df1, df2)は，横座標値f，自由度df1, df2のときのF分布の下側確率を計算する。
plot	xy散布図のプロット。 plot(x, y) は，xを横軸，yを縦軸とした，xとyの散布図を描く。 plot(x, y, type ="n") は，xとyの散布図の座標軸のみを描く。
pnorm	正規分布の下側確率を算出。pnorm(x, m, s) 横座標値xのときの，平均m，標準偏差sの正規分布の下側確率を計算する。
points	プロットする点の追加。 points(x, y) は，点（x, y）を追加プロットする。
pt	t分布の下側確率を算出。pt(x, df)は，横座標値x，自由度dfのときのt分布の下側確率を計算する。
qchisq	χ^2分布の横座標値の計算。qchisq(p, df)は，下側確率p，自由度dfのときの，χ^2分布の横座標値を計算する。
qf	F分布の横座標値の計算。qf(p, df1, df2)は，下側確率pのときの，平均m，標準偏差sの正規分布の横座標値を計算する。
qnorm	正規分布の横座標値の計算。qnorm(p, m, s)は，下側確率pのときの，平均m，標準偏差sの正規分布の横座標値を計算する。
qt	t分布の横座標値の計算。qt(p, df)は，下側確率p，自由度dfのときの，t分布の横座標値を計算する。
qtukey	スチューデント化された範囲の臨界値。qtukey(p, m, df)
range	レンジを算出。range(x) は，xの要素の最大値と最小値を出力する。
rbind	行ベクトルの結合。rbomd(x, y) は，ベクトルxとベクトルyを行とする行列になる。
read.table	エクセルワークシートからdataという名前のデータファイルを読み込む場合であれば，read.table("data.xls")とする。
rep	繰り返し。rep(3, 5)は，3を5回繰り返す。rep(c(1, 3), 5)は，1, 3を5回繰り返す。
rev	ベクトルの要素を逆順に並べる。
rf	F分布からの乱数の発生
rm	オブジェクトの削除。rm("x")とするとオブジェクトxが削除される。
round	四捨五入。round(x, 3)とすると，オブジェクトxは，小数第4位が四捨五入され，小数第3位までの値となる。
rt	t分布からの乱数の発生
scan	データをファイルから読み込む場合の関数。 scan("data.txt")は，dataという名前のデータファイルから数値を読み込

	む場合。scan("data2.txt", what = character(0))は，data2という名前のデータファイルから文字を読み込む場合。
sd	標準偏差の計算。不偏分散varの平方根。sd(x)は，xの標準偏差を計算する。
sin	正弦関数。sin(x)は，xの要素の正弦を計算する。
solve	逆行列の計算。solve(x)は，行列xの逆行列を計算する。
sort	データのソートを行う。sort(x)は，xの要素を小さい順に並べる。
source	プログラムファイルの呼び出し
sqrt	平方根の計算。sqrt(x)は，xの要素の平方根を計算する。
sum	総和の計算。sum(x)は，xの要素の総和を計算する。
t	行列の転置。t(x)は，行列xの行と列を入れ替える。
table	分割表の作成。 table(x)　　　度数計算 table(x, y)　　クロス集計
tan	正接関数。tan(x)は，xの要素の正接を計算する。
text	点のプロットをデータ番号を用いて行う。text(x, y)は，xとyのプロットの位置にデータ番号をプロットする。
var	不偏分散を計算する。na.rm = TRUEとすると，欠損値（NA）を除いて不偏分散を計算する。 var(x)は，xの不偏分散を計算する。 var(x, na.rm = TRUE)は，xの欠損値を除いて不偏分散を計算する。
write	出力をテキストファイルに行う write(x, file = "out1.txt", ncolumns = 5, append = TRUE)は，xをbyrow = FALSEの書式で，5列に出力する。append = TRUEなので，上書き出力となる。 write(t(x), file = "out1.txt", ncolumns = 5, append = TRUE)は，xをbyrow = TRUEの書式で，5列に出力する。append = TRUEなので上書き出力となる。
write.table	出力をエクセルワークシートに行う write.table(x, file = "out2.xls", quote = F, sep = "¥")

別表A‒1　標準正規分布の上側確率

z	p	z	p	z	p	z	p	z	p
0	0.5	0.3	0.382	0.6	0.274	0.9	0.184	1.2	0.115
0.01	0.496	0.31	0.378	0.61	0.271	0.91	0.181	1.21	0.113
0.02	0.492	0.32	0.374	0.62	0.268	0.92	0.179	1.22	0.111
0.03	0.488	0.33	0.371	0.63	0.264	0.93	0.176	1.23	0.109
0.04	0.484	0.34	0.367	0.64	0.261	0.94	0.174	1.24	0.107
0.05	0.48	0.35	0.363	0.65	0.258	0.95	0.171	1.25	0.106
0.06	0.476	0.36	0.359	0.66	0.255	0.96	0.169	1.26	0.104
0.07	0.472	0.37	0.356	0.67	0.251	0.97	0.166	1.27	0.102
0.08	0.468	0.38	0.352	0.68	0.248	0.98	0.164	1.28	0.1
0.09	0.464	0.39	0.348	0.69	0.245	0.99	0.161	1.29	0.099
0.1	0.46	0.4	0.345	0.7	0.242	1	0.159	1.3	0.097
0.11	0.456	0.41	0.341	0.71	0.239	1.01	0.156	1.31	0.095
0.12	0.452	0.42	0.337	0.72	0.236	1.02	0.154	1.32	0.093
0.13	0.448	0.43	0.334	0.73	0.233	1.03	0.152	1.33	0.092
0.14	0.444	0.44	0.33	0.74	0.23	1.04	0.149	1.34	0.09
0.15	0.44	0.45	0.326	0.75	0.227	1.05	0.147	1.35	0.089
0.16	0.436	0.46	0.323	0.76	0.224	1.06	0.145	1.36	0.087
0.17	0.433	0.47	0.319	0.77	0.221	1.07	0.142	1.37	0.085
0.18	0.429	0.48	0.316	0.78	0.218	1.08	0.14	1.38	0.084
0.19	0.425	0.49	0.312	0.79	0.215	1.09	0.138	1.39	0.082
0.2	0.421	0.5	0.309	0.8	0.212	1.1	0.136	1.4	0.081
0.21	0.417	0.51	0.305	0.81	0.209	1.11	0.133	1.41	0.079
0.22	0.413	0.52	0.302	0.82	0.206	1.12	0.131	1.42	0.078
0.23	0.409	0.53	0.298	0.83	0.203	1.13	0.129	1.43	0.076
0.24	0.405	0.54	0.295	0.84	0.2	1.14	0.127	1.44	0.075
0.25	0.401	0.55	0.291	0.85	0.198	1.15	0.125	1.45	0.074
0.26	0.397	0.56	0.288	0.86	0.195	1.16	0.123	1.46	0.072
0.27	0.394	0.57	0.284	0.87	0.192	1.17	0.121	1.47	0.071
0.28	0.39	0.58	0.281	0.88	0.189	1.18	0.119	1.48	0.069
0.29	0.386	0.59	0.278	0.89	0.187	1.19	0.117	1.49	0.068

別表A－2　標準正規分布の上側確率

z	p	z	p	z	p	z	p	z	p
1.5	0.067	1.8	0.036	2.1	0.018	2.4	0.008	2.7	0.003
1.51	0.066	1.81	0.035	2.11	0.017	2.41	0.008	2.71	0.003
1.52	0.064	1.82	0.034	2.12	0.017	2.42	0.008	2.72	0.003
1.53	0.063	1.83	0.034	2.13	0.017	2.43	0.008	2.73	0.003
1.54	0.062	1.84	0.033	2.14	0.016	2.44	0.007	2.74	0.003
1.55	0.061	1.85	0.032	2.15	0.016	2.45	0.007	2.75	0.003
1.56	0.059	1.86	0.031	2.16	0.015	2.46	0.007	2.76	0.003
1.57	0.058	1.87	0.031	2.17	0.015	2.47	0.007	2.77	0.003
1.58	0.057	1.88	0.03	2.18	0.015	2.48	0.007	2.78	0.003
1.59	0.056	1.89	0.029	2.19	0.014	2.49	0.006	2.79	0.003
1.6	0.055	1.9	0.029	2.2	0.014	2.5	0.006	2.8	0.003
1.61	0.054	1.91	0.028	2.21	0.014	2.51	0.006	2.81	0.002
1.62	0.053	1.92	0.027	2.22	0.013	2.52	0.006	2.82	0.002
1.63	0.052	1.93	0.027	2.23	0.013	2.53	0.006	2.83	0.002
1.64	0.051	1.94	0.026	2.24	0.013	2.54	0.006	2.84	0.002
1.65	0.049	1.95	0.026	2.25	0.012	2.55	0.005	2.85	0.002
1.66	0.048	1.96	0.025	2.26	0.012	2.56	0.005	2.86	0.002
1.67	0.047	1.97	0.024	2.27	0.012	2.57	0.005	2.87	0.002
1.68	0.046	1.98	0.024	2.28	0.011	2.58	0.005	2.88	0.002
1.69	0.046	1.99	0.023	2.29	0.011	2.59	0.005	2.89	0.002
1.7	0.045	2	0.023	2.3	0.011	2.6	0.005	2.9	0.002
1.71	0.044	2.01	0.022	2.31	0.01	2.61	0.005	2.91	0.002
1.72	0.043	2.02	0.022	2.32	0.01	2.62	0.004	2.92	0.002
1.73	0.042	2.03	0.021	2.33	0.01	2.63	0.004	2.93	0.002
1.74	0.041	2.04	0.021	2.34	0.01	2.64	0.004	2.94	0.002
1.75	0.04	2.05	0.02	2.35	0.009	2.65	0.004	2.95	0.002
1.76	0.039	2.06	0.02	2.36	0.009	2.66	0.004	2.96	0.002
1.77	0.038	2.07	0.019	2.37	0.009	2.67	0.004	2.97	0.001
1.78	0.038	2.08	0.019	2.38	0.009	2.68	0.004	2.98	0.001
1.79	0.037	2.09	0.018	2.39	0.008	2.69	0.004	2.99	0.001

別表 B　種々の有意水準における χ^2 の臨界値（行は自由度，列は上側確率を示す）

df \ p	0.5	0.4	0.3	0.2	0.1	0.05	0.01
1	0.455	0.708	1.074	1.642	2.706	3.841	6.635
2	1.386	1.833	2.408	3.219	4.605	5.991	9.21
3	2.366	2.946	3.665	4.642	6.251	7.815	11.345
4	3.357	4.045	4.878	5.989	7.779	9.488	13.277
5	4.351	5.132	6.064	7.289	9.236	11.07	15.086
6	5.348	6.211	7.231	8.558	10.645	12.592	16.812
7	6.346	7.283	8.383	9.803	12.017	14.067	18.475
8	7.344	8.351	9.524	11.03	13.362	15.507	20.09
9	8.343	9.414	10.656	12.242	14.684	16.919	21.666
10	9.342	10.473	11.781	13.442	15.987	18.307	23.209
11	10.341	11.53	12.899	14.631	17.275	19.675	24.725
12	11.34	12.584	14.011	15.812	18.549	21.026	26.217
13	12.34	13.636	15.119	16.985	19.812	22.362	27.688
14	13.339	14.685	16.222	18.151	21.064	23.685	29.141
15	14.339	15.733	17.322	19.311	22.307	24.996	30.578
16	15.338	16.78	18.418	20.465	23.542	26.296	32
17	16.338	17.824	19.511	21.615	24.769	27.587	33.409
18	17.338	18.868	20.601	22.76	25.989	28.869	34.805
19	18.338	19.91	21.689	23.9	27.204	30.144	36.191
20	19.337	20.951	22.775	25.038	28.412	31.41	37.566
21	20.337	21.991	23.858	26.171	29.615	32.671	38.932
22	21.337	23.031	24.939	27.301	30.813	33.924	40.289
23	22.337	24.069	26.018	28.429	32.007	35.172	41.638
24	23.337	25.106	27.096	29.553	33.196	36.415	42.98
25	24.337	26.143	28.172	30.675	34.382	37.652	44.314
26	25.336	27.179	29.246	31.795	35.563	38.885	45.642
27	26.336	28.214	30.319	32.912	36.741	40.113	46.963
28	27.336	29.249	31.391	34.027	37.916	41.337	48.278
29	28.336	30.283	32.461	35.139	39.087	42.557	49.588
30	29.336	31.316	33.53	36.25	40.256	43.773	50.892

別表C 種々の有意水準における t 分布の臨界値（行が自由度，列が上側確率を示す）

df ＼ p	0.1	0.05	0.025	0.01	0.005
1	3.078	6.314	12.706	31.821	63.657
2	1.886	2.92	4.303	6.965	9.925
3	1.638	2.353	3.182	4.541	5.841
4	1.533	2.132	2.776	3.747	4.604
5	1.476	2.015	2.571	3.365	4.032
6	1.44	1.943	2.447	3.143	3.707
7	1.415	1.895	2.365	2.998	3.499
8	1.397	1.86	2.306	2.896	3.355
9	1.383	1.833	2.262	2.821	3.25
10	1.372	1.812	2.228	2.764	3.169
11	1.363	1.796	2.201	2.718	3.106
12	1.356	1.782	2.179	2.681	3.055
13	1.35	1.771	2.16	2.65	3.012
14	1.345	1.761	2.145	2.624	2.977
15	1.341	1.753	2.131	2.602	2.947
16	1.337	1.746	2.12	2.583	2.921
17	1.333	1.74	2.11	2.567	2.898
18	1.33	1.734	2.101	2.552	2.878
19	1.328	1.729	2.093	2.539	2.861
20	1.325	1.725	2.086	2.528	2.845
21	1.323	1.721	2.08	2.518	2.831
22	1.321	1.717	2.074	2.508	2.819
23	1.319	1.714	2.069	2.5	2.807
24	1.318	1.711	2.064	2.492	2.797
25	1.316	1.708	2.06	2.485	2.787
26	1.315	1.706	2.056	2.479	2.779
27	1.314	1.703	2.052	2.473	2.771
28	1.313	1.701	2.048	2.467	2.763
29	1.311	1.699	2.045	2.462	2.756
30	1.31	1.697	2.042	2.457	2.75

別表 D - 1　上側確率5％の F 分布の臨界値（行が分母の自由度，列が分子の自由度）

df_2 \ df_1	1	2	3	4	5
1	161.448	199.5	215.707	224.583	230.162
2	18.513	19	19.164	19.247	19.296
3	10.128	9.552	9.277	9.117	9.013
4	7.709	6.944	6.591	6.388	6.256
5	6.608	5.786	5.409	5.192	5.05
6	5.987	5.143	4.757	4.534	4.387
7	5.591	4.737	4.347	4.12	3.972
8	5.318	4.459	4.066	3.838	3.687
9	5.117	4.256	3.863	3.633	3.482
10	4.965	4.103	3.708	3.478	3.326
11	4.844	3.982	3.587	3.357	3.204
12	4.747	3.885	3.49	3.259	3.106
13	4.667	3.806	3.411	3.179	3.025
14	4.6	3.739	3.344	3.112	2.958
15	4.543	3.682	3.287	3.056	2.901
16	4.494	3.634	3.239	3.007	2.852
17	4.451	3.592	3.197	2.965	2.81
18	4.414	3.555	3.16	2.928	2.773
19	4.381	3.522	3.127	2.895	2.74
20	4.351	3.493	3.098	2.866	2.711
21	4.325	3.467	3.072	2.84	2.685
22	4.301	3.443	3.049	2.817	2.661
23	4.279	3.422	3.028	2.796	2.64
24	4.26	3.403	3.009	2.776	2.621
25	4.242	3.385	2.991	2.759	2.603
26	4.225	3.369	2.975	2.743	2.587
27	4.21	3.354	2.96	2.728	2.572
28	4.196	3.34	2.947	2.714	2.558
29	4.183	3.328	2.934	2.701	2.545
30	4.171	3.316	2.922	2.69	2.534

別表 D−2　上側確率 2.5％ の F の臨界値（行が分母の自由度，列が分子の自由度）

$df_2 \diagdown df_1$	1	2	3	4	5
1	647.789	799.5	864.163	899.583	921.848
2	38.506	39	39.165	39.248	39.298
3	17.443	16.044	15.439	15.101	14.885
4	12.218	10.649	9.979	9.605	9.364
5	10.007	8.434	7.764	7.388	7.146
6	8.813	7.26	6.599	6.227	5.988
7	8.073	6.542	5.89	5.523	5.285
8	7.571	6.059	5.416	5.053	4.817
9	7.209	5.715	5.078	4.718	4.484
10	6.937	5.456	4.826	4.468	4.236
11	6.724	5.256	4.63	4.275	4.044
12	6.554	5.096	4.474	4.121	3.891
13	6.414	4.965	4.347	3.996	3.767
14	6.298	4.857	4.242	3.892	3.663
15	6.2	4.765	4.153	3.804	3.576
16	6.115	4.687	4.077	3.729	3.502
17	6.042	4.619	4.011	3.665	3.438
18	5.978	4.56	3.954	3.608	3.382
19	5.922	4.508	3.903	3.559	3.333
20	5.871	4.461	3.859	3.515	3.289
21	5.827	4.42	3.819	3.475	3.25
22	5.786	4.383	3.783	3.44	3.215
23	5.75	4.349	3.75	3.408	3.183
24	5.717	4.319	3.721	3.379	3.155
25	5.686	4.291	3.694	3.353	3.129
26	5.659	4.265	3.67	3.329	3.105
27	5.633	4.242	3.647	3.307	3.083
28	5.61	4.221	3.626	3.286	3.063
29	5.588	4.201	3.607	3.267	3.044
30	5.568	4.182	3.589	3.25	3.026

別表 D-3　上側確率1％の F の臨界値（行が分母の自由度，列が分子の自由度）

df_2 ＼ df_1	1	2	3	4	5
1	4052.181	4999.5	5403.352	5624.583	5763.65
2	98.503	99	99.166	99.249	99.299
3	34.116	30.817	29.457	28.71	28.237
4	21.198	18	16.694	15.977	15.522
5	16.258	13.274	12.06	11.392	10.967
6	13.745	10.925	9.78	9.148	8.746
7	12.246	9.547	8.451	7.847	7.46
8	11.259	8.649	7.591	7.006	6.632
9	10.561	8.022	6.992	6.422	6.057
10	10.044	7.559	6.552	5.994	5.636
11	9.646	7.206	6.217	5.668	5.316
12	9.33	6.927	5.953	5.412	5.064
13	9.074	6.701	5.739	5.205	4.862
14	8.862	6.515	5.564	5.035	4.695
15	8.683	6.359	5.417	4.893	4.556
16	8.531	6.226	5.292	4.773	4.437
17	8.4	6.112	5.185	4.669	4.336
18	8.285	6.013	5.092	4.579	4.248
19	8.185	5.926	5.01	4.5	4.171
20	8.096	5.849	4.938	4.431	4.103
21	8.017	5.78	4.874	4.369	4.042
22	7.945	5.719	4.817	4.313	3.988
23	7.881	5.664	4.765	4.264	3.939
24	7.823	5.614	4.718	4.218	3.895
25	7.77	5.568	4.675	4.177	3.855
26	7.721	5.526	4.637	4.14	3.818
27	7.677	5.488	4.601	4.106	3.785
28	7.636	5.453	4.568	4.074	3.754
29	7.598	5.42	4.538	4.045	3.725
30	7.562	5.39	4.51	4.018	3.699

別表 E-1　上側確率5％のスチューデント化された範囲(q)の臨界値（行が自由度，列がh）

df ＼ h	2	3	4	5
2	6.079637	8.330783	9.799011	10.881110
3	4.500659	5.909663	6.824526	7.501659
4	3.926503	5.040241	5.757058	6.287027
5	3.635351	4.601725	5.218325	5.673125
6	3.460456	4.339195	4.895599	5.304891
7	3.344084	4.164941	4.681276	5.060074
8	3.261182	4.041036	4.528810	4.885754
9	3.199173	3.948492	4.414890	4.755404
10	3.151064	3.876777	4.326582	4.654293
11	3.112663	3.819588	4.256143	4.573596
12	3.081307	3.772929	4.198660	4.507710
13	3.055223	3.734142	4.150866	4.452906
14	3.033186	3.701394	4.110506	4.406610
15	3.014325	3.673378	4.075974	4.366985
16	2.997999	3.649139	4.046093	4.332688
17	2.983730	3.627963	4.019985	4.302713
18	2.971152	3.609304	3.996978	4.276293
19	2.959983	3.592739	3.976551	4.252831
20	2.949998	3.577935	3.958293	4.231857
21	2.941018	3.564625	3.941878	4.212995
22	2.932899	3.552594	3.927039	4.195942
23	2.925523	3.541666	3.913560	4.180450
24	2.918793	3.531697	3.901262	4.166314
25	2.912627	3.522566	3.889997	4.153363
26	2.906958	3.514171	3.879640	4.141455
27	2.901727	3.506426	3.870086	4.130468
28	2.896885	3.499260	3.861244	4.120300
29	2.892391	3.492609	3.853038	4.110862
30	2.888209	3.486420	3.845401	4.102079

別表E－2　上側確率1％のスチューデント化された範囲(q)の臨界値（行が自由度，列がh）

df ＼ h	2	3	4	5
2	13.902110	19.015500	22.563710	25.372050
3	8.260293	10.620400	12.169530	13.322340
4	6.511369	8.119792	9.172878	9.958292
5	5.702311	6.975727	7.804156	8.421495
6	5.243092	6.330508	7.033263	7.556039
7	4.949017	5.919294	6.542441	7.004992
8	4.745234	5.635393	6.203835	6.624813
9	4.595961	5.428043	5.956682	6.347299
10	4.482028	5.270162	5.768591	6.136093
11	4.392274	5.146034	5.620778	5.970110
12	4.319771	5.045934	5.501626	5.836308
13	4.260001	4.963534	5.403576	5.726202
14	4.209891	4.894539	5.321501	5.634036
15	4.167281	4.835934	5.251807	5.555773
16	4.130609	4.785545	5.191898	5.488500
17	4.098717	4.741763	5.139856	5.430062
18	4.070730	4.703370	5.094231	5.378830
19	4.045973	4.669433	5.053908	5.333553
20	4.023918	4.639220	5.018016	5.293253
21	4.004147	4.612151	4.985864	5.257152
22	3.986323	4.587760	4.956899	5.224630
23	3.970172	4.565669	4.930668	5.195180
24	3.955470	4.545569	4.906804	5.168387
25	3.942030	4.527202	4.885001	5.143908
26	3.929696	4.510353	4.865002	5.121456
27	3.918337	4.494842	4.846593	5.100790
28	3.907843	4.480516	4.829593	5.081705
29	3.898118	4.467244	4.813845	5.064027
30	3.889081	4.454915	4.799216	5.047605

別表F　ヨンクヒール・テルプストラ検定の臨界値

標本の大きさ			0.05	0.025	0.01	0.005
2	2	2	11	12	—	—
2	2	3	14	15	16	16
2	2	4	17	18	19	20
2	2	5	20	21	22	23
2	2	6	23	24	26	27
2	2	7	26	28	29	30
2	2	8	29	31	33	34
2	3	3	18	19	20	21
2	3	4	21	23	24	25
2	3	5	25	26	28	29
2	3	6	28	30	32	33
2	3	7	30	34	36	37
2	3	8	36	38	40	41
2	4	4	26	27	29	30
2	4	5	30	31	33	34
2	4	6	34	36	38	39
2	4	7	38	40	43	44
2	4	8	42	45	47	49
2	5	5	35	36	39	40
2	5	6	39	41	44	45
2	5	7	44	47	49	51
2	5	8	49	52	54	56
2	6	6	45	47	50	52
2	6	7	50	53	56	58
2	6	8	55	58	62	64
2	7	7	56	59	62	65
2	7	8	62	65	69	71
2	8	8	69	72	76	79
3	3	3	22	23	25	25
3	3	4	26	28	29	30
3	3	5	30	32	34	35
3	3	6	34	36	39	40
3	3	7	39	41	43	45
3	3	8	43	45	48	49

3	4	4	31	33	35	36
3	4	5	36	38	40	41
3	4	6	40	43	45	47
3	4	7	45	48	50	52
3	4	8	50	53	56	57
3	5	5	41	43	46	47
3	5	6	46	49	52	54
3	5	7	52	55	58	60
3	5	8	57	60	64	66
3	6	6	52	55	58	60
3	6	7	58	61	66	67
3	6	8	64	68	71	74
3	7	7	65	68	72	74
3	7	8	71	75	79	82
3	8	8	79	82	87	90
4	4	4	36	38	40	42
4	4	5	42	44	46	48
4	4	6	47	49	52	54
4	4	7	52	55	58	60
4	4	8	59	61	64	66
4	5	5	48	50	53	55
4	5	6	54	56	59	62
4	5	7	59	63	66	68
4	5	8	65	69	72	75
4	6	6	60	63	67	69
4	6	7	66	70	74	76
4	6	8	73	77	81	84
4	7	7	74	77	82	84
4	7	8	81	85	89	92
4	8	8	88	93	98	101
5	5	5	54	57	60	62
5	5	6	61	64	67	70
5	5	7	67	71	72	77
5	5	8	74	77	81	84
5	6	6	68	71	75	77
5	6	7	75	79	83	85

5	6	8	82	86	90	93
5	7	7	82	86	91	94
5	7	8	90	94	99	103
5	8	8	98	103	108	112
6	6	6	75	79	83	86
6	6	7	83	87	92	95
6	6	8	91	95	100	103
6	7	7	91	96	101	104
6	7	8	100	104	110	113
6	8	8	108	113	119	123
6	7	7	100	105	110	114
6	7	8	109	114	120	123
6	8	8	118	124	130	134
6	8	8	128	134	140	145

2		2		2		2	
19	21	22	23				

2	2	2	2	2	30	32	33	35

col1	col2	col3	col4	col5	col6	v1	v2	v3	v4
2		2		2		2	19	21	22	23
2	2	2	2	2		30	32	33	35	
2	2	2	2	2	2	43	45	47	49
3		3		3		3	40	42	44	45
3	3	3	3	3		62	65	69	71	
3	3	3	3	3	3	90	94	98	101
4		4		4		4	67	70	73	76
4	4	4	4	4		106	110	116	119	
4	4	4	4	4	4	154	160	167	171
5		5		5		5	100	105	110	114
5	5	5	5	5		160	167	174	179	
5	5	5	5	5	5	234	242	252	258
6		6		6		6	141	147	154	158
6	6	6	6	6		226	235	244	251	
6	6	6	6	6	6	330	342	354	364

別表G　ページ検定の臨界値

	$m=3$			$m=4$			$m=5$		
n	0.05	0.01	0.001	0.05	0.01	0.001	0.5	0.01	0.001
2	28			58	60		103	106	109
3	41	42		84	87	89	150	155	160
4	54	55	56	111	114	117	197	204	210
5	66	68	70	137	141	145	244	251	259
6	79	81	83	163	167	172	291	299	307
7	91	93	96	189	193	198	338	346	355
8	104	106	109	214	220	225	384	393	403
9	116	119	121	240	246	252	431	441	451
10	128	131	134	266	272	278	477	487	499
11	141	144	147	293	298	305	523	534	546
12	153	156	160	317	324	331	570	581	593
13	165	169	172						
14	178	181	185						
15	190	194	197						
16	202	206	210						
17	215	218	223						
18	227	231	235						
19	239	243	248						
20	251	256	260						

参 考 文 献

アンダーバーグ, M.R.(著)　西田英郎(訳)　1995　クラスター分析とその応用　内田老鶴圃
有馬 哲・石村貞夫　1997　多変量解析のはなし　東京図書
池田 央　1976　社会科学・行動科学のための数学入門3　統計的方法Ⅰ—基礎　新曜社
石村貞夫　1995　分散分析のはなし　東京図書
岩田暁一　1967　経済分析のための統計的方法　東洋経済新報社
岩原信九郎　1965　教育と心理のための推計学　日本文化科学社
印東太郎　1957　確率と統計　コロナ社
岡太彬訓・今泉 忠　1994　パソコン多次元尺度構成法　共立出版
奥村晴彦　1986　パソコンによるデータ解析入門—数理とプログラミング実習　技術評論社
篠崎信雄　1994　統計解析入門　サイエンス社
芝 祐順　1976　社会科学・行動科学のための数学入門3　統計的方法Ⅱ—推測　新曜社
芝 祐順　1975　因子分析法　東京大学出版会
高根芳雄　1980　多次元尺度法　東京大学出版会
竹内 啓　1976　数理統計学　データ解析の方法　東洋経済新報社
田中 豊・脇本和昌　1991　多変量統計解析法　現代数学社
林知己夫・飽戸 弘(編)　1977　多次元尺度解析法　その有効性と問題点　サイエンス社
肥田野直・瀬谷正敏・大川信明　1961　心理教育統計学　培風館
ベッカー, R.A.・チェンバース, J.M.・ウイルクス, A.R.(著)　渋谷正昭・柴田里程(訳)　1988　S言語　データ解析とグラフィックスのためのプログラミング環境Ⅱ　共立出版
松浦義行　1972　行動科学における因子分析法　不昧堂
森 敏昭・吉田寿夫　1996　心理学のためのデータ解析テクニカルブック　北大路書房
柳井晴夫・高根芳雄　1978　現代人の統計，多変量解析法　朝倉書店
ロームスバーグ, H.C.(著)　西田英郎・佐藤嗣二(訳)　1989　実例クラスター分析　内田老鶴圃
渡辺利夫　1994　使いながら学ぶS言語　オーム社
DeGroot, M.H.　1975　*Probability and statistics*. Addison-Wesley Publishing Company, Inc.
Harman, H.H.　1967　*Modern factor analysis*. Univ. of Chicago Press.
Hendrickson, A.E. & White, P.O.　1964　Promax: a quick method for rotation to orthogonal oblique structure. *British Journal of Statistical Psychology*, **17**, 65-70.
Hogg, R.V. & Craig, A.T.　1970　*Introduction to mathematical statistics*. Macmillan Publishing Co.,Inc., New York.
Kaiser, H.F.　1958　The varimax criterion for analytic rotation in factor analysis. *Psychometrika*, **23**, 187-200.
Kruskal, J.B.　1964　Nonmetric multidimensional scaling: A numerical method. *Psychometrika*, **29**, 115-129.
Leach, C.　1979　*Introduction to statistics. A nonparametric approach for the social sciences*. John Wiley & Sons.
Sheskin, D.J.　2004　*Handbook of parametric and nonparametric statistical procedure*. Chapman & Hall/CRC
Torgerson, W.S.　1952　Multidimensional Scaling:I. Theory and method. *Psychometrika*, **17**, 401-409.
Winer, B.J.　1971　*Statistical principles in experimental design*. International student edition. McGraw-Hill Kogakusha.
Wonnacott, T.H. & Wonnacott, R.J.　1977　*Introductory statistics*. John Wiley & Sons,Inc.

索 引

あ

ISODATA法　149
1次独立　103
1次の交互作用　68
一般化固有値問題　162
因子得点　124, 127
因子負荷量　124
因子分析　123
ウェルチの方法　28
ウォード法　145
F分布　33

か

回帰係数　12
回帰式　12
χ^2分布　25
階数　104
階層的クラスター分析　145
回転行列　102
回転放物面　115
確率　15
確率値　24
確率密度　18
片側検定　23
カテゴリー数量　159, 165
間隔尺度　6
関数関係　9
ガンマ関数　26
幾何平均　2
起点　99
帰無仮説　23
逆行列　101
級間分散　34
級内分散　34
共通因子　124
共通性　131
共分散分析　113
行ベクトル　100
共変成分　133
矩形行列　101
クラメールの連関係数　10, 11
クロネッカーのδ　125, 166
群平均法　145
K-means法　149
計量多次元尺度構成法　137
決定係数　14
検定力　24
ケンドールの順位相関係数　10
交互作用　49
後退消去法　112
コクラン・コックスの方法　28
固有値　104
固有ベクトル　104

さ

最急降下法　140
最短距離法　145
最長距離法　145
残差　12
算術平均　2
散布図　9
散布度　5
サンプル数量　165
シード点　145, 149
市街地距離　138
質的変数　3
四分位偏差　5
尺度　6
斜交回転　133
主因子法　124
重回帰分析　107
重決定係数　110
重心法　145
重相関係数　110
従属変数　12
終点　99
自由度　26
樹形図　145
主成分分析　117, 126
順序尺度　6
小行列式　103
信頼水準　22, 24
スカラー　99
スチューデント化した範囲　44
ストレス　140
スピアマンの順位相関係数　10, 12
正規固有ベクトル　105
正規直交行列　102
正規分布　17
正則行列　101
正に歪んだ分布　5
正の相関　9
正方行列　101
z得点　7
説明変数　12
線形回帰　12
線形判別関数　154
線形判別分析　151
前進選択法　112
総あたり法　112
相関関係　9
相関係数　9
相関比　10
相殺効果　49
相乗効果　49

た

第1種のエラー　24
対角行列　101
大数の法則　21

索引

第2種のエラー　24
代表値　1
対立仮説　23
多次元尺度構成法　137
多重共線性　112
多重比較　36
WSD 検定　44
単位行列　101
単純構造　131
逐次法　112
中心極限定理　21
調和平均　2
直交行列　101
定数　12
t 分布　27
テューキーの方法　44
転置行列　101
統計的仮説検定　23
統計量　20
特異行列　101
独自因子得点　124
独自因子負荷量　124
独立変数　12
ドミナンス距離　138

な

内積　100
2元配置法　49
2項分布　17
2次の交互作用　67
ノーマルバリマックス回転　131
ノルム　99, 100

は

パラメータ　20
バリマックス回転　131
バリマックス基準　131
判別係数　154
判別得点　154
判別分析　151
判別変数　154
反変成分　133
ピアソンの積率相関係数　10
非階層的クラスター分析　145
非計量多次元尺度構成法　137
被験者間デザイン　34
被験者内デザイン　34
ヒストグラム　3
被説明変数　12
非線形回帰　12
非線形判別分析　151
微分　115
標準回帰係数　109
標準化された重回帰分析　109
標準正規分布　17
標準得点　7
標本　20
標本分散　20
標本平均　20
比率尺度　6
ϕ 係数　10
フィッシャーの z 変換　30
負に歪んだ分布　5
負の相関　9
不偏推定値　21
不偏性　20
不偏分散　21
プロマックス回転　134
分散分析　33
平均　1
平均偏差　5
ベータ関数　27, 33
ベクトル　99
ベルヌイ分布　15
偏回帰係数　107, 108
偏相関　110
偏相関係数　110
偏微分　115

変量型　34
母集団　20
母数型　34
母分散　20
母平均　20

ま

マハラノビスの距離　151, 153
ミンコフスキーのパワー距離　138
無相関　9
名義尺度　6
名義的有意水準　44
メディアン　1
モード　1

や

ヤコビ法　106
ヤング・ハウスホルダー変換　138
有意確率　24
有意水準　23
ユークリッド距離　138
余因子　103

ら

ライアンの方法　44
ラグランジュの未定乗数　124
　　　──法　118
ランク　104
離散変数　6
両側検定　23
量的変数　3
臨界値　23
累積標準正規分布　19
列ベクトル　100
レンジ　5, 160
連続変数　6
ローカルミニマム　141
ローデータ　4
ローバリマックス回転　131

著者略歴

渡辺利夫（わたなべ・としお）

1954年　東京に生まれる
1977年　同志社大学文学部文化学科心理学専攻卒業
1980年　慶應義塾大学大学院社会学研究科心理学専攻修士課程終了
1988年　カリフォルニア大学大学院社会科学部認知科学科博士課程終了(Ph.D.)
1990年　慶應義塾大学環境情報学部専任講師
2005年現在　慶應義塾大学環境情報学部教授

専門分野　　　数理・計量心理学
ホームページ　http://web.sfc.keio.ac.jp/~watanabe

フレッシュマンから大学院生までの
データ解析・R言語

2005年9月10日　初版第1刷発行　　定価はカヴァーに表示してあります。

著　者　渡辺利夫
出版者　中西健夫
出版社　株式会社ナカニシヤ出版
　　　〒606-8161 京都市左京区一乗寺木ノ本町15番地
　　　　　　　Telephone　075-723-0111
　　　　　　　Facsimile　075-723-0095
　　　　Website　http://www.nakanishiya.co.jp/
　　　　E-mail　iihon-ippai@nakanishiya.co.jp
　　　　　　　郵便振替　01030-0-13128

装幀　白沢　正／印刷・製本　ファインワークス
Printed in Japan
Copyright © 2005 by T. Watanabe
ISBN4-88848-878-9